JN109912

森 重文 編集代表
ライブラリ数理科学のための数学とその展開 AL2

複素代数多様体

正則シンプレクティック構造からの視点

並河 良典 著

サイエンス社

編者のことば

　近年，諸科学において数学は記述言語という役割ばかりか研究の中での数学的手法の活用に期待が集まっている．このように，数学は人類最古の学問の一つでありながら，外部との相互作用も加わって現在も激しく変化し続けている学問である．既知の理論を整備・拡張して一般化する仕事がある一方，新しい概念を見出し視点を変えることにより数学を予想もしなかった方向に導く仕事が現れる．数学はこういった営為の繰り返しによって今日まで発展してきた．数学には，体系の整備に向かう動きと体系の外を目指す動きの二つがあり，これらが同時に働くことで学問としての活力が保たれている．

　この数学テキストのライブラリは，基礎編と展開編の二つからなっている．基礎編では学部段階の数学の体系的な扱いを意識して，主題を重要な項目から取り上げている．展開編では，大学院生から研究者を対象に現代の数学のさまざまなトピックについて自由に解説することを企図している．各著者の方々には，それぞれの見解に基づいて主題の数学について個性豊かな記述を与えていただくことをお願いしている．ライブラリ全体が現代数学を俯瞰することは意図しておらず，むしろ，数学テキストの範囲に留まらず，数学のダイナミックな動きを伝え，学習者・研究者に新鮮で個性的な刺激を与えることを期待している．本ライブラリの展開編の企画に際しては，数学を大きく4つの分野に分けて森脇淳（代数），中島啓（幾何），岡本久（解析），山田道夫（応用数理）が編集を担当し森重文が全体を監修した．数学を学ぶ読者や数学にヒントを探す読者に有用なライブラリとなれば望外の幸せである．

編者を代表して

森　重文

まえがき

　本書ではシンプレクティック形式をもった複素代数多様体を扱う．こうした代数多様体は，代数幾何や幾何学的表現論の様々な場面で登場する．シンプレクティック形式がのっているという条件は，一見すると単純なものに見えるが，多様体がコンパクトであったり，よい $\mathbf{C}^*$-作用を持っているような場合には，多様体自身にかなりの制約を与えることがわかる．逆に，何かのモジュライ空間であったり，表現論で自然に出てくる代数多様体は，シンプレクティック形式を持っていることが多く，それを手掛かりに，豊かな構造を抽出することが可能になる．この本ではシンプレクティック代数多様体を，双有理幾何や変形理論の観点から解説する．ページ数の制約もあり，扱うテーマは相当絞り込んだ．前半の 4 つの章では，最初に複素代数多様体と複素多様体について簡単に復習した後に，シンプレクティック構造に付随する様々な概念や，変形理論，特異点理論との関係について説明した．中盤の 2 つの章では，シンプレクティック代数多様体の例として，トーリック超ケーラー多様体と複素半単純リー環のべき零軌道を考察する．特に，6 章では，べき零軌道の閉包に対するスプリンガー特異点解消の話を詳しく書いた．終盤の 2 つの章では，前半部で紹介した諸概念が，実際の定理にどう応用されるかを解説した．具体的に言うと，7 章では，複素半単純リー環のべき零軌道の閉包のシンプレクティック特異点解消はスプリンガー特異点解消であることを示す．これは元々，アファイン多様体の話であるが，$\mathbf{C}^*$-作用を用いて，射影的な接触多様体の話に持ち込んで証明する．8 章では，複素半単純リー環のべき零軌道の閉包を，座標環の性質を用いて特徴付ける．

　本書を読むにあたっての予備知識としては，大学の学部程度の幾何学，リー環やリー群 (代数群) の初歩，そして代数幾何の基礎的な知識を仮定した．これらの部分については，[Mat], [Hu], [Bo], [Ha] などが適当な参考文献である．

2020 年 11 月

並河良典

目　　　次

第1章
複素代数多様体

　この章では，複素代数多様体とそれに付随する複素解析空間について簡単に復習する.

1.1　アファイン複素代数多様体

　可換環 R の素イデアル全体の集合を $\operatorname{Spec} R$ で表す. R のイデアル I に対して，

$$V(I) := \{\mathfrak{p} \in \operatorname{Spec} R \mid I \subset \mathfrak{p}\}$$

と置く. このとき, $V(I)$ は次の性質を満たす.

- $V(0) = \operatorname{Spec} A$　$V((1)) = \emptyset$
- イデアル族 $\{I_\lambda\}$ に対して, $V(\sum I_\lambda) = \cap V(I_\lambda)$
- 有限個のイデアル $I_1, \ldots, I_k$ に対して, $V(I_1 \cap \cdots \cap I_k) = V(I_1) \cup \cdots \cup V(I_k)$

　このことから, $V(I)$ の形の集合を $\operatorname{Spec} R$ の閉集合と定義することにより, $\operatorname{Spec} R$ を位相空間とみなすことができる. $f \in R$ に対して

$$D(f) := \{\mathfrak{p} \in \operatorname{Spec} R \mid f \notin \mathfrak{p}\}$$

と置くと, $D(f) = \operatorname{Spec} R - V((f))$ なので, $D(f)$ は開集合になる. ここで, $D(f)$ の形の開集合全体は, $\operatorname{Spec} R$ の基本開集合系になることに注意する. すなわち, 任意の開集合 U と, $\mathfrak{p} \in U$ に対して, $f \in R$ をうまく選ぶと, $\mathfrak{p} \in D(f) \subset U$ が成り立つようにできる. 次に, $X := \operatorname{Spec} R$ 上に "関数" の層 $\mathcal{O}_X$ を構成する. $\mathfrak{p} \in X$ は R の素イデアルなので, R の $\mathfrak{p}$ における局所化 $R_\mathfrak{p}$ を考えることができる. 一方, $f \notin \mathfrak{p}$ となる元 f に対して, R を積閉集合 $\{f^n\}_{n \geq 0}$ で局所化した環を R_f で表すと, 自然な環準同型 $r_{f,\mathfrak{p}} \colon R_f \to R_\mathfrak{p}$

が存在する．このことを念頭に置いて，X の開集合 U に対して，写像

$$s\colon U \to \bigsqcup_{\mathfrak{p} \in U} R_{\mathfrak{p}}$$

で，任意の $\mathfrak{p} \in U$ に対して $s(\mathfrak{p}) \in R_{\mathfrak{p}}$ を満たすようなものを考える．さらに s は次の条件 $(*)$ を満たすと仮定する：

$(*)$ U の各点 $\mathfrak{p}$ に対して，ある開近傍 $\mathfrak{p} \in D(f) \subset U$ と $s_f \in R_f$ が存在して，$r_{f,\mathfrak{q}}(s_f) = s(\mathfrak{q})$ $\forall \mathfrak{q} \in D(f)$.

このような s 全体のなす集合は可換環の構造を持ち，それを $\mathcal{O}_X(U)$ と置く．対応 $U \to \mathcal{O}_X(U)$ は X 上の可換環の層を定義することがわかる．これが，目標にしていた "関数" の層 $\mathcal{O}_X$ である．特に，$\mathcal{O}_X(D(f)) = R_f$ であり，$\mathcal{O}_X$ の $\mathfrak{p} \in X$ における茎 (stalk) $\mathcal{O}_{X,\mathfrak{p}}$ は $R_{\mathfrak{p}}$ に一致する．ここで構成した層 $\mathcal{O}_X$ を $\tilde{R}$ で表すことにする．環付き空間 $(\operatorname{Spec} R, \tilde{R})$ のことを，R に付随する**アファイン概型**と呼ぶ.

次にアファイン概型 $X := \operatorname{Spec} R$ 上の準連接層を次のように定義する．M を R-加群とする．$\mathfrak{p} \in X$ に対して，$f \notin \mathfrak{p}$ となる元を取り，積閉集合 $\{f^n\}_{n \geq 0}$ により M を局所化すると，R_f-加群 M_f を得る．このとき，自然な R-加群の準同型射 $\rho_{f,\mathfrak{p}}\colon M_f \to M_{\mathfrak{p}}$ が存在する．U を X の開集合とする．写像

$$s\colon U \to \bigsqcup_{\mathfrak{p} \in U} M_{\mathfrak{p}}$$

で，任意の $\mathfrak{p} \in U$ に対して $s(\mathfrak{p}) \in M_{\mathfrak{p}}$ を満たすようなものを考える．さらに s は次の条件 $(*)$ を満たすと仮定する：

$(*)$ U の各点 $\mathfrak{p}$ に対して，ある開近傍 $\mathfrak{p} \in D(f) \subset U$ と $s_f \in M_f$ が存在して，$\rho_{f,\mathfrak{q}}(s_f) = s(\mathfrak{q})$ $\forall \mathfrak{q} \in D(f)$.

このような s 全体のなす集合は $\mathcal{O}_U$-加群の構造を持ち，それを $\tilde{M}(U)$ と置く．対応 $U \to \tilde{M}(U)$ は X 上の $\mathcal{O}_X$-加群の層を定義することがわかる．これを $\tilde{M}$ と書くことにする．このようにして得られる X 上の層のことを**準連接層**と呼ぶ．特に，R がネーター環の場合，有限生成 R-加群 M に付随する $\tilde{M}$ のことを**連接層**と呼ぶ.

R に対して $\sqrt{0} = 0$ のとき,R を被約と呼ぶ.一般に,R に対して,$R_{\mathrm{red}} := R/\sqrt{0}$ と置いて,$\mathrm{Spec}\, R_{\mathrm{red}}$ のことを $\mathrm{Spec}\, R$ の**被約化**と呼ぶ.$\mathrm{Spec}\, R$ と $\mathrm{Spec}\, R_{\mathrm{red}}$ は位相空間としては全く同じものであるが,環付き空間としては別のものであることに注意する.位相空間 X が2つの閉部分集合 X_1 と X_2 の和:$X = X_1 \cup X_2$ としてあらわされたとき,常に $X_1 = X$ または,$X = X_2$ が成り立つと仮定する.このような位相空間を**既約**と呼ぶ.被約な環 R に対して $\mathrm{Spec}\, R$ が既約であることと R が整域であることは同値である.$\mathrm{mSpec}\, R$ を R の極大イデアル全体の集合として定義して,$\mathrm{Spec}\, R$ から誘導される位相を入れることにする.$\mathrm{mSpec}\, R$ の元のことを,アファイン概型 $\mathrm{Spec}\, R$ の**閉点**と呼ぶ.R が複素数体 $\mathbf{C}$ 上有限生成な環のとき,$(\mathrm{Spec}\, R, \tilde{R})$ のことを,**$\mathbf{C}$ 上有限型**と呼ぶ.さらに R が整域でもあるとき,**アファイン複素代数多様体**と呼ぶ.

R が $\mathbf{C}$ 上有限生成な整域とする.このとき,多項式環からの全射準同型 $\varphi\colon \mathbf{C}[x_1, \ldots, x_n] \to R$ が存在する.$I := \mathrm{Ker}(\varphi)$ と置くと,同型射 $R \cong \mathbf{C}[x_1, \ldots, x_n]/I$ が存在する.このとき $\mathrm{Spec}\, R$ の元は,$\mathbf{C}[x_1, \ldots, x_n]$ の素イデアル $\mathfrak{p}$ で $I \subset \mathfrak{p}$ を満たすものである.特に,$\mathfrak{p}$ が極大イデアルであれば,ヒルベルトの零点定理より,$(a_1, \ldots, a_n) \in \mathbf{C}^n$ が存在して $\mathfrak{p} = (x_1 - a_1, \ldots, x_n - a_n)$ の形で書ける.このとき,$\mathfrak{p}$ が I を含むという条件は,任意の $f(x_1, \ldots, x_n) \in I$ に対して,$f(a_1, \ldots, a_n) = 0$ が成り立つことに他ならない.ここで集合としては,同一視

$$\mathrm{mSpec}\, R = \{(a_1, \ldots, a_n) \in \mathbf{C}^n \mid f(a_1, \ldots, a_n) = 0,\ \forall f \in I\}$$

が存在する.したがって,右辺に,左辺の位相を使って,位相空間の構造を入れることができる.これが古典的なアファイン代数多様体の定義に他ならない.

$(X, \mathcal{O}_X)$ をアファイン複素代数多様体とする.$X = \mathrm{Spec}\, R$ と書くことができるが,R のことを X の**座標環**と呼び,R の商体 K のことを X の**関数体**と呼ぶ.K は複素関数体 $\mathbf{C}$ の有限生成拡大体になる.超越次数 $\mathrm{tr.deg}_{\mathbf{C}} K$ のことを X の次元と呼び,$\dim X$ と書く.$\dim X$ は,R の Krull 次元に一致する.

$x \in X$ に対して,$\mathcal{O}_{X,x}$ が正則局所環であるとき,x を X の**非特異点**と呼ぶ.非特異でない点 x のことを**特異点**と呼ぶ.X の非特異点全体の集合 X_{reg} は X の空でない開集合になる.

1.2　一般の複素代数多様体

　一般の概型は，アファイン概型を貼り合わせてできた空間のことである．より正確には，次のように定義する．$(X, \mathcal{O}_X)$ を環付き空間とする．すなわち X は位相空間で，$\mathcal{O}_X$ は X 上の環の層とする．さらに X の各点 x における茎 $\mathcal{O}_{X,x}$ は局所環になっていると仮定する．このような環付き空間のことを，**局所環付き空間**と呼ぶ．X の開被覆 $X = \bigcup_{i \in I} X_i$ が存在して，各 $i \in I$ に対して $(U_i, \mathcal{O}_X|_{U_i})$ がアファイン概型と環付き空間として同型になるとき，X のことを**概型**と呼ぶ．定義から，X の点は，U_i の点の合併集合である．$x \in X$ に対して，$x \in U_i$ で x が U_i の閉点であるとき，x を X の**閉点**と呼ぶ．x が 2 つの U_i, U_j に同時に含まれているとき，x が U_i の閉点であれば，U_j の閉点でもあることに注意する．X 上の $\mathcal{O}_X$-加群の層 $\mathcal{F}$ に対して，各 $\mathcal{F}|_{U_i}$ が U_i 上の準連接層 (resp. 連接層) になるとき，$\mathcal{F}$ のことを**準連接層** (resp. **連接層**) と呼ぶ．

　2 つの概型 $(X, \mathcal{O}_X), (Y, \mathcal{O}_Y)$ の間の射は，局所環付き空間としての射のことである．すなわち，位相空間の連続写像 $f \colon X \to Y$ と，Y 上の環の層の準同型射 $f^* \colon \mathcal{O}_Y \to f_* \mathcal{O}_X$ が存在して，次の条件 $(*)$ を満たすとき，2 つの概型の間の射と呼ぶ：

$(*)$　$x \in X$ と $y := f(x) \in Y$ に対して，$f_y^* \colon \mathcal{O}_{Y,y} \to (f_* \mathcal{O}_X)_y$ と自然な射 $(f_* \mathcal{O}_X)_y \to \mathcal{O}_{X,x}$ の合成射 $\mathcal{O}_{Y,y} \to \mathcal{O}_{X,x}$ は局所環の準同型である．

　このとき，概型の射を (記号の濫用で) $f \colon (X, \mathcal{O}_X) \to (Y, \mathcal{O}_Y)$ と書く．さらに簡単に，$f \colon X \to Y$ と書くこともある．概型の射 $f \colon X \to Y$ が存在するとき，X を Y 上の概型と呼ぶ．特に Y が $\operatorname{Spec} k$ (k は可換環) の形のとき，X のことを k 上の概型と呼ぶ．X を k 上の概型で，有限開被覆 $X = \bigcup_{i \in I} U_i$ で，各 i に対して，k 上有限生成な環 R_i を用いて，$(U_i, \mathcal{O}_X|_{U_i}) \cong (\operatorname{Spec} R_i, \tilde{R_i})$ となるとき，X を k 上有限型と呼ぶ．

　次に概型の射 $f \colon X \to S, g \colon Y \to S$ に対するファイバー積 $(X \times_S Y, p, q)$ について説明しよう．ここで p は $X \times_S Y$ から X への射，q は $X \times_S Y$ から Y への射で，次の図式を可換にするものである：

$$X \times_S Y \xrightarrow{\quad q \quad} Y$$

$$p \downarrow \qquad\qquad g \downarrow \qquad\qquad (1.1)$$

$$X \xrightarrow{\quad f \quad} S$$

今，任意の可換図式

$$Z \xrightarrow{\quad q' \quad} Y$$

$$p' \downarrow \qquad\qquad g \downarrow \qquad\qquad (1.2)$$

$$X \xrightarrow{\quad f \quad} S$$

が与えられたとすると，$p' = p \circ \phi,\, q' = q \circ \phi$ を満たすような $\varphi \colon Z \to X \times_S Y$ が一意的に存在する．このとき，任意の概型 T に対して，次の全単射が存在する:

$$\mathrm{Hom}(T, X) \times_{\mathrm{Hom}(T,S)} \mathrm{Hom}(T, Y) \cong \mathrm{Hom}(T, X \times_S Y)$$

ここで $\mathrm{Hom}(\cdot, \cdot\cdot)$ は $\cdot$ から $\cdot\cdot$ への射全体からなる集合を意味するものとする．

概型の射 $f \colon X \to Y$ は，

- f は単射,
- f は閉写像,
- 任意の点 $x \in X$ に対して，$f^* \colon \mathcal{O}_{Y,f(x)} \to \mathcal{O}_{X,x}$ は全射

の 3 条件を満たすとき，**閉埋め込み**と呼ぶ.

次に，ファイバー積の設定にもどって，$Y = X$, $f = g$ のとき，対角線写像 $\Delta \colon X \to X \times_S X$ を $x \to (x, x)$ によって定義する．Δ が閉埋め込みになるとき，$f \colon X \to S$ を**分離的**と呼ぶ．たとえば，$S = \mathrm{Spec}\,\mathbf{C}$ としよう．するとこの定義は，位相空間のハウスドルフ性の定義のアナロジーであることがわかる．実際，位相空間 V に対して，$V \times V$ に積位相を入れ，対角線写像 $\Delta \colon V \to V \times V$ を考えると，V がハウスドルフ空間であることと，$\Delta(V)$ が $V \times V$ の閉集合であることは同値である．概型の場合，$X \times_{\mathrm{Spec}\,\mathbf{C}} X$ の位相は，積位相にはなっていないので，通常のハウスドルフ空間の定義とは異なっている．

概型 $f \colon X \to Y$ に対して，Y のアファイン開被覆 $Y = \bigcup_{i \in I} U_i$, $U_i = \mathrm{Spec}\,R_i$ を取る．各 $X_i := X \times_Y U_i$ が R_i 上有限型の概型であるとき，f を

有限型，あるいは，X を Y **上有限型**と呼ぶ．この本では，$\mathbf{C}$ 上分離的で，有限型の概型のことを，$\mathbf{C}$ 上の**代数的概型**と呼ぶこともある．f が次の性質を満たすとき，**固有射**と呼ぶ．

- f は分離的かつ有限型
- f は普遍的閉写像，すなわち，任意の $Z \to Y$ に対して，$f_Z \colon X \times_Y Z \to Z$ は閉写像である．

　最後の条件であるが，たとえば，$X = \mathbf{A}^1 \ (:= \operatorname{Spec} \mathbf{C}[x])$, $Y := \operatorname{Spec} \mathbf{C}$, f を自然な単射 $\mathbf{C} \subset \mathbf{C}[x]$ から誘導される射としよう．このとき f は閉写像である．一方，$X \times_{\operatorname{Spec} \mathbf{C}} X \overset{p_1}{\to} X$ は $\mathbf{A}^2$ から $\mathbf{A}^1$ への第1射影に他ならない．この射は閉写像にならないので，$\mathbf{A}^1$ は $\mathbf{C}$ 上固有的ではない．

　$\mathbf{C}$ 上の概型 $(X, \mathcal{O}_X)$ が次の条件を満たすとき，**複素代数多様体**と呼ぶ：

- X は既約な位相空間である．
- X は $\mathbf{C}$ 上分離的である．
- X の有限開被覆 $X = \bigcup_{i \in I} U_i$ が存在して，各 i に対して，$(U_i, \mathcal{O}_X|_{U_i})$ はアファイン複素代数多様体と同型である．

　このとき，アファイン代数多様体 $(U_i, \mathcal{O}_X|_{U_i})$ の次元は，i によらず一定になり，これを $\dim X$ と定義する．複素射影空間 $\mathbf{P}^n$ はアファインではない複素代数多様体の代表例である．$f \colon X \to Y$ を複素代数多様体の間の射とする．適当な複素射影空間 $\mathbf{P}^n$ に対して，閉埋め込み射 $X \overset{\iota}{\hookrightarrow} Y \times \mathbf{P}^n$ が存在して，f が ι と第1射影 $p_1 \colon Y \times \mathbf{P}^n \to Y$ の合成 $\iota \circ p_1$ と一致するとき，f を**射影的**な射と呼ぶ．特に，複素代数多様体 X に対して，$\mathbf{P}^n$ への閉埋め込み射 $\iota \colon X \to \mathbf{P}^n$ が存在するとき，X を**射影的代数多様体**と呼ぶ．

1.3　複素多様体と複素解析空間

　$\mathbf{C}^n$ にユークリッド位相を入れておく．M をハウスドルフ位相空間とする．M の開被覆 $M = \bigcup_{i \in I} U_i$ と各 U_i から $\mathbf{C}^n$ の開集合 D_i への位相同型 ϕ_i が存在して，次の性質を満たすとする．

- $U_i \cap U_j \neq \emptyset$ であれば，$\mathbf{C}^n$ の開集合 $\phi_i(U_i \cap U_j)$ から $\phi_j(U_i \cap U_j)$ への写像 $\phi_j \circ \phi_i^{-1}$ および，$\phi_j(U_i \cap U_j)$ から $\phi_i(U_i \cap U_j)$ への写像 $\phi_i \circ \phi_j^{-1}$ はともに正則写像 (holomorphic map) である．

このとき, M のことを次元 n の**複素多様体**と呼ぶ. M の開集合 U 上の複素関数 f が正則であるとは, $U \cap U_i \neq \emptyset$ のとき, 合成写像 $\phi_i(U \cap U_i) \overset{\phi_i^{-1}}{\to}$ $U \cap U_i \overset{f|_{U \cap U_i}}{\to} \mathbf{C}$ が正則写像になっていることをいう. U 上の正則関数全体の集合は可換環になる. このとき, U に対して,

$$\mathcal{O}_X(U) := \{U \text{ 上の正則関数}\}$$

と置くことにより, $\mathcal{O}_M$ は M 上の環の層になる. これにより $(M, \mathcal{O}_M)$ は環付き空間になる. $\mathcal{O}_M$ のことを M 上の正則関数の芽の層と呼ぶ. 複素多様体を環付き空間 $(M, \mathcal{O})$ で次の性質を持つものとして定義してもよい:

- M はハウスドルフ位相空間.
- M の開被覆 $M = \bigcup_{i \in I} U_i$ が存在して, 各 i に対して $(U_i, \mathcal{O}_M|_{U_i})$ は, 複素多様体 $\mathbf{C}^n$ のある開集合から決まる環付き空間に同型である.

次に, 複素多様体の概念を一般化して, 複素解析空間を定義しよう. $\mathbf{C}^n$ の (開) 領域 D 上の正則関数 $f_1, \ldots, f_k$ を取り, $f_1 = \cdots = f_k = 0$ で定義される D の閉集合を M とする. $\mathcal{O}_D$ を D 上の正則関数の芽の層とする. $f_1, \ldots, f_k$ は層の準同型射 $f : \mathcal{O}_D^{\oplus k} \to \mathcal{O}_D$ を定義する. $I := \mathrm{Im}(f)$ と置くと I は $\mathcal{O}_D$ のイデアルの層になる. このとき, D 上の層 $\mathcal{O}_D/I$ の台は M に一致する. $i : M \to D$ を自然な埋め込みとすると, M 上の層 $\mathcal{O}_M$ で $i_*\mathcal{O}_M = \mathcal{O}_D/I$ となるものが一意的に存在する. 環付き空間 $(M, \mathcal{O}_M)$ のことを D の複素解析部分空間と呼ぶ.

そこで, 一般の複素解析空間 M を次のように定義する. M をハウスドルフ位相空間とする. 環付き空間 $(M, \mathcal{O}_M)$ が次の性質を持つとき, **複素解析空間**と呼ぶ.

- M の開被覆 $M = \bigcup_{i \in I} U_i$ が存在して, 各 i に対して $(U_i, \mathcal{O}_M|_{U_i})$ は, $\mathbf{C}^{n_i}$ の中のある領域の複素解析部分空間に一致する.

複素解析空間の間の射は, 概型のときと同様に定義する. 複素解析空間の射 $f : M \to N$ に対して, N のコンパクト部分集合 K の逆像 $f^{-1}(K)$ が常にコンパクトになるとき, f を**固有射**と呼ぶ. 複素解析空間 M 上の $\mathcal{O}_M$-加群の層 $\mathcal{F}$ は次の性質を持つとき, **有限型**と呼ぶ.

- M の各点 x に対して, ある x の近傍 U と, ある $\mathcal{O}_U$-加群の全射準同型 $\mathcal{O}_U^{\oplus n} \to \mathcal{F}|_U$ が存在する.

有限型の $\mathcal{O}_M$-加群の層 $\mathcal{F}$ が，さらに次の条件を満たすとき，**連接層**と呼ぶ.

- M の開集合 U 上の $\mathcal{O}_U$-加群の準同型射 $\phi\colon \mathcal{O}_U^{\oplus m} \to \mathcal{F}|_U$ に対して，$\mathrm{Ker}(\phi)$ は U 上有限型である.

$\mathcal{O}_M$ 自身は，連接層になる. これが有名な岡の定理である.

1.4　複素代数多様体に付随した複素解析空間

$(X, \mathcal{O}_X)$ を $\mathbf{C}$ 上有限型な分離的概型とする. 定義から，X は有限個の開集合 $\{U_i\}$ で覆われ，各 U_i は，ある複素アファイン空間 $\mathbf{C}^n$, $n = n(i)$ の中で，$\mathbf{C}[x_1, \ldots, x_n]$ のあるイデアル I の零点集合 $V(I)$ になっている. I は有限個の元 $f_1, \ldots, f_k$ で生成される. $\mathbf{C}^n$ を複素多様体とみて，$f_1, \ldots, f_k$ を $\mathbf{C}^n$ 上の正則関数とみなす. このとき，$\mathbf{C}^n$ の複素部分解析空間が自然に決まる. これらの複素解析部分空間の位相を用いて，X の閉点全体に位相を入れる. X が分離的という性質は，X^{an} がハウスドルフという性質に対応する. したがって，X の閉点全体の集合に複素解析空間の構造を入れることができる. これを，**X に付随した複素解析空間**と呼び，$(X^{an}, \mathcal{O}_{X^{an}})$ で表す.

2 つの環付き空間 $(X^{an}, \mathcal{O}_{X^{an}})$, $(X, \mathcal{O}_X)$ の間には，自然な局所環付き空間としての射

$$\varphi\colon (X^{an}, \mathcal{O}_{X^{an}}) \to (X, \mathcal{O}_X)$$

が存在する. X 上の $\mathcal{O}_X$-加群の層 $\mathcal{F}$ に対して，

$$\mathcal{F}^{an} := \mathcal{F} \otimes_{\varphi^{-1}\mathcal{O}_X} \mathcal{O}_{X^{an}}$$

によって，X^{an} 上の $\mathcal{O}_{X^{an}}$-加群の層 $\mathcal{F}^{an}$ を得る. $\mathcal{F}$ が連接であれば，$\mathcal{F}^{an}$ も連接である. さらに，φ は，両者のコホモロジーの間に自然な $\mathbf{C}$-準同型射を誘導する:

$$\varphi^i\colon H^i(X, \mathcal{F}) \to H^i(X^{an}, \mathcal{F}^{an}).$$

X が $\mathbf{C}$ 上固有なとき，X^{an} はコンパクトになる. この場合には，セールによる次の結果が知られている. ここでは，もともと セール が $\mathbf{C}$ 上射影的な概型に対して証明したものを，グロタンディークが $\mathbf{C}$ 上固有的概型に対して拡張した形で述べることにする. この定理は，**セールの GAGA** と呼ばれている.

定理 1.4.1 ([Se], Theorems 1, 2, 3, [Gro], Corollary 1, Theorem 6) X を **C** 上固有的な概型とする．このとき，X^{an} はコンパクトな複素解析空間であり，X 上の連接層の圏と，X^{an} 上の連接層の圏の間の関手 $\mathcal{F} \to \mathcal{F}^{an}$ は 2 つの圏の間の圏同値を与える．さらに，コホモロジーの間の準同型射は同型になる．

これは，固有的な複素代数多様体の場合は，概型と思っても，複素解析空間とみなしても，連接層の大域的な性質はほぼ同じであることを示している．この定理から，次のチャウの定理もしたがう．

系 1.4.2 複素射影空間 $(\mathbf{P}^n)^{an}$ の中の複素解析的閉部分集合は $\mathbf{P}^n$ の代数的部分集合と同じものである．

ここで，$(\mathbf{P}^n)^{an}$ の複素解析的部分集合というのは，$(\mathbf{P}^n)^{an}$ のある複素解析的部分空間の底集合になっているもののことを意味し，$\mathbf{P}^n$ の代数的部分集合というのは，$\mathbf{P}^n$ のある閉部分概型の閉点全体の集合になっているようなもののことである．証明は次の通りである．代数的部分集合が複素解析的閉部分集合になることは明らかなので，逆が問題である．$(\mathbf{P}^n)^{an}$ の複素解析的閉部分空間 M に対して，構造層 $\mathcal{O}_M$ は，$(\mathbf{P}^n)^{an}$ 上の連接層になる．GAGA より，$\mathbf{P}^n$ 上の連接層 $\mathcal{F}$ が存在して，$\mathcal{F}^{an} = \mathcal{O}_M$ となる．このとき $\mathcal{F}_x \neq 0$ となるような閉点 $x \in \mathbf{P}^n$ 全体は，$\mathbf{P}^n$ の代数的部分集合である．閉点 x に対して，$\mathcal{F}_x \neq 0$ であることと，$\mathcal{F}_x^{an} \neq 0$ となることは同値である．$\mathcal{O}_{M,x} \neq 0$ であることと，$x \in M$ であることは同値なので，M は代数的部分集合である．

しかし，固有的でない複素代数多様体に対しては，概型とみなすか，複素解析空間とみなすかによって，その性質に違いが現れるので，注意が必要である．

用語の約束

1) 2 章以降では，概型といえば，もっぱら **C** 上の代数的概型を扱う．代数的概型 X に対して，X の点という場合は，特に断りのない限り，X の閉点のことを意味する．$x \in X$ と書いた場合も同様である．

2) **C** 上の代数的概型 X, Y に対して，$X \times Y$ と書いた場合は，$X \times_{\mathrm{Spec}\,\mathbf{C}} Y$ のことを示すものとする．

3) 概型 (または複素解析空間) X の上の層 $\mathcal{F}$ に対して，$f \in \mathcal{F}$ と書いたと

きは，X の各点 p の近傍 U を取ったときに，$f \in \mathcal{F}(U)$ という意味で使う．層の間の準同型射を定義したりする場合に，記号が不必要に煩雑にならないためにそうした．

第 2 章
シンプレクティック構造をもった代数多様体

シンプレクティック構造は特別なポアソン構造と考えることができる。さらに、シンプレクティック構造の奇数次元版として接触構造が定義される。この章ではこれらの構造について解説する。

2.1 シンプレクティック構造とポアソン構造

M を複素多様体として、$\mathcal{O}_M$ を正則関数のなす層、Θ_M を正則ベクトル場のなす層、Ω_M を正則 1-形式のなす層とする。自然数 i に対して、$\Theta_M^i := \wedge^i \Theta_M$、$\Omega_M^i := \wedge^i \Omega_M$ と置く。M 全体で定義された正則 2-形式 ω が次の 2 条件を満たすとき、M の**正則シンプレクティック形式**と呼ぶ。

(i) ω は至る所、非退化である。

(ii) ω は d-閉である: $d\omega = 0$。

正則シンプレクティック形式を持つ複素多様体のことを**複素シンプレクティック多様体**と呼ぶ。$\mathbf{C}^{2n}$ に対して $\omega_{st} := dz_1 \wedge dz_{n+1} + \cdots + dz_n \wedge dz_{2n}$ と置くと、$(\mathbf{C}^{2n}, \omega_{st})$ は複素シンプレクティック多様体になる。

2 つの複素シンプレクティック多様体 (M, ω), $(M', \omega_{M'})$ 対して、双正則写像 $\varphi \colon M \cong M'$ が存在して、$\omega = \varphi^* \omega'$ が成り立つとき、(M, ω) と (M', ω') は**同値**であると呼ぶ。

命題 2.1.1 複素シンプレクティック多様体 (M, ω) の任意の点 p の近傍は $(\mathbf{C}^{2n}, \omega_{st})$ の原点の近傍と同値である。

証明. M の点 p の近傍 U は、局所座標によって $\mathbf{C}^{2n}$ の原点での近傍 V に同型である。$\omega|_U$ を V 上のシンプレクティック形式とみなしたものを ω_1 と置く。ω_{st} と ω_1 を原点 $\mathbf{0}$ に制限したものを $\omega_{st}(\mathbf{0})$, $\omega_1(\mathbf{0})$ とする。必要なら、$f^* \omega_1(\mathbf{0}) = \omega_{st}(\mathbf{0})$ となるような線形同型 $f \colon \mathbf{C}^{2n} \to \mathbf{C}^{2n}$ を取り、V の

かわりに $f^{-1}(V)$ を考えることによって，最初から $\omega_1(\mathbf{0}) = \omega_{st}(\mathbf{0})$ と仮定してよい．

　証明の方針は，V の原点における十分小さな近傍 W から V への開埋め込みの族 $\{\varphi_t\}$, $t \in [0,1]$ で $\varphi_0 = id_W$, $\varphi_1^*\omega_1 = \omega_{st}$ を満たすものを構成することである．そのために $t \in [0,1]$ に対して，V 上の 2-形式の族を

$$\omega(t) := (1-t)\omega_{st} + t\omega_1$$

として構成する．このとき

$$u := \frac{d\omega(t)}{dt}$$

は t によらない V 上の 2-形式である．u は d-閉なので，$\mathbf{0} \in V$ の適当な近傍上で，ある 1-形式 v を用いて，$u = dv$ と書ける．さらに $v(\mathbf{0}) = 0$ であると仮定できる．同じ近傍上のベクトル場 X_t を

$$X_t \rfloor \omega(t) = -v$$

によって定義する．$\omega(t)$ の X_t に沿ったリー微分を考えると

$$L_{X_t}\omega(t) = d(X_t \rfloor \omega(t)) + X_t \rfloor d\omega(t) = d(X_t \rfloor \omega(t)) = -u$$

が成り立つ．このときベクトル場 $\{X_t\}$ は，条件

$$\frac{d\varphi_t}{dt} = X_t(\varphi_t), \ \varphi_0 = id$$

を満たすように $\mathbf{0} \in V$ の十分小さな近傍 W から V への開埋め込み族 $\varphi_t\colon W \to V$ を定義して $\varphi_t(\mathbf{0}) = \mathbf{0}$ を満たす．このとき

$$\frac{d}{dt}\varphi_t^*\omega(t) = \varphi_t^*\left(L_{X_t}\omega(t) + \frac{d\omega(t)}{dt}\right) = \varphi_t^*(-u+u) = 0$$

となるので $\varphi_t^*\omega(t) = \omega_{st}$ が成り立つ．特に $t = 1$ と置けば，$\varphi_1^*\omega_1 = \omega_{st}$ である．　□

例 2.1.2 (複素多様体の余接束)　複素多様体 M の余接束 T^*M は常にシンプレクティック構造を持つことを示そう．そのために，まず T^*M 上の正則 1-形式 η を以下のように作る．T^*M から M への射影を π とする．$a \in T^*M$ に対して $v \in T_a(T^*M)$ が与えられたとする．$a \in T^*M$ は $T^*_{\pi(a)}M$ の元とみなせる．また v は $T_{\pi(a)}M$ の元 $\pi_*(v)$ を決める．そこで

$$\eta_a(v) := \langle a, \pi_*(v) \rangle$$

と定義することにより，$\eta_a :\in T_a^*(T^*M)$ が決まる．このとき $\{\eta_a\}$ は T^*M 上の正則 1-形式になる．そこで $\omega := d\eta$ と置くと，ω は T^*M 上の d-閉 2-形式になる．最後に，ω が至る所で非退化であることを見よう．そのためには，$\pi(a) \in M$ における局所座標 $q_1, \ldots, q_n$ を取り，$dq_1, \ldots, dq_n$ を使って，ベクトル束 T^*M を $a \in M$ の近傍で自明化する．このときのファイバー方向の座標を $p_1, \ldots, p_n$ とすると，$(q_1, \ldots, q_n, p_1, \ldots, p_n)$ は $a \in T^*M$ における局所座標系になる．この局所座標を用いて η を表示すると，$\eta = \sum p_i dq_i$ となり，$\omega = \sum dp_i \wedge dq_i$ である．このことから ω は至るところ非退化であることがわかる．□

シンプレクティック構造より一般的な構造として，ポアソン構造がある．複素多様体 M が**複素ポアソン多様体**であるとは，ポアソン括弧積と呼ばれる **C**-双線形射

$$\{\,,\,\}: \mathcal{O}_M \times \mathcal{O}_M \to \mathcal{O}_M$$

で次の性質を満たすものが存在することである．

(i) $\{\,,\,\}$ は反対称形式であり，$\{f \cdot g, h\} = f\{g, h\} + g\{f, h\}$ が成り立つ．

(ii) ヤコビ恒等式

$$\{f, \{g, h\}\} + \{g, \{h, f\}\} + \{h, \{f, g\}\} = 0$$

が成り立つ．

複素シンプレクティック多様体は，自然に複素ポアソン多様体とみなせることを以下で説明しよう．

M 上の非退化な正則 2-形式 $\omega \in \Gamma(M, \Omega_M^2)$ を考える．ここでは ω は必ずしも d-閉であるとは仮定しない．このとき ω は Θ_M と Ω_M の間の同型射 $\Theta_M \cong \Omega_M$ $(v \to v \lrcorner \omega)$ を定義する．ここで $v \lrcorner \omega$ は ω とベクトル場 v との内部積 (inner product) であり，$v \lrcorner \omega(\cdot) := \omega(v, \cdot)$ で定義される．この同型射は Θ_M^i と Ω_M^i の間の同一視を与える．この同一視を i にかかわらず $\phi: \Theta_M^i \cong \Omega_M^i$ と書くことにする．特に，$\omega \in \Gamma(M, \Omega_M^2)$ に対して 2-ベクトル $\theta := \phi^{-1}(\omega) \in \Gamma(M, \Theta_M^2)$ がひとつ決まる．括弧積 $\{\,,\,\}: \mathcal{O}_M \times \mathcal{O}_M \to \mathcal{O}_M$ を $\{f, g\} := \theta(df \wedge dg)$ に

よって定義する．また $x \in \mathcal{O}_M$ に対して $H_x := -\phi^{-1}(dx) \in \Gamma(M, \Theta_M)$ と置き，x に対する**ハミルトンベクトル場**と呼ぶ．定義から $\omega(\cdot, H_x) = dx(\cdot)$ が成り立つ．さらに

$$\{x, y\} = \theta(dx \wedge dy) = \omega(H_x, H_y) = dy(H_x) = H_x(y)$$

が成り立つ．

命題 2.1.3　ω が d-閉であることと，括弧積 $\{\,,\}$ が M 上のポアソン構造であることは同値である．

　証明．　まず，ω が d-閉ならば，$x, y \in \mathcal{O}_M$ に対して $[H_x, H_y] = H_{\{x,y\}}$ が成り立つことを証明しよう．外微分の定義から $\alpha \in \Theta_M$ に対して

$$0 = d\omega(\alpha, H_x, H_y) = \alpha(\omega(H_x, H_y)) - H_x(\omega(\alpha, H_y)) + H_y(\omega(\alpha, H_x)$$

$$- \omega([\alpha, H_x], H_y) + \omega([\alpha, H_y], H_x) - \omega([H_x, H_y], \alpha)$$

$$= \alpha(\{x, y\}) - H_x(\alpha(y)) + H_y(\alpha(x))$$

$$- \alpha(H_x(y)) + H_x(\alpha(y)) + \alpha(H_y(x)) - H_y(\alpha(x)) - \omega([H_x, H_y], \alpha)$$

$$= \alpha(\{y, x\}) - \omega([H_x, H_y], \alpha)$$

が成り立つ．したがって $\omega(\alpha, [H_x, H_y]) = \alpha(\{x, y\})$ となり，$[H_x, H_y] = H_{\{x,y\}}$ が成り立つ．このとき，任意の $z \in \mathcal{O}_X$ に対して $[H_x, H_y](z) = H_{\{x,y\}}(z)$ である．左辺は $\{x, \{y, z\}\} - \{y, \{x, z\}\}$ であり，右辺は $\{\{x, y\}, z\}$ なので，ヤコビ恒等式がしたがう．逆に括弧積 $\{\,,\}$ がヤコビ恒等式を満たすと仮定する．このとき，直前の議論から $[H_x, H_y] = H_{\{x,y\}}$ が常に成り立つことに注意する．X の各点 p で T_pX はハミルトンベクトル場で張られているので，$d\omega = 0$ を示すには $d\omega(H_z, H_x, H_y) = 0$ を示せばよい．先ほどの計算で $\alpha = H_z$ と置くと $d\omega(H_z, H_x, H_y) = H_z(\{y, x\}) - \omega([H_x, H_y], H_z)$ が成り立つ．ここで $[H_x, H_y] = H_{\{x,y\}}$ であることを用いると，右辺は $\{z, \{y, x\}\} - \{\{x, y\}, z\} = 0$ となる．□

　ポアソン構造は，性質 (i) から 2-ベクトル $\pi \in \Gamma(M, \wedge^2 \Theta_M)$ を定義する．これを**ポアソン 2-ベクトル**と呼ぶ．M の点 p における反対称形式 $\pi(p)$ の階数を $\mathrm{rank}(\pi(p))$ であらわす．

定理 2.1.4 $(M, \{\,,\,\})$ を複素ポアソン多様体, π をポアソン 2-ベクトルとする. $p \in M$ に対して $\mathrm{rank}(\pi(p)) = 2k$ とする. このとき p を原点とする座標近傍系 $(q_1, \ldots, q_k, p_1, \ldots, p_k, y_{2k+1}, \ldots, y_n)$ で

$$\pi = \sum_{i=1}^{k} \frac{\partial}{\partial q_i} \wedge \frac{\partial}{\partial p_i} + \sum_{i,j} \varphi_{ij}(y) \frac{\partial}{\partial y_i} \wedge \frac{\partial}{\partial y_j}, \quad \varphi_{ij}(0) = 0$$

となるものが存在する.

注意. (1) π を Ω_M から Θ_M への層の射と思う. このとき $(\mathbf{C}^{2k}, \sum_{i=1}^{k} \frac{\partial}{\partial q_i} \wedge \frac{\partial}{\partial p_i})$ は点 p を通る $\mathrm{Im}(\pi)$ のリーフに他ならない. これを複素ポアソン多様体 M の点 p を通る**シンプレクティックリーフ**と呼ぶ. この定理から, 複素ポアソン多様体 M は, 各点 p の近傍で, その点を通るシンプレクティックリーフ S とある複素ポアソン多様体 N の直積になっていることがわかる. N のポアソン構造は原点で消えている.

(2) π の階数は, $p \in M$ によって異なる. したがって, シンプレクティックリーフの次元も一般に $p \in M$ によって異なる.

定理の証明. $k = 0$ のときは明らか. $k > 0$ とする. 点 p の近傍で定義された正則関数 f, g で, $\{f, g\}(p) \neq 0$, $f(p) = g(p) = 0$ となるものが存在する. $q_1 := f$ と置く. $H_{q_1} := \{q_1, \cdot\}$ は p の近傍で零でないベクトル場である. このとき次が成り立つ:

主張 (flow box theorem). $p \in M$ を原点とする座標近傍系 $(p_1, p_2', \ldots, p_n')$ を適当に取ると,

$$H_{q_1} = \frac{\partial}{\partial p_1}$$

が成り立つ.

主張の証明. $p \in M$ の近傍で, p を通る超曲面 M_0 で M_0 とベクトル場 H_{q_1} の積分曲線が, すべての点で横断的に交わっているようなものが取れる. $\epsilon > 0$ を十分小さく取ると, M の任意の点 x において, x を通る H_{q_1} の積分曲線 $\varphi_x(t)$ $(\varphi_x(0) = x)$ は $|t| < \epsilon$ で定義されている. したがって,

$$\Delta_\epsilon \times M_0 \to M, \quad (t, x) \to \varphi_x(t)$$

によって, $\Delta_\epsilon \times M_0$ と M の p の近傍は同一視される. M_0 の局所座標を $(x_2, \ldots, px_n)$, Δ_ϵ の座標を t とすると, $\Delta_\epsilon \times M_0$ 上のベクトル場 $\frac{\partial}{\partial t}$ が $p \in M$ の近傍上のベクトル場 H_{q_1} に対応している. $t, x_2, \ldots, x_n$ を $p \in M$

の近傍上の関数とみたものを, 各々, $p_1, p_2', \ldots, p_n'$ とする. このとき $H_{q_1} = \frac{\partial}{\partial p_1}$ が成り立つ. □

$H_{q_1}(p_1) = \frac{\partial p_1}{\partial p_1} = 1$ なので, $\{q_1, p_1\} = 1$ である. $H_{q_1}(q_1) = 0$, $H_{p_1}(p_1) = 0$, $H_{p_1}(q_1) = -1$ なので H_{q_1}, H_{p_1} は $p \in M$ において 1 次独立なベクトル場である. そこで $p \in M$ の近傍で H_{q_1}, H_{p_1} で生成される Θ_M の部分層を $\mathcal{F}$ と置く:

$$\mathcal{F} = \langle H_{q_1}, H_{p_1} \rangle \subset \Theta_M.$$

$\mathcal{F}$ は階数が 2 の $\mathcal{O}_M$-加群である. さらに, ポアソン構造のヤコビ恒等式より

$$[H_{q_1}, H_{p_1}](\cdot) = \{q_1, \{p_1, \cdot\}\} - \{p_1, \{q_1, \cdot\}\} = \{\{q_1, p_1\}, \cdot\} = H_{\{q_1, p_1\}}(\cdot) = 0$$

が成り立つ. したがってフロベニウスの定理から $\mathcal{F}$ は完全積分可能であり, ある $y_1, \ldots, y_{n-2}$ を用いて,

$$\mathcal{F} = \{dy_1 = \cdots = dy_{n-2} = 0\} \subset \Theta_M$$

とあらわすことができる. すなわち, $\{q_1, y_i\} = \{p_i, y_i\} = 0$ を満たすような $n - 2$ 個の $p \in M$ の近傍で定義された関数 $y_1, \ldots, y_{n-2}$ が取れる. $dq_1, dp_1, dy_1, \ldots, dy_{n-2}$ は $p \in M$ の近傍で互いに 1 次独立な 1-形式なので, $\{q_1, p_1, y_1, \ldots, y_{n-2}\}$ は $p \in M$ における局所座標系を与える.

このとき π は

$$\pi = \frac{\partial}{\partial q_1} \wedge \frac{\partial}{\partial p_1} + \sum \varphi_{ij}(q_1, p_1, y) \frac{\partial}{\partial y_i} \wedge \frac{\partial}{\partial y_j}$$

の形をしている. ヤコビ恒等式から

$$\{\{y_i, y_j\}, q_1\} = \{\{y_i, y_j\}, p_1\} = 0$$

が成り立つ. $H_{q_i} = \frac{\partial}{\partial p_1}$, $H_{p_1} = -\frac{\partial}{\partial q_1}$ に注意すると, このことは, $\{y_i, y_j\}$ が $(y_1, \ldots, y_{n-2})$ のみの関数であることを示している. すなわち, 上の π の表示において, φ_{ij} は $(y_1, \ldots, y_{n-2})$ のみの関数である. 結局,

$$\pi = \frac{\partial}{\partial q_1} \wedge \frac{\partial}{\partial p_1} + \sum \varphi_{ij}(y) \frac{\partial}{\partial y_i} \wedge \frac{\partial}{\partial y_j}$$

と表示できることがわかった. $k = 1$ のときは $\varphi_{ij}(0) = 0$ となるので, 定理は証明された. $k > 1$ のときは, $(y_1, \ldots, y_{n-2})$-空間上のポアソン 2-ベクトル

$\sum \varphi_{ij}(y) \frac{\partial}{\partial y_i} \wedge \frac{\partial}{\partial y_j}$ に対して同じことを繰り返せばよい. $\square$

2-ベクトル $\pi \in \Gamma(M, \wedge^2 \Theta_M)$ がポアソン構造を与えるための条件を, スカウテン積を使ってあらわすことができる. そのことを説明しよう. まず, スカウテン積

$$[\cdot, \cdot] \wedge^i \Theta_M \times \wedge^j \Theta_M \to \wedge^{i+j-1} \Theta_M$$

を次のように定義する. $\bar{i} := i-1, \bar{j} := j-1$ と置いて, $v \in \wedge^i \Theta_M, w \in \wedge^j \Theta_M,$ $\theta \in \Omega_M^{i+j-1}$ に対して,

$$[v, w](\theta) = (-1)^{\bar{i}\bar{j}} v \lrcorner d(w \lrcorner \theta) - w \lrcorner d(v \lrcorner \theta) - (-1)^{\bar{j}} v \wedge w \lrcorner d\theta$$

と定義する. スカウテン積に関して, 次のヤコビ恒等式が成り立つことが知られている: $u \in \wedge^i \Theta_M, v \in \wedge^j \Theta_M, w \in \wedge^k \Theta_M$ に対して,

$$(-1)^{\bar{i}\bar{k}}[u, [v, w]] + (-1)^{\bar{j}\bar{i}}[v, [w, u]] + (-1)^{\bar{k}\bar{j}}[w, [u, v]] = 0.$$

2-ベクトル π に対してブラケット積を

$$\{f, g\} := \pi(df \wedge dg), \quad f, g \in \mathcal{O}_M$$

で定義する. ここで $f \in \wedge^p \Theta_M$ に対して, $[\pi, f] \in \wedge^{p+1} \Theta_M$ が何になるかを計算してみよう. $x_1, \ldots, x_p \in \mathcal{O}_M$ に対して,

$$[\pi, f](dx_1 \wedge \cdots \wedge dx_{p+1})$$
$$= (-1)^{p-1} \pi \lrcorner d(f \lrcorner dx_1 \wedge \cdots \wedge dx_{p+1}) - f \lrcorner d(\pi \lrcorner dx_1 \wedge \cdots \wedge dx_n)$$

が成り立つ. $dx_1 \wedge \cdots \wedge dx_n$ は d-閉なので, 第3項は出てこない. ここで n 次置換群 S_n の部分群 $S_{k,n-k}$ を次のように定義する:

$$S_{k,n-k} := \{\sigma \in S_n \mid \sigma(1) < \cdots < \sigma(k), \ \sigma(k+1) < \cdots < \sigma(n)\}.$$

このとき

$$f \lrcorner dx_1 \wedge \cdots \wedge dx_{p+1}$$
$$= \sum_{\sigma \in S_{p,1}} \text{sgn}(\sigma) f(dx_{\sigma(1)} \wedge \cdots \wedge dx_{\sigma(p)}) dx_{\sigma(p+1)}$$
$$= \sum_{i=1}^{p+1} (-1)^{p+1-i} f(dx_1 \wedge \cdots \wedge d\hat{x}_i \wedge \cdots \wedge dx_{p+1}) dx_i$$

なので,

$$(-1)^{p-1} \pi \lrcorner d(f \lrcorner dx_1 \wedge \cdots \wedge dx_{p+1})$$

$$= (-1)^{p-1} \pi \left(\sum (-1)^{p+1-i} df(dx_1 \wedge \cdots \wedge \hat{dx_i} \wedge \cdots \wedge dx_{p+1}) \wedge dx_i \right)$$

$$= (-1)^{p-1} \sum (-1)^{p+1-i} \{ f(dx_1 \wedge \cdots \wedge \hat{dx_i} \wedge \cdots \wedge dx_{p+1}), x_i \}$$

$$= \sum (-1)^{i+1} \{ x_i, f(dx_1 \wedge \cdots \wedge \hat{dx_i} \wedge \cdots \wedge dx_{p+1}) \}$$

が成り立つ. 一方で,

$$\pi \lrcorner dx_1 \wedge \cdots \wedge dx_{p+1}$$

$$= \sum_{\sigma \in S_{2,p-1}} \mathrm{sgn}(\sigma) \pi(dx_{\sigma(1)} \wedge dx_{\sigma(2)}) dx_{\sigma(3)} \wedge \cdots \wedge dx_{\sigma(p+1)}$$

$$= \sum_{j<k} (-1)^{j+k-3} \{ x_j, x_k \} dx_1 \wedge \cdots \wedge \hat{dx_j} \wedge \cdots \wedge \hat{dx_k} \wedge \cdots \wedge dx_{p+1}$$

なので

$$-f \lrcorner d(\pi \lrcorner dx_1 \wedge \cdots \wedge dx_n) = -f \lrcorner d(\pi \lrcorner dx_1 \wedge \cdots \wedge dx_{p+1})$$

$$= -f \left(\sum (-1)^{j+k-3} d\{x_j, x_k\} dx_1 \wedge \cdots \wedge \hat{dx_j} \wedge \cdots \wedge \hat{dx_k} \wedge \cdots \wedge dx_{p+1} \right)$$

$$= \sum (-1)^{j+k} f(d\{x_j, x_k\} \wedge dx_1 \wedge \cdots \wedge \hat{dx_j} \wedge \cdots \wedge \hat{dx_k} \wedge \cdots \wedge dx_{p+1})$$

である. 以上をまとめると

$$[\pi, f](dx_1 \wedge \cdots \wedge dx_{p+1})$$

$$= \sum (-1)^{i+1} \{ x_i, f(dx_1 \wedge \cdots \wedge \hat{dx_i} \wedge \cdots \wedge dx_{p+1}) \}$$

$$+ \sum (-1)^{j+k} f(d\{x_j, x_k\} \wedge dx_1 \wedge \cdots \wedge \hat{dx_j} \wedge \cdots \wedge \hat{dx_k} \wedge \cdots \wedge dx_{p+1})$$

であることがわかった.

命題 2.1.5 π から決まるブラケット積がポアソン構造を定義することと, $[\pi, \pi] = 0$ であることは同値である.

証明. ブラケット積が, 第 1 成分, 第 2 成分に対して, 導分 (derivation) になっていることは明らかなので, $[\pi, \pi] = 0$ と, ブラケット積がヤコビ恒等式を満たすことが同値であることをチェックすればよい. これは, 上の計算で, $f = \pi$ と置くと,

$$[\pi,\pi](dx_1 \wedge dx_2 \wedge dx_3) = 2(\{x_1,\{x_2,x_3\}\} - \{x_2,\{x_1,x_3\}\} + \{x_3,\{x_1,x_2\}\})$$

となることから明らかである. □

$[\pi,\pi] = 0$ が成り立つと仮定する. このとき $[\pi,\cdot]$ によって複体

$$0 \to \mathcal{O}_M \overset{[\pi,\cdot]}{\to} \Theta_M \overset{[\pi,\cdot]}{\to} \wedge^2 \Theta_M \overset{[\pi,\cdot]}{\to} \cdots$$

を構成することができる. 複体であることを見るには, $w \in \wedge^p \Theta_M$ に対して, $[\pi,[\pi,w]] = 0$ が示されればよい. スカウテン積のヤコビ恒等式を $u = v = \pi$ の場合に適用して, $[\pi,\pi] = 0$ であることを使うと, $[\pi,[\pi,w]] = 0$ がわかる. ここで構成した複体のことを**リヒャネロウィッツ–ポアソン複体**と呼ぶ.

複素シンプレクティック多様体 (M,ω) は自然に複素ポアソン多様体とみなせることはすでに説明した. このときドラーム複体

$$0 \to \mathcal{O}_M \overset{d}{\to} \Omega^1_M \overset{d}{\to} \Omega^2_M \overset{d}{\to} \cdots$$

とリヒャネロウィッツ–ポアソン複体の間には, 自然な同型射がある. 実際, ω によって, Θ_M と Ω_M の間には同型射がある. この同型射は $\wedge^i \Theta_M$ と Ω^i_M の間の同型射も導く. これらの同型射を ϕ と書くことにする.

命題 2.1.6 (M,ω) を複素シンプレクティック多様体とする. このとき, 同一視 $\phi: \wedge^i \Theta_M \cong \Omega^i_M$ によってリヒャネロウィッツ–ポアソン複体 $(\Theta^\cdot_M, \delta)$ とドラーム複体 $(\Omega^\cdot_M, d)$ の間に同型が存在する.

証明. i 次ベクトル $f \in \wedge^i \Theta_M$ に対して $\phi \circ \delta(f) = d\phi(f)$ であることを示す. f が $f_1 \wedge \cdots \wedge f_i$, $f_1,\ldots,f_i \in \Theta_M$ の形のときに証明すれば充分である. さらに M の各点 p で $T_p M$ はハミルトンベクトル場で張られているので, $x_1,\ldots,x_i \in \mathcal{O}_M$ に対して

$$d\phi(f)(H_{x_1},\ldots,H_{x_{i+1}}) = \delta f(dx_1 \wedge \cdots \wedge dx_{i+1})$$

を証明すればよい.

証明の前に次の事実に注意する.

(1) $1 \le j < k \le i+1$ に対して

$$\phi(f)([H_{x_j}, H_{x_k}], H_{x_1}, \ldots, \hat{H}_{x_j}, \ldots, \hat{H}_{x_k}, \ldots, H_{x_{i+1}})$$
$$= f(d\{x_j, x_k\} \wedge dx_1 \wedge \cdots \wedge \hat{dx_j} \wedge \cdots \wedge \hat{dx_k} \wedge \cdots \wedge dx_{i+1}).$$

(2) $1 \leq j \leq i+1$ に対して

$$H_{x_j}(\phi(f)(H_{x_1}, \ldots, \hat{H}_{x_j}, \ldots, H_{x_{i+1}}) = \{x_j, f(dx_1 \wedge \cdots \wedge \hat{dx_j} \wedge \cdots \wedge dx_{i+1})\}.$$

$[H_{x_j}, H_{x_k}] = H_{\{x_j, x_k\}}$ であることと, $H_{x_j}(\cdot) = \{x_j, \cdot\}$ であることに注意すれば (1), (2) は明らかである. 外微分の定義にしたがって $d\phi(f)$ を計算すると

$$d\phi(f)(H_{x_1}, \ldots, H_{x_{i+1}})$$

$$= \sum_{1 \leq j \leq i+1} (-1)^{j+1} H_{x_j}(\phi(f)(H_{x_1}, \ldots, \hat{H}_{x_j}, \ldots, H_{x_{i+1}})$$

$$+ \sum_{1 \leq j < k \leq i+1} (-1)^{j+k} \phi(f)([H_{x_j}, H_{x_k}], H_{x_1}, \ldots, \hat{H}_{x_j}, \ldots, \hat{H}_{x_k}, \ldots, H_{x_{i+1}})$$

$$= \sum_{1 \leq j \leq i+1} (-1)^{j+1} \{x_j, f(dx_1 \wedge \cdots \wedge \hat{dx_j} \wedge \cdots \wedge dx_{i+1})\}$$

$$+ \sum_{1 \leq j < k \leq i+1} (-1)^{j+k} f(d\{x_j, x_k\} \wedge dx_1 \wedge \cdots \wedge \hat{dx_j} \wedge \cdots \wedge \hat{dx_k} \wedge \cdots \wedge dx_{i+1})$$

$$= \delta f(dx_1 \wedge \cdots \wedge dx_{i+1}). \quad \square$$

今までは, もっぱら複素多様体の上のシンプレクティック構造とポアソン構造を扱ってきた. 複素数体 **C** 上定義された非特異代数多様体 X に対してもまったく同様に, これらの構造を考えることができる. X 上の代数的なシンプレクティック形式 ω は, X に付随した複素多様体上の正則なシンプレクティック形式 ω^{an} を定義するので, X が非特異シンプレクティック代数多様体であれば, X^{an} も自然に複素シンプレクティック多様体になる. 非特異代数多様体 X 上の多重ベクトルに対してもスカウテン積が定義される. X のポアソン構造は 2-ベクトル $\pi \in \Gamma(X, \wedge^2 \Theta_X)$ で $[\pi, \pi] = 0$ を満たすものによって定義される. このとき π は複素多様体 X^{an} 上の 2-ベクトル $\pi^{an} \in \Gamma(X^{an}, \wedge^2 \Theta_{X^{an}})$ を定義し, $[\pi^{an}, \pi^{an}] = 0$ が成り立つ. したがって非特異代数多様体がポアソン構造を持てば, X^{an} は複素ポアソン多様体になる.

ポアソン構造は, 一般の複素解析空間や代数的概型に対しても定義できる:

定義 2.1.7 X を **C** 上の代数的概型 (複素解析空間) とする. X が**ポアソン概型** (**複素ポアソン空間**) であるとは, ポアソン括弧積と呼ばれる **C**-双線形射

$$\{\,,\,\}\colon \mathcal{O}_X \times \mathcal{O}_X \to \mathcal{O}_X$$

で次の性質を満たすものが存在することである.

(i) $\{\,,\,\}$ は反対称形式であり, $\{f \cdot g, h\} = f\{g, h\} + g\{f, h\}$ が成り立つ.

(ii) ヤコビ恒等式

$$\{f, \{g, h\}\} + \{g, \{h, f\}\} + \{h, \{f, g\}\} = 0$$

が成り立つ.

定義 2.1.8 X を $\mathbf{C}$ 上のポアソン概型 (複素ポアソン空間), $Y \subset X$ をその閉部分概型 (閉部分空間) とする. $I \subset \mathcal{O}_X$ を Y の定義イデアル層とする. $\{I, \mathcal{O}_X\} \subset I$ が成り立つとき, Y を X の**部分ポアソン概型** (**部分ポアソン空間**) と呼ぶ. Y が X の部分ポアソン概型 (部分ポアソン空間) であれば, X 上のポアソン括弧積 $\{\,,\,\}$ は Y 上のポアソン括弧積 $\{\,,\,\}: \mathcal{O}_Y \times \mathcal{O}_Y \to \mathcal{O}_Y$ を自然に誘導する.

例 2.1.9 複素ポアソン多様体 M の点 p に対して, U を十分小さな p の近傍とする. このとき, p を通るシンプレクティックリーフ S は, U のポアソン部分空間である. U から S に誘導されるポアソン構造が, S のシンプレクティック構造に他ならない.

次の事実は, 簡単ではあるが重要である.

命題 2.1.10 X を非特異シンプレクティック代数多様体 (または, 複素シンプレクティック多様体) とする. $Y \subset X$ を被約なポアソン部分概型 (被約なポアソン部分空間) とすると, $Y = X$ である.

証明. 任意の $f \in \mathcal{O}_X$ に対して, $\{f, I\} \subset I$ なので, $H_f := \{f, \cdot\}$ は $\mathcal{O}_Y$ の導分 (derivation) を決める. 特に, Y の非特異点 p を取ってくると, $H_f(p) \subset T_pY$ である. 一方, T_pX は $H_f(p)$ $(f \in \mathcal{O}_X)$ の形のベクトルで生成されているので, これは $T_pY = T_pX$ を意味する. したがって $Y = X$ である. $\square$

ここでポアソン $\mathbf{C}$-代数の定義を与えておく. R を $\mathbf{C}$-代数とする. $\mathbf{C}$-双線形な反対称形式 $\{\,,\,\}: R \times R \to R$ で, R の任意の元 x, y, z に対して, 次の性質を満たすとする:

(i) $\{xy, z\} = x\{y, z\} + y\{x, z\}$, $x, y, z \in R$

(ii) $\{\{x,y\},z\} + \{\{y,z\},x\} + \{\{z,x\},y\} = 0$

このとき, $(R,\{,\})$ のことを**ポアソンC-代数**と呼ぶ. R がポアソン構造を持てば, アファイン概型 $X := \mathrm{Spec}(R)$ もポアソン構造 $\{,\}\colon \mathcal{O}_X \times \mathcal{O}_X \to \mathcal{O}_X$ を持つ. なぜなら, R のポアソン構造は, 自然に非零因子 $f \in R$ による局所化 R_f 上のポアソン構造に拡張されるからである. 逆に, X がポアソン構造を持てば, R はポアソンC-代数である.

例 2.1.11 (**複素リー環の双対空間**)　$\mathfrak{g}$ を複素リー環とする. $\mathfrak{g}$ の双対空間 $\mathfrak{g}^*$ をアファイン空間 $\mathrm{Spec} \oplus \mathrm{Sym}^i(\mathfrak{g})$ とみなす.

$$R := \oplus \mathrm{Sym}^i(\mathfrak{g}), \quad R_i := \mathrm{Sym}^i(\mathfrak{g})$$

と置いて, R にポアソンC-代数の構造を入れる.

$R_1 = \mathfrak{g}$ なので, リー括弧積 $[,]$ を用いて双線形形式 $R_1 \times R_1 \to R_1$ を定義する. 後は (i) のライプニッツ則を満たすように, この双線形形式を R 上のポアソン括弧積に拡張することができる. これによって $\mathfrak{g}^*$ はポアソン概型になる.

ポアソン括弧積をもう少し明示的に書き下してみよう. $\mathfrak{g}^*$ の C-ベクトル空間としての基底を $e_1, \ldots, e_n$ とする. このとき $\mathfrak{g}$ の基底として双対基底 $x_1, \ldots, x_n$ を取る. すなわち $\langle e_i, x_j \rangle = \delta_{i,j}$ である. $\mathfrak{g}$ のリー括弧積に関して

$$[x_i, x_j] = \sum_{1 \le k \le n} c_{ij}^k x_k, \quad c_{ij}^k \in \mathbf{C}$$

とする. x_i をアファイン空間 $\mathfrak{g}^*$ 上の線形関数とみなすと, $\mathfrak{g}^*$ 上の (代数的な) 関数 f は $x_1, \ldots, x_n$ の多項式である. そこで $\mathfrak{g}^*$ 上の関数 f, g のポアソン括弧積を計算すると

$$\{f, g\} = \sum_{1 \le i \le n} \frac{\partial f}{\partial x_i} \{x_i, g\}$$

$$= \sum_{1 \le i,j \le n} \frac{\partial f}{\partial x_i} \cdot \frac{\partial g}{\partial x_j} \{x_i, x_j\} = \sum_{1 \le i,j,k \le n} \frac{\partial f}{\partial x_i} \cdot \frac{\partial g}{\partial x_j} \cdot c_{ij}^k x_k$$

となる. 今, $\mathfrak{g}^*$ の点 α を取り関数 $\{f, g\}$ の α における値を計算すると

$$\{f, g\}(\alpha) = \sum_{1 \le i,j \le n} \frac{\partial f}{\partial x_i}(\alpha) \cdot \frac{\partial g}{\partial x_j}(\alpha) \cdot c_{ij}^k \langle \alpha, x_k \rangle = \langle \alpha, [df_\alpha, dg_\alpha] \rangle$$

となる. ここで

$$df_\alpha = \sum \frac{\partial f}{\partial x_i}(\alpha)dx_i$$

は定義通り $T_\alpha^* \mathfrak{g}^*$ の元であるが, $T_\alpha^* \mathfrak{g}^*$ を $\mathfrak{g}$ と自然に同一視して $\mathfrak{g}$ の元だと思っている. この同一視において dx_i と x_i は同じものなので, df_α は $\sum \frac{\partial f}{\partial x_i}(\alpha)x_i$ と同一視される. 上式の最後の部分の括弧は $\mathfrak{g}$ のリー括弧積である.

さて $\mathfrak{g}$ は複素代数群 G のリー環になっているとする. G は内部自己同型 $Ad_g : G \to G, \ h \to ghg^{-1}$ によって自分自身に左から作用する. ここで G の任意の元 g に対して Ad_g は単位元 $1 \in G$ を固定する. したがって G は接空間 $\mathfrak{g} = T_1 G$ に左から作用する. これを G の $\mathfrak{g}$ に対する随伴作用と呼び, 同じ Ad_g で表す. G は双対空間 $\mathfrak{g}^*$ にも

$$Ad_g^*(\zeta) := \zeta \circ Ad_g, \ \zeta \in \mathfrak{g}^*$$

によって右から作用する. これを余随伴作用と呼ぶ. 余随伴作用に関する軌道のことを**余随伴軌道**と呼ぶ.

命題 2.1.12 余随伴軌道 O は自然なシンプレクティック形式を持つ.

証明. $\alpha \in O$ に対して全射

$$Ad^*(\alpha) : G \to O, \ g \to Ad_g^*(\alpha)$$

が定まる. この写像は接空間の間の全射

$$\langle \alpha, ad \rangle : \mathfrak{g} \to T_\alpha O, \ x \to \langle \alpha, [x, \cdot] \rangle$$

を誘導する. ここでは $T_\alpha O \subset \mathfrak{g}^*$ とみなしており, $\langle \alpha, [x, \cdot] \rangle$ は $\mathfrak{g}^*$ の元である.

$$\mathrm{Ker}(\langle \alpha, ad \rangle) := \{x \in \mathfrak{g} \mid \langle \alpha, [x, \cdot] \rangle = 0\}$$

は α の固定化部分群 G_α のリー環 $\mathfrak{g}_\alpha$ に等しい. そこで $x \in \mathfrak{g}$ に対して $\bar{x} := \langle \alpha, [x, \cdot] \rangle \in T_\alpha O$ と書くことにする. このとき $\bar{x}, \bar{y} \in T_\alpha O$ に対して

$$\omega_\alpha(\bar{x}, \bar{y}) = \langle \alpha, [x, y] \rangle$$

と置くことによって $T_\alpha O$ 上の反対称形式 ω_α を定義する. ω_α が正しく定義されている為には $\bar{x} = \bar{x'}, \bar{y} = \bar{y'}$ のときに $\langle \alpha, [x, y] \rangle = \langle \alpha, [x', y'] \rangle$ でなければならないが, これは $\langle \alpha, [x - x', \cdot] \rangle = 0, \langle \alpha, [y - y', \cdot] \rangle = 0$ であることからわかる.

ω_α は非退化である. 実際, もし $\omega_\alpha(\bar{x}, \cdot) = 0$ とすると定義から $\langle \alpha, [x, \cdot] \rangle = 0$ となり, $x \in \mathfrak{g}_\alpha$, すなわち $\bar{x} = 0$ である. 以上のことから $\omega := \{\omega_\alpha\}$ は O 上の非退化な 2-形式を定める.

次に ω が d-閉であることを示そう. 外微分の定義から

$$d\omega(\zeta_1, \zeta_2, \zeta_3) = \zeta_1(\omega(\zeta_2, \zeta_3)) - \zeta_2(\omega(\zeta_1, \zeta_3)) + \zeta_3(\omega(\zeta_1, \zeta_2))$$
$$- \omega([\zeta_1, \zeta_2], \zeta_3) + \omega([\zeta_1, \zeta_3], \zeta_2) - \omega([\zeta_2, \zeta_3], \zeta_1)$$

である. O に対する G-作用によって $x \in \mathfrak{g}$ から O 上のベクトル場 ζ_x が決まる. 今の場合, $\mathfrak{g}$ を G 上の左不変ベクトル場全体と同一視して $\zeta_x := Ad^*(\alpha)_*(x)$ と定義してもよい. x が左不変であることから右辺は矛盾なく定義されることに注意する. この事実を用いると

$$[\zeta_x, \zeta_y] = [Ad^*(\alpha)_*(x), Ad^*(\alpha)_*(y)] = Ad^*(\alpha)_*[x, y] = \zeta_{[x,y]}$$

であることがわかる. O の各点 α で ζ_x の形のベクトル場は $T_\alpha O$ を生成しているので, ζ_i はこの形のベクトル場として $d\omega(\zeta_1, \zeta_2, \zeta_3) = 0$ を示せば十分である. そこで $x, y, z \in \mathfrak{g}$ に対して $\zeta_1 = \zeta_x$, $\zeta_2 = \zeta_y$, $\zeta_3 = \zeta_z$ と置いて上の式の右辺を計算する. まず O の各点 α で $(\zeta_x)_\alpha = \langle \alpha, [x, \cdot] \rangle$ が成り立つ. さらに $\omega(\zeta_y, \zeta_z) = [y, z]$ である. ここで $[x, y] \in \mathfrak{g}$ は $\mathfrak{g}^*$ 上の線形関数とみなしている. したがって O 上の関数 $\zeta_x(\omega(\zeta_y, \zeta_z))$ は α において値 $\langle \alpha, [x, [y, z]] \rangle$ を取ることがわかる. これは

$$\zeta_x(\omega(\zeta_y, \zeta_z)) = [x, [y, z]]$$

であることを意味する. 一方で

$$\omega([\zeta_x, \zeta_y], \zeta_z) = \omega(\zeta_{[x,y]}, \zeta_z) = [[x, y], z]$$

が成り立つ. ほかの項も同様に書いて代入すると, 外微分の式の右辺の 1 段目, 2 段目がヤコビ 恒等式から独立に消えることがわかる. したがって $d\omega = 0$ が示せた. $\square$

命題 2.1.12 で構成したシンプレクティック形式 ω のことを**キリロフ–コスタント形式**と呼ぶ. シンプレクティック形式 ω によって O はポアソン構造 $\{ , \}_\omega$ を持つ. $f \in R$ を $\mathfrak{g}^*$ 上の関数とみて, f を O に制限したものを $f|_O$ と書く. このとき次が成り立つ.

命題 2.1.13

$$\{f, g\}|_O = \{f|_O, g|_O\}_\omega \quad \forall f, \forall g \in R.$$

証明. O 上のハミルトンベクトル場 H_f を $\omega(\cdot, H_f) = d(f|_O)$ によって定義する. $\alpha \in O$ に対して命題 2.1.3 と同様に写像

$$\langle \alpha, ad \rangle \colon \mathfrak{g} \to T_\alpha O \subset \mathfrak{g}^*, \quad x \to \langle \alpha, [x, \cdot] \rangle$$

を考える. $\bar{x} := \langle \alpha, [x, \cdot] \rangle$ と置くと $\omega_\alpha(\bar{x}, \bar{y}) = \langle \alpha, [x, y] \rangle$ であった.

$$\overline{df_\alpha} = (H_f)_\alpha$$

となることを示そう. df_α は命題 2.1.12 の手前で定義したもので $\mathfrak{g}$ の元である. もしこれが正しければ

$$\{f|_O, g|_O\}_\omega(\alpha) = \omega_\alpha(H_f, H_g)$$
$$= \langle \alpha, [df_\alpha, dg_\alpha] \rangle = \{f, g\}(\alpha)$$

となる. 1 番目の等号はハミルトンベクトル場の性質からしたがう. 2 番目の等号は $\overline{df_\alpha} = (H_f)_\alpha$ なので ω の定義そのものである. 3 番目の等号は $\mathfrak{g}^*$ のポアソン括弧積を明示的に書き下した際に証明した. 任意の $x \in \mathfrak{g}$ に対して

$$\omega_\alpha(\bar{x}, H_f) = \langle \alpha, [x, df_\alpha] \rangle$$

が成り立つことを示せばよい. なぜなら ω の定義から常に

$$\omega_\alpha(\bar{x}, \overline{df_\alpha}) = \langle \alpha, [x, df_\alpha] \rangle$$

が成り立っているので

$$\omega_\alpha(\bar{x}, H_f) = \omega_\alpha(\bar{x}, \overline{df_\alpha})$$

が任意の $x \in \mathfrak{g}$ に対して言えていると, ω_α の非退化性から $\overline{df_\alpha} = (H_f)_\alpha$ がしたがうからである. ところで $\omega_\alpha(\cdot, H_f) = df_\alpha(\cdot)$ なので

$$\omega_\alpha(\bar{x}, H_f) = df_\alpha(\bar{x})$$
$$= \langle df_\alpha, \langle \alpha, [x, \cdot] \rangle \rangle = \langle \alpha, [x, df_\alpha] \rangle$$

が成り立つ. これが示したかったことだった. $\square$

命題 2.1.12 では $\mathfrak{g}^*$ の余随伴軌道それぞれに対して個別にシンプレクティック構造を定義しているが，これらは皆 $\mathfrak{g}^*$ のポアソン構造から標準的に構成されたものである．すなわち次が成り立つ．

系 2.1.14　余随伴軌道 O の $\mathfrak{g}^*$ の中での閉包 $\bar{O}$ は $\mathfrak{g}^*$ のポアソン部分概型になる．さらに $\bar{O}$ に誘導されたポアソン構造によって O は非特異なシンプレクティック代数多様体になる．

　証明.　R を $\mathfrak{g}^*$ の関数環とする．$f, f' \in R$ で $f|_{\bar{O}} = f'|_{\bar{O}}$ とする．$g \in R$ に対して $\{f, g\}|_{\bar{O}} = \{f', g\}|_{\bar{O}}$ を示せばよい．仮定から特に $f|_O = f'|_O$ なので命題 2.1.13 より

$$\{f, g\}|_O = \{f|_O, g|_O\}_\omega = \{f'|_O, g|_O\}_\omega = \{f', g\}|_O$$

が成り立つ．これは $\{f, g\}|_{\bar{O}} = \{f', g\}|_{\bar{O}}$ を意味する．$\square$

　$\mathfrak{g}^*$ を複素ポアソン多様体とみたときには，次が成立する．

命題 2.1.15　$\mathfrak{g}^*$ の各点におけるシンプレクティックリーフは，その点を通る余随伴軌道に一致する．

　証明.　$\alpha \in \mathfrak{g}^*$ を取り，O を α を通る余随伴軌道とする．命題 2.1.12 の証明中に指摘したように，

$$T_\alpha O = \{\langle \alpha, [x, \cdot] \rangle \in \mathfrak{g}^* \mid x \in \mathfrak{g}\}$$

である．ここで，ポアソン 2-ベクトルから決まる射

$$\pi(\alpha) \colon T_\alpha^* \mathfrak{g}^* \to T_\alpha \mathfrak{g}^*$$

を考えよう．$f \in \mathcal{O}_{\mathfrak{g}^*}$ に対して，$\pi \lrcorner df = H_f$ なので，$\mathrm{Im}(\pi(\alpha))$ は $H_f(\alpha)$ の形の元で生成される．一方，$\mathfrak{g}^*$ のポアソン構造は α において

$$\{f, g\}(\alpha) = \langle \alpha, [df_\alpha, dg_\alpha] \rangle$$

で与えられるので，$H_f(\alpha) = \langle \alpha, [df_\alpha, \cdot] \rangle$ である．このことと，$T_\alpha O$ の記述から，$\mathrm{Im}(\pi(\alpha)) = T_\alpha O$ である．したがって，O は α を通るシンプレクティックリーフである．$\square$

2.2　接 触 構 造

　シンプレクティック構造と表裏一体の概念に，接触構造と呼ばれるものがある．それを説明するのが，この節の目的である．

　奇数次元 $2n-1$ の複素多様体 M 上の**接触構造**とは，正則ベクトル束の完全系列

$$0 \to F \to \Theta_M \xrightarrow{\theta} L \to 0$$

で次の性質を持つもののことである．

　(i) L は直線束，F は階数 $2n-2$ のベクトル束．

　(ii)

$$F \times F \to L, \quad (x,y) \to \theta([x,y])$$

は非退化な反対称形式．ここで $[x,y]$ はベクトル場 x, y の括弧積である．

　L のことを**接触直線束**と呼ぶ．θ は $\Omega_M \otimes L$ の大域切断なので，L でねじった M 上の正則 1-形式とみなせる．そこで θ のことを**接触 1-形式**と呼ぶ．

命題 2.2.1　M を $2n-1$ 次元複素多様体とする．このとき $\theta \in \Gamma(M, \Omega_M \otimes L)$ に対して次が成立する．

　(1) $(d\theta)^{n-1} \wedge \theta$ は $\Gamma(M, \Omega_M^{2n-1} \otimes L^{\otimes n})$ の元を決める．

　(2) 次の 2 条件は同値である：

　(a) $\Theta_M \xrightarrow{\theta} L$ は全射であり，

$$0 \to \mathrm{Ker}(\theta) \to \Theta_M \xrightarrow{\theta} L \to 0$$

は M 上接触構造になる．

　(b) $(d\theta)^{n-1} \wedge \theta \in \Gamma(M, \Omega_M^{2n-1} \otimes L^{\otimes n})$ は至るところ消えない切断である．

　証明．　(1) 開被覆 $M = \cup U_i$ で $L|_{U_i} \cong \mathcal{O}_{U_i}$ となるものを取る．L の張り合わせ関数を $g_{ij} \in \Gamma(U_i \cap U_j, \mathcal{O}_{U_i \cap U_j}^*)$ とする．$\theta_i := \theta|_{U_i} \in \Gamma(U_i, \Omega_{U_i})$ と置くと，$\theta_i = g_{ij}\theta_{U_j}$ が成り立つ．このとき，$U_i \cap U_j$ で

$$d\theta_i = g_{ij}d\theta_j + dg_{ij} \wedge \theta_j$$

が成り立つ．したがって

$$(d\theta_i)^{n-1} \wedge \theta_i = (g_{ij}d\theta_j + dg_{ij} \wedge \theta_j)^{n-1} \wedge g_{ij}\theta_j$$
$$= g_{ij}^n(d\theta_j)^{n-1} \wedge \theta_j.$$

これは $(d\theta)^{n-1} \wedge \theta$ が $\Omega_M^{2n-1} \otimes L^{\otimes n})$ の切断であることを意味する.

(2) (a) $\Rightarrow$ (b): $F := \mathrm{Ker}(\theta)$ と置くと $d\theta|_F$ は $\mathrm{Hom}(\wedge^2 F, L)$ の切断とみなせることに注意する. これは, $d\theta_i = g_{ij}d\theta_j + dg_{ij} \wedge \theta_j$ を F に制限すると $\theta_j|_F = 0$ なので $d\theta_i|_F = g_{ij}d\theta_j|_F$ が成り立つことからわかる. そこで, $x, y \in F$ に対して, $\theta(x) = \theta(y) = 0$ なので

$$d\theta(x,y) = x(\theta(y)) - y(\theta(x)) - \theta([x,y]) = -\theta([x,y])$$

が成り立つ. したがって, 接触構造の定義から, $d\theta|_F$ は至るところ非退化である.

以上の準備の下で, (b) が成り立つことを示そう. 仮定から任意の点 $p \in M$ に対して, $\theta_p \colon \Theta_M(p) \to L(p)$ は全射である. そこで $v \in \Theta_M(p)$ で $\theta_p(v) \neq 0$ となるものを取る. 次に $F(p)$ の基底 $w_1, \ldots, w_{2n-2}$ を取る. このとき $\theta_p(w_i) = 0$ なので,

$$(d\theta)_p^{n-1} \wedge \theta_p(w_1 \wedge \cdots \wedge w_{2n-2} \wedge v) = (d\theta)_p^{n-1}(w_1 \wedge \cdots \wedge w_{2n-2}) \cdot \theta(v)$$

である. すでに注意したように $d\theta|_F$ は非退化なので, $(d\theta)_p^{n-1}(w_1 \wedge \cdots \wedge w_{2n-2}) \neq 0$ である. したがって, 上の式の右辺は零ではない.

(b) $\Rightarrow$ (a): M のある点 p で $\theta_p \colon \Theta_M \to L(p)$ が零写像だったとする. このとき, 任意の元 $v \in \Theta_M(p)$ に対して, $\theta_p(v) = 0$ である. したがって, $(d\theta)^{n-1} \wedge \theta$ は $p \in M$ で消える. これは (b) の仮定に矛盾する. したがって, θ は全射である. $F := \mathrm{Ker}(\theta)$ と置くと, (a) $\Rightarrow$ (b) の証明で見たように, $(d\theta)^{n-1} \wedge \theta$ が至るところ消えないことと $d\theta|_F$ が至るところ非退化であることは同値である. さらに $d\theta|_F$ が至るところ非退化であることと,

$$F \times F \to L, \quad (x,y) \to \theta([x,y])$$

が至るところ非退化であることは同値である. $\square$

系 2.2.2　M を接触構造をもった $2n-1$ 次元複素多様体とすると, 標準直線束 K_M は L^{-n} と同型である.

例 2.2.3 $\mathbf{C}^{2n-1}$ の座標を $(x_1, y_1, \ldots, x_{n-1}, y_{n-1}, z)$ としたとき,

$$\theta := \sum_{i=1}^{n-1} x_i dy_i + dz$$

は自明な接触直線束をもった複素接触多様体になる.

　次に, 接触構造とシンプレクティック構造の関係について説明しよう.

　M を $2n-1$ 次元の複素多様体, L を M 上の正則直線束とする. L の双対直線束 L^{-1} を考え, $(L^{-1})^{\times}$ で L^{-1} から零切断を除いたものを表すことにする. 射影 $p \colon (L^{-1})^{\times} \to M$ によって $(L^{-1})^{\times}$ は M 上の $\mathbf{C}^*$-束になる. p の各ファイバーには $\mathbf{C}^*$ が作用していて, これによって $\mathbf{C}^*$ は $(L^{-1})^{\times}$ 全体に作用する. この $\mathbf{C}^*$-作用を生成する $(L^{-1})^{\times}$ の上のベクトル場を ζ で表す.

命題 2.2.4 次の2つのデータは同値である.

　(a) $(L^{-1})^{\times}$ 上のウエイト 1 のシンプレクティック形式 ω (ω のウエイトが 1 であるとは $t \in \mathbf{C}^*$ に対して, $t^*\omega = t \cdot \omega$ が成り立つことである).

　(b) 接触 1-形式 $\theta \in \Gamma(M, \Omega_M \otimes L)$.

　証明.　(a) $\Rightarrow$ (b): ω のウエイトが 1 であることから,

$$\omega = L_\zeta \omega = \zeta \rfloor d\omega + d(\zeta \rfloor \omega)$$
$$= d(\zeta \rfloor \omega)$$

が成り立つ. 最後の等式は $d\omega = 0$ であることを使った. ここで, 完全系列

$$0 \to p^*\Omega_M \to \Omega_{(L^{-1})^{\times}} \to \Omega_{(L^{-1})^{\times}/M} \to 0$$

を考える. $\zeta \rfloor \omega \in \Omega_{(L^{-1})^{\times}}$ は定義から, $\Omega_{(L^{-1})^{\times}/M}$ まで持っていくと零になる. したがって $\zeta \rfloor \omega \in p^*\Omega_M$ である. ここで $\theta := \zeta \rfloor \omega$ と置くと,

$$\theta \in \Gamma((L^{-1})^{\times}, p^*\Omega_M) = \Gamma(M, \Omega_M \otimes p_*\mathcal{O}_{(L^{-1})^{\times}})$$
$$= \Gamma(M, \Omega_M \otimes (\oplus_{m \in \mathbf{Z}} L^{\otimes m}))$$

である. θ のウエイトは 1 なので, $\theta \in \Gamma(M, \Omega_M \otimes L)$ がわかる.

　$\theta \in \Gamma(M, \Omega_M \otimes L)$ とみると $p^*\theta \in \Gamma((L^{-1})^{\times}, p^*\Omega_M \otimes p^*L)$ であるが, 自然な自明化 $p^*L \cong \mathcal{O}_{(L^{-1})^*}$ を用いると $p^*\theta \in \Gamma((L^{-1})^{\times}, p^*\Omega_M)$ であ

る．これが θ を $(L^{-1})^{\times}$ 上の 1-形式とみなしたものに他ならない．したがって $\omega = d(p^*\theta)$ である．M の点 p を取り，その近傍 U で L を自明化する．このとき $L|_U$ の生成元 t は $\mathbf{C}^*$-束 $(L^{-1})^{\times}$ のファイバー座標とみなすことができる．そこで自明化 $p^{-1}(U) \cong \mathbf{C}^* \times U$ に関して，

$$p^*\theta|_{p^{-1}(U)} = t\theta_U, \ \theta_U \in \Omega_U$$

と書くと

$$\omega|_{p^{-1}(U)} = d(t\theta_U) = dt \wedge \theta_U + t d\theta_U$$

である．このとき

$$(\omega_U)^n = nt^{n-1} dt \wedge \theta_U \wedge (d\theta_U)^{n-1}$$

が成り立つ．ここで $(d\theta_U)^n = 0$ であることを使った．条件 (a) より ω^n は至るところ 0 ではない．したがって $\theta_U \wedge (d\theta_U)^{n-1}$ も U 上至るところ 0 でない．命題 2.2.1 から θ は M 上の接触構造を定める．

(b) $\Rightarrow$ (a): $\theta \in \Gamma(M, \Omega_M \otimes L)$ に対して，$p^*\theta \in \Gamma((L^{-1})^{\times}, \Omega_{(L^{-1})^{\times}} \otimes p^*L)$ であるが，自然な自明化 $p^*L \cong \mathcal{O}_{(L^{-1})^*}$ を用いると，p^θ は $(L^{-1})^{\times}$ の 1-形式である．そこで，$\omega := d(p^*\theta)$ と置く．(a) $\Rightarrow$ (b) の部分の証明で見たように，$(d\theta)^{n-1} \wedge \theta$ が至る所消えないことと，ω^n が至る所消えないことは同値である．したがって，ω は至るところ非退化である．$d\omega = 0$ は定義から明らか．したがって ω はシンプレクティック 2-形式である．□

系 2.2.5 M を複素多様体，$\mathbf{P}(T^*M)$ を余接束 T^*M の射影化，すなわち $\mathbf{P}(T^*M) := T^*M - (0 - 切断)/\mathbf{C}^*$ とする．このとき，$\mathbf{P}(T^*M)$ は接触直線束が $\mathcal{O}_{\mathbf{P}(T^*M)}(1)$ であるような接触構造を持つ．

証明. $T^*M - (0 - 切断)$ と $\mathcal{O}_{\mathbf{P}(T^*M)}(-1)^{\times}$ は $\mathbf{P}(T^*M)$ 上の $\mathbf{C}^*$-束として同型である．例 2.1.2 から左辺は標準的なシンプレクティック構造 ω を持つ．余接束 T^*M の各ファイバーには $\mathbf{C}^*$ が作用して，ω はその作用に関してウエイトが 1 である．したがって命題 2.2.4 から $\mathbf{P}(T^*M)$ は接触構造を持つ．□

2.3 モーメント写像

(M, ω) を非特異複素代数多様体とその上の正則シンプレクティック形式の組とする. ω は M 上にポアソン構造 $\{\,,\,\}$ を定める. このとき M 上の関数 f に対して微分作用素 $H_f := \{f, \cdot\}$ をハミルトンベクトル場と呼んだ.

複素線形代数群 G が M 上 ω を保つように左から作用しているものとする. G の作用は G のリー環 $\mathfrak{g}$ から $\Gamma(M, \Theta_M)$ へのリー環の準同型 $\zeta\colon \mathfrak{g} \to \Gamma(M, \Theta_M)$ を定める. 一方, M 上の関数 f に対してハミルトンベクトル場 H_f を対応させることで射 $\Gamma(M, \mathcal{O}_M) \overset{H}{\to} \Gamma(M, \Theta_M)$ が決まる. あるリー環の準同型射 $\mu^*\colon \mathfrak{g} \to \Gamma(M, \mathcal{O}_M)$ を用いて, ζ が

$$\mathfrak{g} \overset{\mu^*}{\to} \Gamma(M, \mathcal{O}_M) \overset{H}{\to} \Gamma(M, \Theta_M)$$

と分解するとき, この G-作用のことを**ハミルトン作用**と呼ぶ. このとき μ^* は環準同型 $\bigoplus_{i \geq 0} \mathrm{Sym}^i(\mathfrak{g}) \to \Gamma(M, \mathcal{O}_M)$ に延長され, 代数多様体の間の射

$$\mu\colon M \to \mathfrak{g}^*$$

が決まる. ここでは $\mathfrak{g}$ の双対空間 $\mathfrak{g}^*$ をアファイン空間とみなしている. $g \in G$ は余随伴作用 $Ad^*_{g^{-1}}$ によって $\mathfrak{g}^*$ に左から作用する. 射 μ が G-同変なとき**モーメント写像**と呼ぶ. とくに

$$z(\mathfrak{g}^*) := \{\zeta \in \mathfrak{g}^*;\ Ad^*_g \zeta = \zeta\ \ \forall g \in G\}$$

と置くと $\zeta \in z(\mathfrak{g}^*)$ に対して G はファイバー $\mu^{-1}(\zeta)$ を保つ. 特に G が代数トーラスの場合 G は μ のすべてのファイバーを保つ. G の作用から $a \in \mathfrak{g}$ に対して M 上のベクトル場 ζ_a が決まる. モーメント写像の定義から $x \in M$, $v \in T_x M$, $a \in \mathfrak{g}$ に対して

$$\omega_x(v, \zeta_a) = \langle d\mu_x(v), a \rangle$$

が成り立つ. ここで $d\mu$ は μ から決まる接写像 $d\mu_x\colon T_x M \to \mathfrak{g}^*$ であり, $\langle\,,\,\rangle$ は $\mathfrak{g}$ と $\mathfrak{g}^*$ の自然なペアリングである.

M を非特異代数多様体, T^*M を余接束とする. 例 2.1.2 で見たように, T^*M には標準的なシンプレクティック形式 ω が存在する. ω は T^*M 上に標準的に構成される正則 1-形式 η を用いて $\omega = d\eta$ と定義されていた.

今，複素リー群 G が，M に左から作用していると仮定すると，この作用は，T^*M 上の左作用に延び，ω を不変にする．このことを無限小レベルで見ると次のようになる．まず，$\mathfrak{g}$ の元 x は，M 上のベクトル場 ζ_x を決める．さらに，ζ_x は，T^*M 上のシンプレクティックベクトル場 $\tilde{\zeta}_x$ にまで自然に持ち上がる．

命題 2.3.1　G の (T^*M, ω) への作用はハミルトン作用であり，$\mu^*\colon \mathfrak{g} \to \Gamma(T^*M, \mathcal{O}_{T^*M})$ は，$\mu^*(x) := \eta(\tilde{\zeta}_x)$ で与えられる．さらに代数多様体の間の射 $\mu\colon T^*M \to \mathfrak{g}^*$ はポアソン多様体の射である．

証明.　まず，$H_{\eta(\tilde{\zeta}_x)} = \tilde{\zeta}_x$ であることを示そう．これが示されれば，$\mu^*(x) := \eta(\tilde{\zeta}_x)$ によって $\mu^*\colon \mathfrak{g} \to \Gamma(T^*M, \mathcal{O}_{T^*M})$ を定義すれば，$\tilde{\zeta}$ は

$$\mathfrak{g} \xrightarrow{\mu^*} \Gamma(T^*M, \mathcal{O}_{T^*M}) \xrightarrow{H} \Gamma(T^*M, \Theta_{T^*M})$$

と分解したことになる．ハミルトンベクトル場の定義から，$\omega(\cdot, H_{\eta(\tilde{\zeta}_x)}) = d(\eta(\tilde{\zeta}_x))$ である．$\omega = d\eta$ なので，カルタンの公式から，

$$L_{\tilde{\zeta}_x}\eta = \tilde{\zeta}_x \rfloor d\eta + d(\tilde{\zeta}_x \rfloor \eta)$$
$$= \omega(\tilde{\zeta}_x, \cdot) + d(\eta(\tilde{\zeta}_x)) = -\omega(\cdot, \tilde{\zeta}_x) + d(\eta(\tilde{\zeta}_x))$$

が成り立つ．η は G-作用で不変なので，リー微分 $L_{\tilde{\zeta}_x}\eta$ は零になる．したがって，$d(\eta(\tilde{\zeta}_x)) = \omega(\cdot, \tilde{\zeta}_x)$ が成り立ち，

$$\omega(\cdot, H_{\eta(\tilde{\zeta}_x)}) = \omega(\cdot, \tilde{\zeta}_x)$$

となる．ω は非退化なので，これから $H_{\eta(\tilde{\zeta}_x)} = \tilde{\zeta}_x$ であることがしたがう．

次に，μ^* がリー環の準同型射であることを示そう．そのためには，$x, y \in \mathfrak{g}$ に対して，

$$\{\eta(\tilde{\zeta}_x), \eta(\tilde{\zeta}_y)\} = \eta(\tilde{\zeta}_{[x,y]})$$

が成り立つことを示せばよい．まず，

$$\{\eta(\tilde{\zeta}_x), \eta(\tilde{\zeta}_y)\} = H_{\eta(\tilde{\zeta}_x)}(\eta(\tilde{\zeta}_y)) = \tilde{\zeta}_x(\eta(\tilde{\zeta}_y))$$

が成り立つ．2 番目の等式では，$H_{\eta(\tilde{\zeta}_x)} = \tilde{\zeta}_x$ であることを使った．次に

$$\tilde{\zeta}_x(\eta(\tilde{\zeta}_y)) = L_{\tilde{\zeta}_x}(\eta(\tilde{\zeta}_y)) = (L_{\tilde{\zeta}_x}\eta)(\tilde{\zeta}_y) + \eta(L_{\tilde{\zeta}_x}\tilde{\zeta}_y)$$

となるが，$L_{\tilde{\zeta}_x}\eta = 0$ なので，

$$左辺 = \eta(L_{\tilde{\zeta}_x}\tilde{\zeta}_y) = \eta([\tilde{\zeta}_x, \tilde{\zeta}_y]) = \eta(\tilde{\zeta}_{[x,y]})$$

となる．

μ^* を自然な方法で，環準同型 $\bigoplus_{i\geq 0}\mathrm{Sym}^i(\mathfrak{g}) \to \Gamma(T^*M, \mathcal{O}_{T^*M})$ に拡張する．$\bigoplus_{i\geq 0}\mathrm{Sym}^i(\mathfrak{g})$ 上に $\mathfrak{g}$ のリー括弧積を用いて，ポアソン括弧積を定義することができる．一方，$\Gamma(T^*M, \mathcal{O}_{T^*M})$ には ω からポアソン括弧積が定義されている．μ^* はリー環の準同型なので，それを拡張して作った環準同型は，ポアソン環準同型である．したがって，$\mu\colon T^*M \to \mathfrak{g}^*$ はポアソン多様体の射である．□

第3章

変形理論概説

この章では，非特異シンプレクティック代数多様体や非特異ポアソン代数多様体の無限小変形を扱う．これらの変形を統制しているのが，2章で定義したリヒャネロウィッツ–ポアソン複体である．

3.1 複素シンプレクティック多様体の変形

この節では，複素シンプレクティック多様体の変形，特に無限小変形に関して説明する．

まず最初に複素多様体の変形について復習する．M を複素多様体とする．S を複素解析空間で，その上の1点 $0 \in S$ が指定されているものとする．複素解析空間のスムースな全射 $\pi\colon \mathcal{M} \to S$ と同型射 $\varphi\colon M \cong \pi^{-1}(0)$ が与えられているとき $\pi\colon \mathcal{M} \to S$ のことを M のパラメーター空間 S 上の**変形**と呼ぶ．同じパラメーター空間 S 上に M の変形 $\pi_1\colon \mathcal{M}_1 \to S$, $\pi_2\colon \mathcal{M}_2 \to S$ が2つ与えられたとしよう．S 上の同型写像 $\phi\colon \mathcal{M}_1 \cong \mathcal{M}_2$ で次の図式を可換にするようなものが存在するとき，2つの変形は**同値**であると呼ぶ：

$$
\begin{array}{ccc}
M & \xrightarrow{\;id\;} & M \\
\varphi_1 \downarrow & & \varphi_2 \downarrow \\
\mathcal{M}_1 & \xrightarrow{\;\phi\;} & \mathcal{M}_2
\end{array}
\tag{3.1}
$$

特に $\mathcal{M}_1 = \mathcal{M}_2$ の場合に，上の条件を満たすような S 上の同型射 ϕ のことを変形 $\mathcal{M}_1$ の自己同型と呼ぶことにする．複素解析空間 S_1 を位相空間としては1点からなり，構造層が $\mathbf{C}[\epsilon]/(\epsilon^2)$ であるようなものとして定義する．M の S_1 上の変形 $\mathcal{M} \to S_1$ のことを M の **1次無限小変形**と呼ぶ．M の1次無限小変形の同値類全体の集合を $\mathrm{D}(M; S_1)$ であらわす．また M の1次無限小変形 $\mathcal{M}$ の自己同型射全体のなす群を $\mathrm{Aut}(\mathcal{M}\, id|_M)$ であらわす．

命題 3.1.1 $\mathrm{Aut}(\mathcal{M}\,id|_M) \cong H^0(M, \Theta_M)$.

証明. $\psi \in \mathrm{Aut}(\mathcal{M}; id|_M)$ に対して $\psi - id_\mathcal{M}$ を考えると，$\psi|_M = id_M$ なので，$\mathbf{C}[\epsilon]/(\epsilon^2)$-加群の準同型射 $\psi^* - id: \mathcal{O}_\mathcal{M} \to \epsilon\mathcal{O}_\mathcal{M}$ が決まる．$\psi^* - id$ は $\mathbf{C}[\epsilon]/(\epsilon^2)$-導分である．実際，$f, g \in \mathcal{O}_\mathcal{M}$ に対して，

$$(\psi^* - id)(fg) = \psi^*(f)(\psi^*(g) - g) + g(\psi^*(f) - f)$$
$$= f(\psi^*(g) - g) + g(\psi^*(f) - f)$$

が成り立つ．2番目の等号は

$$\psi^*(f)(\psi^*(g) - g) - f(\psi^*(g) - g) = (\psi^*(f) - f)(\psi^*(g) - g) \in \epsilon^2\mathcal{O}_\mathcal{M} = 0$$

であることを使った．一方で，$(\psi^* - id)(\epsilon\mathcal{O}_\mathcal{M}) = 0$ である．なぜなら $\epsilon f \in \epsilon\mathcal{O}_\mathcal{M}$ に対して，

$$(\psi^* - id)(\epsilon f) = \epsilon \cdot (\psi^* - id)(f) \in \epsilon^2\mathcal{O}_\mathcal{M} = 0$$

となるからである．ここで $\mathcal{O}_M = \mathcal{O}_\mathcal{M}/\epsilon\mathcal{O}_\mathcal{M}$ に注意すると，$\psi^* - id$ は $\mathcal{O}_M$ から $\mathcal{O}_M$ への $\mathbf{C}$-導分であることがわかる．これから M のベクトル場 $v \in H^0(M, \Theta_M)$ が決まる．反対に $v \in H^0(M, \Theta_M)$ に対して，この対応を逆にたどることによって自己同型 $\psi \in \mathrm{Aut}(\mathcal{M}; id|_M)$ が決まる．□

命題 3.1.2 $\mathrm{D}(M; S_1) \cong H^1(M, \Theta_M)$.

証明. M の1次無限小変形 $\mathcal{M} \to S_1$ が与えられたとする．$\mathcal{M}$ の開被覆 $\mathcal{M} = \bigcup_{i \in I} \mathcal{U}_i$ を各 $\mathcal{U}_i$ がスタイン空間になるように取る．$U_i := \mathcal{U}_i|_M$ と置く．このとき S_1 上の同型射 $\mathcal{U}_i \cong U_i \times S_1$ が存在する．なぜなら，$U_i \times S_1 \to S_1$ はスムース射なので，自然な埋め込み射 $U_i \to U_i \times S_1$ を考えると，この射を S_1 上の射 $\mathcal{U}_i \to U_i \times S_1$ にまで拡張することができる．層の言葉でいうと，自然な全射

$$\mathcal{O}_{U_i} \otimes_\mathbf{C} \mathbf{C}[\epsilon]/(\epsilon^2) \to \mathcal{O}_{U_i}$$

を $\mathbf{C}[\epsilon]/(\epsilon^2)$-加群の準同型

$$\mathcal{O}_{U_i} \otimes_\mathbf{C} \mathbf{C}[\epsilon]/(\epsilon^2) \to \mathcal{O}_{U_i}$$

にまで拡張することができる. $\mathcal{U}_i \to S_1$ はスムース射なので, 平坦射でもある. 次の補題から, 拡張された射は同型射になる.

補題 3.1.3 A を可換環として $f\colon M \to N$ を A-加群の準同型とする. また N は平坦 A-加群であると仮定する. このとき, もし A のべき零イデアル I に対して $\bar{f}\colon M/IM \to N/IN$ が同型射ならば, f は同型である.

証明. $K := \mathrm{Coker}(f)$ と置き, 完全系列 $M \xrightarrow{f} N \to K \to 0$ に A/I をテンソルすると完全系列

$$M/IM \xrightarrow{\bar{f}} N/IN \to K/IK \to 0$$

を得る. ここで $\bar{f}$ は同型なので $K/IK = 0$ である. このとき I がべき零なので $K = IK = I^2K = \cdots = 0$ である. 次に $L := \mathrm{Ker}(f)$ と置くと

$$0 \to L \to M \to N \to 0$$

は完全系列である. これに A/I をテンソルすると, N は平坦 A-加群なので

$$0 \to L/IL \to M/IN \to N/IN \to 0$$

は完全系列であり, $L/IL = 0$ がわかる. I がべき零イデアルなので K のときと同じ議論から $L = 0$ である. $\square$

上で述べたことから, $\mathcal{M}$ は $\{U_i \times S_1\}_{i \in I}$ を S_1 上の同型射 $\phi_{ij}\colon (U_i \cap U_j) \times S_1 \to (U_i \cap U_j) \times S_1$ によって貼り合わせてできている. ここで左辺は $U_j \times S_1$ の開集合, 右辺は $U_i \times S_1$ の開集合とみて貼り合わせている. この貼り合わせを $0 \in S_1$ 上に制限すると M が得られているので, $\phi_{ij}|_{(U_i \cap U_j) \times \{0\}} = id$ である. 命題 3.1.1 から ϕ_{ij} にはベクトル場 $v_{ij} \in H^0(U_i \cap U_j, \Theta_{U_i \cap U_j})$ が対応する. $\phi_{ij} \circ \phi_{jk} \circ \phi_{ki} = id$ なので, $v_{ij} + v_{jk} + v_{ki} = 0$ である. したがって $\{v_{ij}\}$ はチェック 1-コサイクルになり, $H^1(M, \Theta_M)$ の元を定める. この元が, M の 1 次無限小変形の同値類によって決まることを見よう. そこで $\mathcal{M}'$ を $\mathcal{M}$ と同値な 1 次無限小変形として, $\mathcal{M}$ のときと同様に ϕ'_{ij}, v'_{ij} を構成する. 仮定から S_1-同型射 $\phi\colon \mathcal{M}' \to \mathcal{M}$ で中心ファイバー M に制限すると id_M となるものが存在する. ϕ は各 $i \in I$ に対して, 同型 $\phi_i\colon U_i \times S_1 \to U_i \times S_1$ が存在して, $i, j \in I$ に対して次の図式は可換になる:

$$(U_i \cap U_j) \times S_1 \xrightarrow{\phi_j|_{(U_i \cap U_j) \times S_1}} (U_i \cap U_j) \times S_1$$

$$\phi'_{ij} \downarrow \qquad\qquad\qquad\qquad \phi_{ij} \downarrow \qquad\qquad (3.2)$$

$$(U_i \cap U_j) \times S_1 \xrightarrow{\phi_i|_{(U_i \cap U_j) \times S_1}} (U_i \cap U_j) \times S_1$$

ϕ_i が決める $U_i \cap U_j$ 上のベクトル場を v_i とすると，上の可換図式から

$$v_{ij} + v_j = v_i + v'_{ij}$$

が $U_i \cap U_j$ で成り立つ．これは，$\{v_{ij}\}$, $\{v'_{ij}\} \in H^1(M, \Theta_M)$ が同じ元であることを意味する．

逆に，$H^1(M, \Theta_M)$ の元が与えられたとする．開被覆 $M = \cup U_i$ に対して，この元を代表するチェック 2-コサイクルを $\{v_{ij}\}$ とする．このとき $v_{ij} + v_{jk} + v_{ki} = 0$ が成り立っている．v_{ij} から S_1-同型 $(U_i \cap U_j) \times S_1 \to (U_i \cap U_j) \times S_1$ で $\phi|_{U_i \cap U_j} = id_{U_i \cap U_j}$ を満たすものが決まる．左辺を $U_j \times S_1$ の開集合，右辺を $U_i \times S_1$ の開集合とみなして，ϕ_{ij} によって $U_j \times S_1$ と $U_i \times S_1$ を貼り合わせる．$(U_i \cap U_j \cap U_k) \times S_1$ 上で $\phi_{ij} \circ \phi_{jk} \circ \phi_{ki} = id$ が成り立つので，これによって $\{U_i \times S_1\}_{i \in I}$ は貼りあって M の 1 次無限小変形 $\mathcal{M}$ を得る．この構成は，最初に取ったチェック 2-コサイクルの取り方によっている．別のチェック 2-コサイクル $\{v'_{ij}\}$ から始めて，同様の構成を行うと，別の 1 次無限小変形 $\mathcal{M}'$ を得る．しかし 2 つのチェック 2-コサイクルが同じコホモロジー類を定義することから，$\mathcal{M}$ と $\mathcal{M}'$ は同値な 1 次無限小変形であることがわかる．□

次に複素シンプレクティック多様体 (M, ω) の変形を考えよう．S を複素解析空間で，その上の 1 点 $0 \in S$ が指定されているものとする．(M, ω) の S 上の**シンプレクティック変形**とは，複素解析空間のスムースな全射 $\pi \colon \mathcal{M} \to S$ と相対的シンプレクティック形式 $\omega_{\mathcal{M}/S} \in \Gamma(\mathcal{M}, \Omega^2_{\mathcal{M}/S})$ の組で，次の性質を満たすもののことである．

($*$) 同型射 $\varphi \colon M \cong \pi^{-1}(0)$ が存在して，$\omega = \varphi^* \omega_{\mathcal{M}/S}$ が成り立つ．

ここで $\omega_{\mathcal{M}/S}$ が相対シンプレクティック形式とは，$\dim M = 2n$ としたとき $\wedge^n \omega_{\mathcal{M}/S}$ が $\Omega^{2n}_{\mathcal{M}/S}$ の至るところ消えない切断になっていて，$d\omega_{\mathcal{M}/S} = 0$ を満たすことをいう．

同じパラメーター空間 S 上に (M, ω) のシンプレクティック変形 $(\mathcal{M}_1, \omega_{\mathcal{M}_1/S})$, $(\mathcal{M}_2, \omega_{\mathcal{M}_2/S})$ が 2 つ与えられたとしよう．S 上の同型写像 $\phi \colon \mathcal{M}_1 \cong \mathcal{M}_2$ で，

$\phi^* \omega_{\mathcal{M}_2/S} = \omega_{\mathcal{M}_1/S}$ を満たし，次の図式を可換にするようなものが存在する とき，2 つのシンプレクティック変形は**同値**であると呼ぶ:

$$
\begin{array}{ccc}
M & \xrightarrow{\ id\ } & M \\
\varphi_1 \downarrow & & \varphi_2 \downarrow \\
\mathcal{M}_1 & \xrightarrow{\ \phi\ } & \mathcal{M}_2
\end{array}
\tag{3.3}
$$

特に $\mathcal{M}_1 = \mathcal{M}_2$ の場合に，上の条件を満たすような S 上の同型射 ϕ のことを シンプレクティック変形 $\mathcal{M}_1$ の自己同型と呼ぶことにする.

(M, ω) の S_1 上のシンプレクティック変形 $(\mathcal{M}, \omega_{\mathcal{M}/S_1})$ のことを (M, ω) の **1 次無限小シンプレクティック変形**と呼ぶ. (M, ω) の 1 次無限小シンプレク ティック変形の同値類全体の集合を $\mathrm{SD}((M, \omega); S_1)$ であらわす. また (M, ω) の 1 次無限小シンプレクティック変形 $(\mathcal{M}, \omega_{\mathcal{M}/S_1})$ の自己同型射全体のなす群 を $\mathrm{Aut}((\mathcal{M}, \omega_{\mathcal{M}/S_1}) \, id|_M)$ であらわす.

Θ_M の部分層 $P\Theta_M$ を

$$
v \in P\Theta_M \iff L_v \omega = 0
$$

として定義する. $P\Theta_M$ は $\mathbf{C}$-加群の層にはなるが，$\mathcal{O}_M$-加群の層ではないこ とに注意する.

命題 3.1.4 $(\mathcal{M}, \omega_{\mathcal{M}/S_1})$ を (M, ω) の 1 次無限小シンプレクテック変形とす る. このとき $\mathrm{Aut}((\mathcal{M}, \omega_{\mathcal{M}/S_1}), ; id|_M) \cong H^0(M, P\Theta_M)$.

証明. シンプレクティック構造は無視して $\mathcal{M}$ を M の 1 次無限小変形とみ る. このとき 命題 3.1.1 より $\mathrm{Aut}(\mathcal{M}; id|_M) \cong H^0(M, \Theta_M)$ である. リー微 分の定義から $\psi \in \mathrm{Aut}(\mathcal{M}; id|_M)$ に対して

$$
\psi^* \omega_{\mathcal{M}/S_1} - \omega_{\mathcal{M}/S_1} = \epsilon L_v \omega
$$

である. したがって $\psi \in \mathrm{Aut}((\mathcal{M}, \omega_{\mathcal{M}/S_1}); id|_M)$ であることと $v \in H^0(M, P\Theta_M)$ であることは同値である. $\square$

命題 3.1.5 複素シンプレクティック多様体 (V, ω) が次の性質を持つと仮定 する.

(i) V はスタイン空間,

(ii) $H^2(V, \mathbf{C}) = 0$.

このとき (V, ω) の 1 次無限小シンプレクティック変形 $(\mathcal{V}, \omega_{\mathcal{V}/S_1})$ は自明である.

証明. まず V はスタイン空間なので，$\mathcal{V}$ は複素多様体 V の 1 次無限小変形としては自明である: $\mathcal{V} \cong V \times S_1$. $p \colon V \times S_1 \to V$ を第 1 成分への射影とすると，$(V \times S_1, p^*\omega)$ はシンプレクティック複素多様体 (V, ω) の自明な 1 次無限小変形である. $\omega_1 \in \Gamma(V \times S_1, \Omega^2_{V \times S_1/S_1})$ で $\omega_1|_{V \times \{0\}} = \omega$ となるものが与えられたとする. S_1 上のシンプレクティック同型写像

$$\psi \colon (V \times S_1, \omega_1) \cong (V \times S_1, p^*\omega)$$

で $\psi|_{V \times \{0\}} = id_{V \times \{0\}}$ となるものを構成する. $H^2(V, \mathbf{C}) = 0$ という仮定から，V 上の正則な 1-形式 η を用いて

$$\omega_1 - p^*\omega = \epsilon d\eta$$

と書くことができる. ここで $v \lrcorner \omega = \eta$ となるように V 上のベクトル場 v を取る. これは ω が非退化であるから可能である. この v から決まる $V \times S_1$ の自己同型を ψ とすると

$$\psi^*(p^*\omega) = p^*\omega + \epsilon L_v\omega$$

である. カルタンの公式より $L_v\omega = v \lrcorner d\omega + d(v \lrcorner \omega)$ が成り立つが $d\omega = 0$ なので $L_v\omega = d(v \lrcorner \omega) = d\eta$ である. これは $\psi^*(p^*\omega) = \omega_1$ を意味するので，望んでいたシンプレクティック同型が得られたことになる. $\square$

命題 3.1.6 $\mathrm{SD}((M, \omega); S_1) \cong H^1(M, P\Theta_M)$.

証明. M を可縮なスタイン開被覆 $\{U_i\}_{i \in I}$ で覆う. 特に $H^2(U_i, \mathbf{C}) = 0$ である. (M, ω) の 1 次無限小シンプレクティック変形を $(\mathcal{M}, \omega_{\mathcal{M}/S_1})$ とする. ここで $\mathcal{U}_i := \mathcal{M}|_{U_i}$ と置くと，命題 3.1.5 から $(\mathcal{U}_i, \omega_{\mathcal{M}/S_1}|_{u_i})$ は $(U_i, \omega|_{U_i})$ の自明な変形 $(U_i \times S_1, p^*(\omega|_{U_i}))$ と同値である. ここで p は射影 $U_i \times S_1 \to U_i$ を表す. $(\mathcal{M}, \omega_{\mathcal{M}/S_1})$ は $\{(U_i \times S_1, p^*(\omega|_{U_i}))\}$ をシンプレクティック同型射 $\psi_{ij}(U_i \cap U_j) \times S_1 \to (U_i \cap U_j) \times S_1$ によって貼り合わせてできている. ここで左辺は $U_j \times S_1$ の開集合，右辺は $U_i \times S_1$ の開集合とみて貼り

合わせている．この貼り合わせを $\{0\} \subset S$ 上に制限すると，もとの M が得られているので $\psi_{ij}|_{U_i \cap U_j} = id$ である．命題 3.1.4 から ψ_{ij} にはベクトル場 $v_{ij} \in H^0(U_i \cap U_j, P\Theta_{U_i \cap U_j})$ が対応する．$\psi_{ij} \circ \psi_{jk} \circ \psi_{ki} = id$ なので $v_{ij} + v_{jk} + v_{ki} = 0$ である．したがって $\{v_{ij}\}$ はチェック 1-コサイクルになり，$H^1(M, P\Theta_M)$ の元を定める．□

補題 3.1.7　(M, ω) を複素シンプレクティック多様体とする．このとき ω によって同型射 $\phi \colon \Theta_M \to \Omega_M^1$ を定義すると，$\phi(P\Theta_M) = d\mathcal{O}_M$ が成り立つ．特に $P\Theta_M \cong d\mathcal{O}_M$ である．

　証明．　ベクトル場 $v \in \Theta_M$ に対して $\phi(v) = v \lrcorner \omega$ と定義すれば，ω が非退化なので ϕ は同型になる．

$$L_v \omega = v \lrcorner d\omega + d(v \lrcorner \omega) = d(v \lrcorner \omega)$$

なので

$$\phi(P\Theta_M) = \mathrm{Ker}[\Omega_M^1 \overset{d}{\to} \Omega_M^2]$$

が成り立つ．ポアンカレの補題より右辺は $d\mathcal{O}_M$ に等しい．□

系 3.1.8　$H^1(M, \mathcal{O}_M) = H^2(M, \mathcal{O}_M) = 0$ であれば，$\mathrm{SD}((M, \omega); S_1) \cong H^2(M, \mathbf{C})$ である．

　証明．　補題 3.1.7 と命題 3.1.6 から $\mathrm{SD}((M, \omega); S_1) \cong H^1(M, d\mathcal{O}_M)$ である．完全系列

$$0 \to \mathbf{C} \to \mathcal{O}_M \to d\mathcal{O}_M \to 0$$

のコホモロジーを取り，仮定を用いると，結果を得る．□

3.2　非特異ポアソン代数多様体の変形

　この節では，非特異シンプレクティック代数多様体 (X, ω) の変形，そしてより一般に非特異ポアソン代数多様体 $(X, \{\ ,\ \})$ の変形を扱う．まず非特異代数多様体 X の変形について復習しておく．S を $\mathbf{C}$-上の概型で，その上の閉点 $0 \in S$ で剰余体が $\mathbf{C}$ となるものが指定されているとする．$\mathbf{C}$ 上の概型の間の

スムースな全射 $\pi\colon \mathcal{X} \to S$ と同型射 $\varphi\colon X \cong \pi^{-1}(0)$ が与えられているとき $\pi\colon \mathcal{X} \to S$ のことを X のパラメーター空間 S 上の**変形**と呼ぶ. 同じパラメーター空間 S 上に X の変形 $\pi_1\colon \mathcal{X}_1 \to S, \pi_2\colon \mathcal{X}_2 \to S$ が2つ与えられたとしよう. S 上の同型写像 $\phi\colon \mathcal{X}_1 \cong \mathcal{X}_2$ で次の図式を可換にするようなものが存在するとき, 2つの変形は**同値**であると呼ぶ:

$$
\begin{array}{ccc}
X & \xrightarrow{\ id\ } & X \\
\varphi_1 \downarrow & & \varphi_2 \downarrow \\
\mathcal{X}_1 & \xrightarrow{\ \phi\ } & \mathcal{X}_2
\end{array}
\tag{3.4}
$$

特に $\mathcal{X}_1 = \mathcal{X}_2$ の場合に, 上の条件を満たすような S 上の同型射 ϕ のことを変形 $\mathcal{X}_1$ の自己同型と呼ぶことにする. $S_1 := \mathrm{Spec}\,\mathbf{C}[\epsilon]/(\epsilon^2)$ と置き, X の S_1 上の変形 $\mathcal{X} \to S_1$ のことを X の**1次無限小変形**と呼ぶ. X の1次無限小変形の同値類全体の集合を $\mathrm{D}(X;\mathbf{C}[\epsilon])$ であらわす. また X の1次無限小変形 $\mathcal{X}$ の自己同型射全体のなす群を $\mathrm{Aut}(\mathcal{X}\,id|_X)$ であらわす. このとき, 命題 3.1.1, 3.1.2 の類似が成り立つ:

命題 3.2.1 $\mathrm{Aut}(\mathcal{X}\,id|_X) \cong H^0(X, \Theta_X)$.

命題 3.2.2 $\mathrm{D}(X; S_1) \cong H^1(X, \Theta_X)$.

次に非特異シンプレクティック代数多様体 (X, ω) の変形を考えよう. S を $\mathbf{C}$-上の概型で, その上の閉点 $0 \in S$ で剰余体が $\mathbf{C}$ となるものが指定されているとする. (X, ω) の S 上の**シンプレクティック変形**とは, $\mathbf{C}$-上の概型間のスムースな全射 $\pi\colon \mathcal{X} \to S$ と相対的シンプレクティック形式 $\omega_{\mathcal{X}/S} \in \Gamma(\mathcal{X}, \Omega^2_{\mathcal{X}/S})$ の組で, 次の性質を満たすもののことである.

$(*)$ 同型射 $\varphi\colon X \cong \pi^{-1}(0)$ が存在して, $\omega = \varphi^*\omega_{\mathcal{X}/S}$ が成り立つ.

ここで $\omega_{\mathcal{X}/S}$ が相対シンプレクティック形式とは, $\dim X = 2n$ としたとき $\wedge^n \omega_{\mathcal{X}/S}$ が $\Omega^{2n}_{\mathcal{X}/S}$ の至るところ消えない切断になっていて, $d\omega_{\mathcal{X}/S} = 0$ を満たすことをいう. シンプレクティック変形の同値性や, 自己同型は, 複素シンプレクティック多様体の場合と同様である. (X, ω) の S_1 上のシンプレクティック変形 $(\mathcal{X}, \omega_{\mathcal{X}/S_1})$ のことを (X, ω) の**1次無限小シンプレクティック変形**と呼ぶ. (X, ω) の1次無限小シンプレクティック変形の同値類全体の集合

を SD$((X, \omega); S_1)$ であらわす. また (X, ω) の 1 次無限小シンプレクティック
変形 $(\mathcal{X}, \omega_{\mathcal{X}/S_1})$ の自己同型射全体のなす群を Aut$((\mathcal{X}, \omega_{\mathcal{X}/S_1})\, id|_X)$ であら
わす. しかし, SD$((X, \omega); S_1)$ に関して命題 3.1.6 と同じ結果を期待すること
はできない. なぜなら, 命題 3.1.5 をザリスキー位相の設定で用いることはで
きないからである. ここでは, ω に付随したポアソン構造を考え, リヒャネロ
ウィッツ–ポアソン複体を用いて SD$((X, \omega); S_1)$ を記述する. 結果は, 一般の
非特異ポアソン代数多様体に通用するので, その設定で説明しよう.

　X を $\mathbf{C}$ 上定義された非特異代数多様体として, $\{\,,\,\}$ を X 上のポアソン括
弧積とする. S を $\mathbf{C}$ 上の概型として, $\mathcal{X}$ を S-概型とする, $\mathcal{X}$ が ポアソン S-
概型であるとは, $\mathcal{X}$ 上に $\mathcal{O}_S$-双線形なポアソン括弧積

$$\{\,,\,\}_{\mathcal{X}} \colon \mathcal{O}_{\mathcal{X}} \times \mathcal{O}_{\mathcal{X}} \to \mathcal{O}_{\mathcal{X}}$$

が存在することとする. S に剰余体が $\mathbf{C}$ であるような閉点 $0 \in S$ が与えられ
たとする. このときポアソン S-概型 $\mathcal{X}$ が $(X, \{\,,\,\})$ の**ポアソン変形**であると
は, $\pi \colon \mathcal{X} \to S$ がスムースな全射であり, 同型射 $\varphi \colon X \cong \pi^{-1}(0)$ が存在して
$\varphi^*\{\,,\,\}_{\mathcal{X}} = \{\,,\,\}$ を満たすことである. 同じパラメーター概型 S 上に $(X, \{\,,\,\})$
のポアソン変形 $\mathcal{X}_1, \mathcal{X}_2$ が 2 つ与えられたとしよう. S 上のポアソン同型写像

$$\phi \colon (\mathcal{X}_1, \{\,,\,\}_{\mathcal{X}_1}) \cong (\mathcal{X}_2, \{\,,\,\}_{\mathcal{X}_2})$$

で, 図式:

$$
\begin{array}{ccc}
X & \xrightarrow{\ id\ } & X \\
\varphi_1 \downarrow & & \varphi_2 \downarrow \\
\mathcal{X}_1 & \xrightarrow{\ \phi\ } & \mathcal{X}_2
\end{array}
\tag{3.5}
$$

を可換にするものが存在するとき, 2 つのポアソン変形は同値であると呼ぶ.
$(X, \{\,,\,\})$ の 1 次無限小ポアソン変形の同値類全体の集合を PD$((X, \{\,,\,\}); S_1)$
であらわす. また $(X, \{\,,\,\})$ の 1 次無限小ポアソン変形 $(\mathcal{X}, \{\,,\,\}_{\mathcal{X}})$ の自己同
型射全体のなす群を PAut$((\mathcal{X}, \{\,,\,\}_{\mathcal{X}}); id|_X)$ であらわす.

　注意. $(X, \{\,,\,\})$ が非退化とする. このとき, ポアソン構造 $\{\,,\,\}$ から X 上のシ
ンプレクティック形式 ω が決まる. S が局所アルチン型のとき (つまり, 局所アルチ
ン $\mathbf{C}$-代数 (A, m) で $A/m = \mathbf{C}$ となるものが存在して, $S = \mathrm{Spec}(A)$ と書けると

き），$(X, \{\, , \})$ の S 上のポアソン変形と，(X, ω) の S 上のシンプレクティック変形は全く同じものである．

$(X, \{\, , \})$ に対してリヒャネロウィッツ–ポアソン複体

$$(\Theta_X^{\cdot}, \delta): \quad \mathcal{O}_X \xrightarrow{\delta} \Theta_X \xrightarrow{\delta} \wedge^2 \Theta_X \xrightarrow{\delta} \cdots$$

が定義される．ただし，次数 p の部分は Θ_X^p であると約束する．リヒャネロウィッツ–ポアソン複体から，次数 0 の部分を取り去ってできる複体を $(\Theta_X^{\geq 1}, \delta)$ であらわす．

スムースなポアソン **C**-代数 R に対しても同様に変形を定義する．A を **C**-代数とし，R' を A-代数とする．A-双線形は反対称形式 $\{\, , \}_{R'}: R' \times R' \to R'$ で，R' の任意の元 x, y, z に対して以下の性質を満たすものを，A 上のポアソン括弧積と呼ぶ．

(i) $\{xy, z\} = x\{y, z\} + y\{x, z\}$,

(ii) $\{\{x, y\}, z\} + \{\{y, z\}, x\} + \{\{z, x\}, y\} = 0$.

R' と $\{\, , \}_{R'}$ の組のことを**ポアソン A-代数**と呼ぶ．A の極大イデアル m で $A/m = \mathbf{C}$ となるものが与えられたとする．このとき $(R, \{\, , \})$ の **A 上のポアソン変形**とは，A 上スムースなポアソン代数 $(R', \{\, , \}_{R'})$ で，ポアソン **C**-代数の間の

$$\varphi: (R' \otimes_A A/m, \{\, , \}_{R'}) \cong (R, \{\, , \})$$

が与えられているもののことである．A 上のポアソン変形 $(R_1', \{\, , \}_{R_1'})$ と $(R_2', \{\, , \}_{R_2'})$ は，両者の間にポアソン A-代数の同型射 ϕ で次の図式を可換にするようなものが存在するとき，**同値**であると呼ぶ．

$$
\begin{array}{ccc}
(R_2', \{\, , \}_{R_2'}) & \xrightarrow{\ \phi\ } & (R_1', \{\, , \}_{R_1'}) \\
\downarrow & & \downarrow \\
(R_2' \otimes_A A/m, \{\, , \}_{R_2'}) & \xrightarrow{\ \bar{\phi}\ } & (R_1' \otimes_A A/m, \{\, , \}_{R_1'}) \\
\varphi_1 \downarrow & & \varphi_2 \downarrow \\
(R, \{\, , \}) & \xrightarrow{\ id\ } & (R, \{\, , \})
\end{array}
\qquad (3.6)
$$

特に，$(R, \{\, , \})$ の $A_1 := \mathbf{C}[\epsilon]/(\epsilon^2)$ 上のポアソン変形のことを **1 次無限小ポアソン変形**と呼ぶ．$(R, \{\, , \})$ の 1 次無限小ポアソン変形の同値類全体の集

合を $\mathrm{PD}((R,\{\,,\,\});A_1)$ であらわす．また $(R,\{\,,\,\})$ の 1 次無限小ポアソン変形 $(R',\{\,,\,\}_{R'})$ の自己同型射全体のなす群を $\mathrm{PAut}((R',\{\,,\,\}_{R'});id|_R)$ であらわす．

$(R,\{\,,\,\})$ のリヒャネロウィッツ–ポアソン複体 $(\Theta_R^{\cdot},\delta)$ を

$$R \xrightarrow{\delta} \Theta_R \xrightarrow{\delta} \Theta_R^2 \xrightarrow{\delta} \cdots$$

とする．ただし，次数 p の部分は Θ_R^p であると約束する．コバウンダリー射 $\delta\colon \Theta_R^p \to \Theta_R^{p+1}$ は，$x_1,\ldots,x_{p+1} \in R$, $f \in \Theta_R^p$ に対して

$$\delta f(dx_1 \wedge \cdots \wedge dx_{p+1})$$
$$= \sum (-1)^{i+1}\{x_i, f(dx_1 \wedge \cdots \wedge \hat{dx_i} \wedge \cdots \wedge dx_{p+1})\}$$
$$+ \sum (-1)^{j+k} f(d\{x_j,x_k\} \wedge dx_1 \wedge \cdots \wedge \hat{dx_j} \wedge \cdots \wedge \hat{dx_k} \wedge \cdots \wedge dx_{p+1})$$

で定義されている．リヒャネロウィッツ–ポアソン複体から，次数 0 の部分を取り去ってできる複体を $(\Theta_R^{\geq 1},\delta)$ であらわす．

命題 3.2.3　$(R,\{\,,\,\})$ は $\mathbf{C}$ 上スムースなポアソン代数であると仮定する．
(1) $\mathrm{PD}(R;A_1) \cong H^2(\Theta_R^{\geq 1},\delta)$
(2) $(R',\{\,,\,\}_{R'})$ を $(R,\{\,,\,\})$ の 1 次無限小ポアソン変形とすると $\mathrm{PAut}(R';id|_R) \cong H^1(\Theta_R^{\geq 1},\delta)$.

証明．　(1): R は $\mathbf{C}$ 上スムースなので可換環としての無限小変形は自明である．すなわち $R' \cong R \otimes_{\mathbf{C}} \mathbf{C}[\epsilon] = R \oplus \epsilon R$ であり R' の積構造は $(x+\epsilon y)(z+\epsilon w) = xz+\epsilon(xw+yz)$, $x,y,z,w \in R$ で与えられ，$\mathbf{C}[\epsilon]$ の作用は $(a+\epsilon b)(x+\epsilon y) = ax+\epsilon(ay+bx)$ で与えられる．したがって $R \oplus \epsilon R$ にこの $\mathbf{C}[\epsilon]$-代数構造と両立するようなポアソン積がどれくらい存在するかを調べればよい．$R \oplus \epsilon R$ のポアソン積は $\epsilon = 0$ と置くと R 上のポアソン積に一致するので，ある写像 $\phi\colon R \times R \to R$ を用いて $\{x,y\}_\epsilon := \{x,y\}+\epsilon\phi(x,y)$ と書ける．ポアソン積を決めるのにはこの情報だけで十分であることに注意する．実際，$x+\epsilon y, z+\epsilon w \in R \oplus \epsilon R$ に対して，$\{x+\epsilon y, z+\epsilon w\}_\epsilon := \{x,z\}_\epsilon + \epsilon(\{y,z\}+\{x,w\})$ と定義すればよい．$\{\,,\,\}_\epsilon$ は $\mathbf{C}[\epsilon]$-双線形反対称形式なので，ϕ は $\mathbf{C}$-双線形反対称形式である．次に $\{xy,z\}_\epsilon = x\{y,z\}_\epsilon + y\{x,z\}_\epsilon$ なので，$\phi(xy,z) = x\phi(y,z)+y\phi(x,z)$ が成り立つ．同様に $\{x,yz\}_\epsilon = y\{x,z\}_\epsilon + z\{x,y\}_\epsilon$ から $\phi(x,yz) = y\phi(x,z)+z\phi(x,y)$

が成り立つ. したがって, ある 2-ベクトル $\theta \in \Theta_R^2$ が存在して $\phi(x,y) = \theta(dx \wedge dy)$ と書ける. 最後に, ヤコビの恒等式

$$\{\{x,y\}_\epsilon, z\}_\epsilon + \{\{y,z\}_\epsilon, x\}_\epsilon + \{\{z,x\}_\epsilon, y\}_\epsilon = 0$$

から

$$\theta(d\{x,y\} \wedge dz)) + \theta(d\{y,z\} \wedge dx)) + \theta(d\{z,x\} \wedge dy))$$
$$+ \{\theta(dx \wedge dy), z\} + \{\theta(dy \wedge dz), x\} + \{\theta(dz \wedge dx), y\}$$
$$= 0$$

であることがわかり, これは言い換えると $\delta(\theta) = 0$ であることを意味する. 逆に $\delta(\theta) = 0$ を満たす $\theta \in \Theta_R^2$ に対して $\{x,y\}_\epsilon := \{x,y\} + \epsilon\theta(dx \wedge dy)$ によって括弧積を定義すると, これにより R' はポアソン $\mathbf{C}[\epsilon]$-代数になる.

次に 2 つのポアソン構造 $\{\cdot,\cdot\}_\epsilon := \{\cdot,\cdot\} + \epsilon\theta(d(\cdot) \wedge d(\cdot))$, $\{\cdot,\cdot\}'_\epsilon := \{\cdot,\cdot\} + \epsilon\theta'(d(\cdot) \wedge d(\cdot))$ がいつ同値になるかを調べる. もしこの 2 つが同値であれば, 環同型射 $\psi : R' \to R'$ で $\psi \otimes_{\mathbf{C}[\epsilon]} \mathbf{C} = id$ かつ $\{\psi(x), \psi(y)\}'_\epsilon = \psi(\{x,y\}_\epsilon)$ を満たすものが存在する. 環同型射 ψ をベクトル場 $v \in \Theta_R$ を用いて $\psi(x + \epsilon y) = x + \epsilon(y + v(dx))$ と書く. このとき, 条件 $\{\psi(x), \psi(y)\}'_\epsilon = \psi(\{x,y\}_\epsilon)$ の左辺を計算すると

$$\{\psi(x), \psi(y)\}'_\epsilon = \{x,y\} + \epsilon(\theta'(dx \wedge dy) + \{x, v(dy)\} + \{v(dx), y\})$$

を得る. 同様に右辺を計算すると

$$\psi(\{x,y\}_\epsilon) = \{x,y\} + \epsilon(v(d\{x,y\}) + \theta(dx \wedge dy))$$

となる. したがって, $\{\cdot,\cdot\}'_\epsilon$ と $\{\cdot,\cdot\}_\epsilon$ が同値になるのは

$$\theta' - \theta = -\delta(v)$$

が成り立つときである. 以上のことから (1) がわかる.

(2): (1) の証明の後半部で $\theta' = \theta$ の場合を考えればよい. □

次に, 一般の非特異ポアソン代数多様体 $(X, \{\ ,\ \})$ にもどって, 複体 $(\Theta_X^{\geq 1}, \delta)$ の超コホモロジーを計算しよう. そのためには, 以下に説明する 2 重複体を用いる. まず X をアファイン開集合合族 $\mathcal{U} := \{U_i\}_{i \in I}$ で被覆する. $p + 1$ 個の添え字 $i_0, \ldots, i_p \in I$ に対して開集合 $U_{i_0} \cap \cdots \cap U_{i_p}$ を考え, $j_{i_0, \ldots, i_p} : U_{i_0} \cap \cdots \cap$

$U_{i_p} \to X$ を包含写像とする. X 上の $\mathcal{O}_X$-加群の層 $\mathcal{F}$ に対して $\mathcal{C}^p(\mathcal{U}, \mathcal{F}) := \prod_{i_0,\dots,i_p \in I} (j_{i_0,\dots,i_p})_* \mathcal{F}$ と置く. このときチェック複体

$$\mathcal{F} \to \mathcal{C}^0(\mathcal{U}, \mathcal{F}) \overset{\delta_{cech}}{\Rightarrow} \mathcal{C}^1(\mathcal{U}, \mathcal{F}) \overset{\delta_{cech}}{\Rightarrow} \cdots$$

は $\mathcal{F}$ の環状的分解 (acyclic resolution) を与える. これを Θ_X^p に適用すると次の2重複体を得る.

$$
\begin{array}{ccccccc}
\Theta_X^2 & \longrightarrow & \mathcal{C}^0(\mathcal{U}, \Theta_X^2) & \overset{\delta_{cech}}{\longrightarrow} & \mathcal{C}^1(\mathcal{U}, \Theta_X^2) & \overset{-\delta_{cech}}{\longrightarrow} & \\
{\scriptstyle \delta}\uparrow & & {\scriptstyle \delta}\uparrow & & {\scriptstyle \delta}\uparrow & & \\
\Theta_X & \longrightarrow & \mathcal{C}^0(\mathcal{U}, \Theta_X) & \overset{-\delta_{cech}}{\longrightarrow} & \mathcal{C}^1(\mathcal{U}, \Theta_X) & \overset{\delta_{cech}}{\longrightarrow} &
\end{array}
\tag{3.7}
$$

ここで水平方向の列は完全なので, 複体 $(\Theta_X^{\geq 1}, \delta)$ は2重複体

$$
\begin{array}{ccccc}
\mathcal{C}^0(\mathcal{U}, \Theta_X^2) & \overset{\delta_{cech}}{\longrightarrow} & \mathcal{C}^1(\mathcal{U}, \Theta_X^2) & \overset{-\delta_{cech}}{\longrightarrow} & \\
{\scriptstyle \delta}\uparrow & & {\scriptstyle \delta}\uparrow & & \\
\mathcal{C}^0(\mathcal{U}, \Theta_X) & \overset{-\delta_{cech}}{\longrightarrow} & \mathcal{C}^1(\mathcal{U}, \Theta_X) & \overset{\delta_{cech}}{\longrightarrow} &
\end{array}
\tag{3.8}
$$

からできる全複体 (total complex) と擬同型 (quasi-isomorphic) であることがわかる. 特に, こうして作った全複体の各成分は環状的なので, $(\Theta_X^{\geq 1}, \delta)$ の超コホモロジー群を全複体の大域切断を用いて計算することができる.

以下の命題では, $S_0 := \operatorname{Spec} \mathbf{C}$, $S_1 := \operatorname{Spec} \mathbf{C}[\epsilon]$ と置き, 閉埋入 $S_0 \to S_1$ を考えることにする. 一方, S_1 は射 $\mathbf{C} \subset \mathbf{C}[\epsilon]$ によって S_0-概型とみなすこともできる.

命題 3.2.4 $(X, \{\,,\,\})$ を非特異ポアソン代数多様体とする. このとき次が成り立つ.

(1) $\mathrm{PD}((X, \{\,,\,\}); S_1) \cong \mathbf{H}^2(X, \Theta_X^{\geq 1})$

(2) $(\mathcal{X}, \{\,,\,\}_\mathcal{X})$ を $(X, \{\,,\,\})$ の1次無限小ポアソン変形とすると

$$\mathrm{PAut}((\mathcal{X}, \{\,,\,\}_\mathcal{X}); id|_X) \cong \mathbf{H}^1(X, \Theta_X^{\geq 1}).$$

証明. (1): すでに注意したように, 超コホモロジー群 $\mathbf{H}^p(X, \Theta_X^{\geq 1})$ は2重

複体

$$
\begin{array}{ccc}
\delta \uparrow & & \delta \uparrow \\
\Gamma(X, \mathcal{C}^0(\mathcal{U}, \Theta_X^2)) & \xrightarrow{\delta_{cech}} & \Gamma(X, \mathcal{C}^1(\mathcal{U}, \Theta_X^2)) & \xrightarrow{-\delta_{cech}} \\
\delta \uparrow & & \delta \uparrow \\
\Gamma(X, \mathcal{C}^0(\mathcal{U}, \Theta_X)) & \xrightarrow{-\delta_{cech}} & \Gamma(X, \mathcal{C}^1(\mathcal{U}, \Theta_X)) & \xrightarrow{\delta_{cech}}
\end{array}
\tag{3.9}
$$

の全複体の p 番目のコホモロジー群として計算できる．特に $\mathbf{H}^2(X, \Theta_X^{\geq 1})$ の元は 2-コサイクル $(\{\zeta_{i_0}\}, \{\zeta_{i_0, i_1}\}) \in \Gamma(X, \mathcal{C}^0(\mathcal{U}, \Theta_X^2)) \oplus \Gamma(X, \mathcal{C}^1(\mathcal{U}, \Theta_X))$ で代表される．ここで

$$
\Gamma(X, \mathcal{C}^0(\mathcal{U}, \Theta_X^2)) = \prod_{i_0 \in I} \Gamma(U_{i_0}, \Theta_X^2),
$$

$$
\Gamma(X, \mathcal{C}^1(\mathcal{U}, \Theta_X)) = \prod_{i_0, i_1 \in I} \Gamma(U_{i_0} \cap U_{i_1}, \Theta_X)
$$

であることに注意する．$\delta(\zeta_{i_0}) = 0$ なので ζ_{i_0} によって U_{i_0} 上のポアソン構造が $U_{i_0} \times_{S_0} S_1$ 上にまで拡張される．次に ζ_{i_0, i_1} は $U_{i_0} \cap U_{i_1}$ の恒等写像の拡張

$$
(U_{i_0} \cap U_{i_1}) \times_{S_0} S_1 \overset{\zeta_{i_0, i_1}}{\to} (U_{i_0} \cap U_{i_1}) \times_{S_0} S_1
$$

を定める．左辺を $U_{i_1} \times_{S_0} S_1$ の開集合，右辺を $U_{i_0} \times_{S_0} S_1$ の開集合とみなして $U_{i_1} \times_{S_0} S_1$ と $U_{i_0} \times_{S_0} S_1$ を貼り合わせる．$\delta_{cech}(\{\zeta_{i_0, i_1}\}) = 0$ なので，この操作によって X の (通常の代数多様体としての) 1 次無限小変形 $\mathcal{X} \to S_1$ が得られる．一方，条件式 $\delta_{cech}(\{\zeta_{i_0}\}) + \delta(\{\zeta_{i_0, i_1}\}) = 0$ は $\zeta_{i_1} - \zeta_{i_0} + \delta(\zeta_{i_0, i_1}) = 0$ と言い換えられる．したがって，この貼り合わせによって各 $U_{i_0} \times_{S_0} S_1$ 上に定義されたポアソン構造はうまく貼り合って $\mathcal{X}$ 上のポアソン構造を与える．

次に 2 つのコサイクル $(\{\zeta_{i_0}\}, \{\zeta_{i_0, i_1}\})$, $(\{\zeta'_{i_0}\}, \{\zeta'_{i_0, i_1}\})$ が $\mathbf{H}^2(X, \Theta_X^{\geq 1})$ の同じ元を定めたと仮定しよう．言い換えると $\prod_{i_0 \in I} \Gamma(U_{i_0}, \Theta_X)$ の元 $\{v_{i_0}\}$ が存在して

$$
\{\zeta'_{i_0}\} - \{\zeta_{i_0}\} = \delta(\{v_{i_0}\}),
$$

$$
\{\zeta'_{i_0, i_1}\} - \{\zeta_{i_0, i_1}\} = -\delta_{cech}(\{v_{i_0}\})
$$

であったとする．このとき，各 i_0 に対して，ベクトル場 v_{i_0} は U_{i_0} の恒等写像の拡張 $U_{i_0} \times_{S_0} S_1 \overset{v_0}{\to} U_{i_0} \times_{S_0} S_1$ を定める．左辺を $\mathcal{X}$ の開集合とみなし，右

辺を $\mathcal{X}'$ の開集合とみなすと，2 番目の条件式から，$\{v_{i_0}\}$ は貼り合って S_1-同型射 $\mathcal{X} \to \mathcal{X}'$ を引き起こす．最初の条件式は，この同型射が双方のポアソン構造を保つことを意味している．

(2): (1) の証明の後半部分で $\{\zeta'_{i_0}\} = \{\zeta_{i_0}\}$, $\{\zeta'_{i_0,i_1}\} = \{\zeta_{i_0,i_1}\}$ の場合を考えればよい．□

系 3.2.5　(X, ω) を非特異シンプレクティック代数多様体で，$H^1(X, \mathcal{O}_X) = H^2(X, \mathcal{O}_X) = 0$ が成り立つとする．このとき (X, ω) から決まる非特異ポアソン代数多様体 $(X, \{\,,\,\})$ に対して

$$\mathrm{SD}((X, \omega); S_1) = \mathrm{PD}((X, \{\,,\,\}); S_1) \cong H^2(X^{an}, \mathbf{C})$$

が成り立つ．ただし X^{an} は X に付随する複素多様体とする．

　証明.　命題 2.1.6 は代数的なリヒャネロウィッツ–ポアソン複体と代数的なドラーム複体に対しても正しいから，$(\Theta_X^{\geq 1}, \delta) \cong (\Omega_X^{\geq 1}, d)$ である．完全三角 (distinguished triangle)

$$\Omega_X^{\geq 1} \to \Omega_X^{\cdot} \to \mathcal{O}_X \to \Omega_X^{\geq 1}[1]$$

より，完全系列

$$\to H^{i-1}(X, \mathcal{O}_X) \to \mathbf{H}^i(X, \Omega_X^{\geq 1}) \to \mathbf{H}^i(X, \Omega_X^{\cdot}) \to H^i(X, \mathcal{O}_X) \to$$

を得る．$H^1(X, \mathcal{O}_X) = H^2(X, \mathcal{O}_X) = 0$ なので $\mathbf{H}^2(X, \Omega_X^{\geq 1}) \cong \mathbf{H}^2(X, \Omega_X^{\cdot})$ である．グロタンディークの定理より非特異な複素代数多様体の代数的なドラーム超コホモロジーと複素解析的なドラーム超コホモロジーは等しい: $\mathbf{H}^i(X, \Omega_X^{\cdot}) \cong \mathbf{H}^i(X^{an}, \Omega_{X^{an}}^{\cdot})$．したがって，

$$\mathbf{H}^2(X, \Omega_X^{\geq 1}) \cong \mathbf{H}^2(X, \Omega_X^{\cdot}) \cong \mathbf{H}^2(X^{an}, \Omega_{X^{an}}^{\cdot}) = H^2(X^{an}, \mathbf{C})$$

を得る．□

系 3.2.6　(X, ω) は 系 3.2.5 と同じものとする．このとき $\mathrm{SD}((X, \omega); S_1) \cong \mathrm{SD}((X^{an}, \omega^{an}); S_1)$ が成り立つ．

　証明.　系 3.1.8 と系 3.2.5 からしたがう．□

3.3 周 期 写 像

ここでは次のような状況を考える. (X, ω) を非特異シンプレクティック代数多様体, $f: \mathcal{X} \to S$ を非特異代数多様体の間のスムース射で $0 \in S$ 上のファイバーが X に一致するものとする. ここで $\mathcal{X}$ 上には非退化で d-閉な相対 2-形式 $\omega_{\mathcal{X}/S}$ が与えられていて $\omega_{\mathcal{X}/S}|_X = \omega$ であるとする. さらに次の 2 条件を仮定する:

(i) $\mathcal{X}^{an} \to S^{an}$ は C^∞-多様体としての自明化 $\mathcal{X}^{an} \cong X^{an} \times S^{an}$ を持つ.

(ii) $H^1(X, \mathcal{O}_X) = H^2(X, \mathcal{O}_X) = 0$.

条件 (i) に関しては次の結果がある.

命題 3.3.1 ([Slo 1], 4.2, Remark) $f: \bar{\mathcal{Y}} \to \mathbf{A}^d$ をよい $\mathbf{C}^*$-作用をもったアフィン多様体 $(\bar{\mathcal{Y}}, 0)$ から $(\mathbf{A}^d, 0)$ への $\mathbf{C}^*$-同変射とする. ここで $\mathbf{A}^d$ はスカラー作用によって $\mathbf{C}^*$-多様体とみている. いま $\bar{\mathcal{Y}}$ が $\mathbf{C}^*$-同変な特異点解消 $\pi: \mathcal{Y} \to \bar{\mathcal{Y}}$ を持ち, $g := f \circ \pi: \mathcal{Y} \to \mathbf{A}^d$ はスムース射であったとする. このとき $Y := g^{-1}(0)$ に対して $g^{an}: \mathcal{Y}^{an} \to \mathbf{A}^d$ は C^∞-多様体としての自明化 $\mathcal{Y}^{an} \cong Y^{an} \times \mathbf{A}^d$ を持つ.

注意. [Slo 1] では複素半単純リー環のスロードウィー 切片に対して命題が述べられているが, 議論は上の設定でそのまま通用する.

複素解析的なドラーム複体 $\Omega^{\cdot}_{\mathcal{X}^{an}/S^{an}}$ は $f^{-1}\mathcal{O}_{S^{an}}$ の局所自由分解になっているので

$$\mathbf{R}^2 f_* \Omega^{\cdot}_{\mathcal{X}^{an}/S^{an}} \cong R^2 f_* f^{-1} \mathcal{O}_{S^{an}}$$

である. さらに条件 (i) から

$$R^2 f_* f^{-1} \mathcal{O}_{S^{an}} \cong H^2(X, \mathbf{C}) \otimes_{\mathbf{C}} \mathcal{O}_{S^{an}}$$

が成り立つ ([Lo, Lemma 8.2]). 最後に $s \in S$ における評価写像 (evaluation map)

$$ev_s: H^2(X, \mathbf{C}) \otimes_{\mathbf{C}} \mathcal{O}_{S^{an}} \to H^2(X, \mathbf{C}) \otimes_{\mathbf{C}} k(s)$$

を合成することにより射

$$\Gamma(ev_s) \colon \Gamma(S^{an}, \mathbf{R}^2 f_* \Omega^{\cdot}_{\mathcal{X}^{an}/S^{an}}) \to H^2(X, \mathbf{C})$$

を得る. $\mathcal{X}$ 上のシンプレクティック相対 2-形式 $\omega_{\mathcal{X}/S}$ は $\Gamma(S^{an}, \mathbf{R}^2 f_* \Omega^{\cdot}_{\mathcal{X}^{an}/S^{an}})$ の元とみなすことができるので射

$$p \colon S^{an} \to H^2(X, \mathbf{C}), \quad s \to \Gamma(ev_s)(\omega)$$

が決まる. これを f から決まる**周期写像**と呼ぶ.

相対的シンプレクティック形式 $\omega_{\mathcal{X}/S}$ によって f は X のポアソン変形とみなすことができる. このとき命題 3.2.4 を用いて**ポアソン–小平–スペンサー写像**

$$T_0 S \to \mathbf{H}^2(X_0, \Theta^{\geq 1}_{X_0})$$

が定義される. 実際, $T_0 S$ から元を取ることは射 $S_1 := \operatorname{Spec} \mathbf{C}[t]/(t^2) \to S$ を考えることと同じである. この射によって f を引き戻すと X の 1 次無限小ポアソン変形 $f_1 \colon X_1 \to S_1$ が決まり, X の 1 次無限小ポアソン変形の同値類は $\mathbf{H}^2(X, \Theta^{\geq 1}_X)$ の元に対応する.

条件 (ii) と 系 3.2.5 より

$$H^1(X, \Theta^{\geq 1}_X) \cong H^2(X, \mathbf{C})$$

である. この同一視を通して $T_0 S$ から $H^2(X, \mathbf{C})$ への射

$$\kappa \colon T_0 S \to H^2(X, \mathbf{C})$$

のことを改めてポアソン–小平–スペンサー写像と呼ぶことにする.

命題 3.3.2　周期写像 $p \colon S \to H^2(X, \mathbf{C})$ の $0 \in S$ での微分

$$dp_0 \colon T_0 S \to H^2(X, \mathbf{C})$$

はポアソン–小平–スペンサー写像 κ と一致する.

証明.　X のアファイン開被覆 $\{U_i\}$ を取る. $T_0 S$ の元 v から X の 1 次無限小ポアソン変形 $X_1 \to S_1$ が決まる. ここで $S_1 = \operatorname{Spec} \mathbf{C}[\epsilon]$ である. このとき命題 3.2.4 から 2 重複体

$$\begin{array}{ccc}
\delta\uparrow & & \delta\uparrow \\
\prod_{i_0\in I}\Gamma(U_{i_0},\Theta_X^2) \xrightarrow{\ \delta_{cech}\ } & \prod_{i_0,i_1\in I}\Gamma(U_{i_0}\cap U_{i_1},\Theta_X^2) \xrightarrow{\ -\delta_{cech}\ } \\
\delta\uparrow & & \delta\uparrow \\
\prod_{i_0\in I}\Gamma(U_{i_0},\Theta_X) \xrightarrow{\ -\delta_{cech}\ } & \prod_{i_0,i_1\in I}\Gamma(U_{i_0}\cap U_{i_1},\Theta_X) \xrightarrow{\ \delta_{cech}\ }
\end{array} \tag{3.10}$$

の 2-コサイクル $(\{\zeta_{i_0}\},\{\zeta_{i_0,i_1}\})\in\prod_{i_0\in I}\Gamma(U_{i_0},\Theta_X^2)\oplus\prod_{i_0,i_1\in I}\Gamma(U_{i_0}\cap U_{i_1},\Theta_X)$ が決まる. 特に $\zeta_{i_1}-\zeta_{i_0}+\delta(\zeta_{i_0,i_1})=0$ である. ここで複素多様体 X^{an} 上の C^∞-級複素数値ベクトル場の層を $\mathcal{T}_{X^{an}}^\infty$ であらわすことにする. ζ_{i_0,i_1} は $U_{i_0}\cap U_{i_1}$ 上の代数的なベクトル場なので $U_{i_0}^{an}\cap U_{i_1}^{an}$ 上の C^∞-級複素数値ベクトル場を定める. したがって

$$\{\zeta_{i_0,i_1}\}\in\prod_{i_0,i_1\in I}\Gamma(U_{i_0}^{an}\cap U_{i_1}^{an},\mathcal{T}_{X^{an}}^\infty)$$

である. いま

$$\prod_{i_0\in I}\Gamma(U_{i_0}^{an},\mathcal{T}_{X^{an}}^\infty)\xrightarrow{-\delta_{cech}}\prod_{i_0,i_1\in I}\Gamma(U_{i_0}^{an}\cap U_{i_1}^{an},\mathcal{T}_{X^{an}}^\infty)$$
$$\xrightarrow{\delta_{cech}}\prod_{i_0,i_1,i_2\in I}\Gamma(U_{i_0}^{an}\cap U_{i_1}^{an}\cap U_{i_2}^{an},\mathcal{T}_{X^{an}}^\infty)$$

は完全なので,

$$\{\eta_{i_0}\}\in\prod_{i_0\in I}\Gamma(U_{i_0}^{an},\mathcal{T}_{X^{an}}^\infty)$$

が存在して

$$-\delta_{cech}(\{\eta_{i_0}\})=\{\zeta_{i_0,i_1}\}$$

が成り立つ. すなわち $\eta_{i_0}-\eta_{i_1}=\zeta_{i_0,i_1}$ である.

ここで命題 2.1.6 より $\Theta_X\cong\Omega_X$ であることから 2 重複体

$$\begin{array}{ccc}
d\uparrow & & d\uparrow \\
\prod_{i_0\in I}\Gamma(U_{i_0},\Omega_X^2) \xrightarrow{\ \delta_{cech}\ } & \prod_{i_0,i_1\in I}\Gamma(U_{i_0}\cap U_{i_1},\Omega_X^2) \xrightarrow{\ -\delta_{cech}\ } \\
d\uparrow & & d\uparrow \\
\prod_{i_0\in I}\Gamma(U_{i_0},\Omega_X^1) \xrightarrow{\ -\delta_{cech}\ } & \prod_{i_0,i_1\in I}\Gamma(U_{i_0}\cap U_{i_1},\Omega_X^1) \xrightarrow{\ \delta_{cech}\ }
\end{array} \tag{3.11}$$

の2-コサイクル $(\{i_{\zeta_{i_0}}(\wedge^2\omega)\}, \{i_{\zeta_{i_0,i_1}}\omega\}) \in \prod_{i_0 \in I} \Gamma(U_{i_0}, \Omega_X^2) \oplus \prod_{i_0,i_1 \in I} \Gamma(U_{i_0} \cap U_{i_1}, \Omega_X^1)$ が決まる．さらに $\omega_{i_0} := i_{\zeta_{i_0}}(\wedge^2\omega)$ と置くと，

$$0 = \omega_{i_1} - \omega_{i_0} + d(i_{\zeta_{i_0,i_1}}\omega) = \omega_{i_1} - \omega_{i_0} + d(i_{\eta_{i_0}}\omega - i_{\eta_{i_1}}\omega)$$

が成り立つ．ここで複素多様体 X^{an} 上の C^∞-級複素数値 p-形式の層を $\mathcal{A}_{X^{an}}^p$ であらわす．上の等式は $\{\omega_{i_0} - d(i_{\eta_{i_0}}\omega)\}$ が貼り合って X^{an} 上の複素数値 C^∞-級 2-形式を定めることを意味する．以後この2-形式のことを α であらわす．一方 $(\{\omega_{i_0}\}, \{i_{\zeta_{i_0,i_1}}\omega\})$ は2重複体

$$
\begin{array}{ccc}
d\uparrow & & d\uparrow \\
\prod_{i_0 \in I} \Gamma(U_{i_0}^{an}, \mathcal{A}_{X^{an}}^2) & \xrightarrow{\delta_{cech}} & \prod_{i_0,i_1 \in I} \Gamma(U_{i_0}^{an} \cap U_{i_1}^{an}, \mathcal{A}_{X^{an}}^2) \xrightarrow{-\delta_{cech}} \\
d\uparrow & & d\uparrow \\
\prod_{i_0 \in I} \Gamma(U_{i_0}^{an}, \mathcal{A}_{X^{an}}^1) & \xrightarrow{-\delta_{cech}} & \prod_{i_0,i_1 \in I} \Gamma(U_{i_0}^{an} \cap U_{i_1}^{an}, \mathcal{A}_{X^{an}}^1) \xrightarrow{\delta_{cech}}
\end{array}
$$

$$\tag{3.12}$$

の2-コサイクルと考えられる．このとき

$$(\{\omega_{i_0}\}, \{i_{\zeta_{i_0,i_1}}\omega\}) + (d \oplus -\delta_{cech})(\{-i_{\eta_{i_0}}\omega\}) = (\{\alpha|_{U_{i_0}^{an}}\}, 0)$$

であることに注意する．$\alpha := (\{\alpha|_{U_{i_0}^{an}}\}, 0)$ は $\mathbf{H}^2(X^{an}, \mathcal{A}_{X^{an}}^{\geq 1})$ の元を決めるが，自然な射 $\mathcal{A}_{X^{an}}^{\geq 1} \to \mathcal{A}_{X^{an}}$ によって

$$\mathbf{H}^2(X^{an}, \mathcal{A}_{X^{an}}^{\cdot}) \cong H^2(X^{an}, \mathbf{C})$$

の元を定める．これがポアソン–小平–スペンサー類 $\kappa(v)$ である．したがって命題を示すためには $dp_0(v) = [\alpha]$ であることを示せばよい．そのための準備を少しする．

複素多様体 M の無限小変形 $M_1 \to S_1$ が与えられたとする．より具体的には M の開被覆 $\{V_i\}$ が存在して M_1 は位相空間としては M と同じで各 V_i 上には環の層 $\mathcal{O}_{V_i} \oplus \epsilon\mathcal{O}_{V_i}$ が乗っていて $V_i \cap V_j$ 上で射

$$\mathcal{O}_{V_i \cap V_j} \oplus \epsilon\mathcal{O}_{V_i \cap V_j} \overset{id+\epsilon\theta_{ji}}{\to} \mathcal{O}_{V_i \cap V_j} \oplus \epsilon\mathcal{O}_{V_i \cap V_j}$$

によって貼り合わせたものである．ただし左辺は $\mathcal{O}_{V_i} \oplus \epsilon\mathcal{O}_{V_i}$ を $V_i \cap V_j$ に制限したもの，右辺は $\mathcal{O}_{V_j} \oplus \epsilon\mathcal{O}_{V_j}$ を $V_i \cap V_j$ に制限したものである．また θ_{ij} は $V_i \cap V_j$ 上の正則ベクトル場から決まる導分 $\mathcal{O}_{V_i \cap V_j} \to \mathcal{O}_{V_i \cap V_j}$ を表す．

M 上の複素数値 C^∞-級関数の層を $\mathcal{A}_M$ とする．このとき $\mathcal{A}_{M_1}$ を V_i 上の層 $\mathcal{A}_{V_i} \oplus \epsilon \mathcal{A}_{V_i} \oplus \bar{\epsilon} \mathcal{A}_{V_i}$ と V_j 上の層 $\mathcal{A}_{V_j} \oplus \epsilon \mathcal{A}_{V_j} \oplus \bar{\epsilon} \mathcal{A}_{V_j}$ を $V_i \cap V_j$ 上

$$\mathcal{A}_{V_i \cap V_j} \oplus \epsilon \mathcal{A}_{V_i \cap A_j} \oplus \bar{\epsilon} \mathcal{A}_{V_i \cap V_j} \xrightarrow{id + \epsilon \theta_{ji} + \bar{\epsilon} \bar{\theta}_{ji}} \mathcal{A}_{V_i \cap V_j} \oplus \epsilon \mathcal{A}_{V_i \cap A_j} \oplus \bar{\epsilon} \mathcal{A}_{V_i \cap V_j}$$

で貼り合わせたものとして定義する．ここで $\bar{\theta}_{ji}$ は $V_i \cap V_j$ 上の反正則ベクトル場から決まる $\mathcal{A}_{V_i \cap V_j}$ から自分自身への導分である．さらに $\epsilon^2 = \bar{\epsilon}^2 = \epsilon\bar{\epsilon} = 0$ である．同様に相対 p-形式の層 $\mathcal{A}^p_{M_1/S_1}$ も定義される．M_1 の貼り合わせは正則なので，自然な分解

$$\mathcal{A}^p_{M_1/S_1} = \bigoplus_{0 \le i \le p} \mathcal{A}^{i,p-i}_{M_1/S_1}$$

が存在する．

　さて我々の設定に戻ることにする．C^∞-自明化写像 $X^{an} \times S^{an} \to \mathcal{X}^{an}$ は環付き空間の間の同型射

$$\phi \colon (X^{an} \times S_1, \mathcal{A}_{X^{an} \times S_1/S_1}) \to (X_1^{an}, \mathcal{A}_{X_1^{an}/S_1})$$

を引き起こす．この射は $U_{i_0}^{an}$ 上では適当な C^∞-複素数値ベクトル場 η_{i_0} を用いて

$$\mathcal{A}_{U_{i_0}^{an}} \oplus \epsilon \mathcal{A}_{U_{i_0}^{an}} \oplus \bar{\epsilon} \mathcal{A}_{U_{i_0}^{an}} \xrightarrow{id - \epsilon \eta_{i_0} - \bar{\epsilon} \bar{\eta}_{i_0}} \mathcal{A}_{U_{i_0}^{an}} \oplus \epsilon \mathcal{A}_{U_{i_0}^{an}} \oplus \bar{\epsilon} \mathcal{A}_{U_{i_0}^{an}}$$

と書ける．ここで左辺が $\mathcal{A}_{X_1^{an}/S_1}|_{U_{i_0}^{an}}$，右辺が $\mathcal{A}_{X^{an} \times S_1/S_1}|_{U_{i_0}^{an}}$ である．これらが貼り合って ϕ を定めることから $\eta_{i_0} - \eta_{i_1} = \zeta_{i_0,i_1}$ であることがわかる．このことから α を作るときに取った $\{\eta_{i_0}\}$ は C^∞-自明化写像から定まるベクトル場だと思ってさしつかえない．

　さて X_1 上の相対シンプレクティック形式 ω_1 の ϕ による引き戻し $\phi^* \omega_1$ が何になるかを計算しよう．ω_1 は $U_{i_0}^{an}$ 上では $\omega + \epsilon \omega_{i_0}$ と書かれていたことに注意する．η_{i_0} を $(1,0)$-型ベクトル場と $(0,1)$-型ベクトル場の和に分解する：$\eta_{i_0} = \eta_{i_0}^{(1,0)} + \eta_{i_0}^{(0,1)}$．$\zeta_{i_0,i_1}$ は $(1,0)$-型なので

$$\zeta_{i_0,i_1} = \eta_{i_0}^{(1,0)} - \eta_{i_1}^{(1,0)},$$
$$\eta_{i_0}^{(0,1)} = \eta_{i_1}^{(0,1)}$$

である．

　このとき η_{i_0} および $\bar{\eta}_{i_0}$ によるリー微分を用いて

$$\phi^* \omega_1 |_{U_{i_0}^{an}} = \omega + \epsilon(\omega_{i_0} - L_{\eta_{i_0}} \omega) - \bar{\epsilon} L_{\bar{\eta}_{i_0}} \omega$$

と表される. ω は d-閉なのでカルタンの公式から

$$L_{\eta_{i_0}} \omega = d(i_{\eta_{i_0}} \omega), \quad L_{\bar{\eta}_{i_0}} \omega = d(i_{\bar{\eta}_{i_0}} \omega)$$

である.

$dp_0(v)$ は定義から ϵ の係数のコホモロジー類である. そこで ϵ の係数を見てみると, $\{\omega_{i_0} - d(i_{\eta_{i_0}} \omega)\}_{i_0 \in I}$ は貼り合って X^{an} 上の 2-形式 α を定める. したがって

$$dp_0(v) = [\{\omega_{i_0} - L_{\eta_{i_0}} \omega\}] = [\alpha]$$

である.

ちなみに $\bar{\epsilon}$ の係数のコホモロジー類がどうなるか見てみる. ω が正則 2-形式なので

$$d(i_{\bar{\eta}_{i_0}} \omega) = d(i_{\overline{\eta_{i_0}^{(0,1)}}} \omega)$$

である. $U_{i_0}^{an} \cap U_{i_1}^{an}$ 上で $\eta_{i_0}^{(0,1)} = \eta_{i_1}^{(0,1)}$ であることから, $\{i_{\overline{\eta_{i_0}^{(0,1)}}} \omega\}_{i_0 \in I}$ は貼り合って X^{an} 上の 1-形式となる. したがって $\{d(i_{\bar{\eta}_{i_0}} \omega)\}$ は X^{an} の d-完全 2-形式となり $[\{L_{\bar{\eta}_{i_0}} \omega\}] = 0$ である. $\square$

第4章
特異点をもった
シンプレクティック代数多様体

この章では，シンプレクティック特異点を定義して，その著しい性質について述べる．命題 4.1.2 では，シンプレクティック代数多様体のクレパント特異点解消が semismall であることを証明し，定理 4.1.4 では，シンプレクティック代数多様体のシンプレクティックリーフによる分割について述べる．

4.1　シンプレクティック特異点とポアソン構造

X を n 次元複素正規代数多様体とする．X の特異点全体 $\mathrm{Sing}(X)$ は X の特異点全体 $\mathrm{Sing}(X)$ は X のザリスキー閉集合であり $\mathrm{Codim}_X \mathrm{Sing}(X) \geq 2$ である．X の非特異点全体からなるザリスキー開集合を X_{reg} であらわす．定義から $X_{\mathrm{reg}} = X - \mathrm{Sing}(X)$ である．X_{reg} 上の有理 n-形式は X_{reg} 上の カルチェ 因子を定義する．これを $K_{X_{\mathrm{reg}}}$ であらわす．$\mathrm{Codim}_X \mathrm{Sing}(X) \geq 2$ であることから $K_{X_{\mathrm{reg}}}$ は X 上の ヴェイユ 因子 K_X に一意的に拡張される．K_X のことを X の標準因子と呼ぶ．標準因子は線形同値類を法として X から一意的に決まる．X は特異点を持っているので K_X は一般にカルチェ因子ではないことに注意する．K_X を何倍かするとカルチェ因子になるとき X を $\mathbf{Q}$-ゴーレンスタイン と呼ぶ．非特異代数多様体 Y から X に双有理固有射 $f: Y \to X$ が与えられたとき f (または Y) のことを X の特異点解消と呼ぶ．広中の定理により X はつねに特異点解消を持つ．さらに f が次の同値な性質 (a), (b) のどちらかを満たすとき，X は**有理特異点**のみを持つと呼ぶ．

(a) $R^i f_* \mathcal{O}_Y = 0, i > 0$.

(b) X はコーエン–マコーレー概型であり，$f_* \omega_Y = \omega_X$ である．ここで ω_X, ω_Y は各々 X, Y の双対化層 (dualizing sheaf) を表す．

特異点解消 $f: Y \to X$ に対して X の素因子 E (つまり 既約なヴェイユ 因子で重複度 1 のもの) で $\dim f(E) \leq n - 2$ となるものを f-例外因子と呼ぶ．

いま X を $\mathbf{Q}$-ゴーレンスタインとすると，ある自然数 r に対して rK_X はカルチェ因子になる．そこで $\{E_i\}$ を f-例外因子全体とすると適当な整数 a_i を用いて

$$rK_Y \sim f^*(rK_X) + \sum a_i E_i$$

と書くことができる．$a_i > 0\,(\forall i)$ が成り立つとき X は**末端特異点**を持つと呼び，$a_i \geq 0\,(\forall i)$ であるとき X は**標準特異点**を持つという．a_i がすべて正であるとか，すべて非負であるというような性質は特異点解消の選び方によらないことに注意する．X が標準特異点しか持たないときに，特異点解消 f で a_i がすべて零になるようなものが取れることがある．このような場合 f のことを**クレパント特異点解消**と呼ぶ．X がゴーレンスタイン有理特異点しか持たなければ，X は標準特異点を持つ．実際 X がゴーレンスタインであれば双対化層 ω_X は可逆層になり $\omega_X = \mathcal{O}(K_X)$ が成り立つ．定義から K_X は X 上の有理 n-形式 Ω の零点と極から決まる因子である．X の点 x の近傍 U を十分小さく取り，$\eta \in \Gamma(U, \omega_X)$ が $\omega_X|_U$ を生成しているものとする．このとき U 上の有理関数 h を用いて $\Omega|_U = h \cdot \eta$ と書ける．定義から $K_X|_U = \mathrm{div}(h)$ である．$y \in Y$ を $f(y) = x$ となるような点とする．y の近傍 V を $V \subset f^{-1}(U)$ を満たすように取り $\tau \in \Gamma(V, \omega_Y)$ が $\omega_Y|_V$ を生成するものとする．(b) の性質から V 上の正則関数 g を用いて $f^*\eta = g \cdot \tau$ と書ける．ここで g の零点集合は f-例外因子に含まれていることに注意する．

$$f^*\Omega = f^*h \cdot f^*\eta = f^*h \cdot g \cdot \tau$$

なので

$$K_Y|_V = \mathrm{div}(f^*\Omega) = f^*\mathrm{div}(h) + \mathrm{div}(g) = f^*(K_X|_U) + \mathrm{div}(g)$$

が成り立つ．これは X が高々標準特異点しか持たないことを意味する．

　偶数次元の正規多様体で本書の中で重要な働きをするのが，以下で説明するシンプレクティック代数多様体である．

定義 4.1.1 (ボーヴィル (Beauville))　X を偶数次元 $2d$ の複素正規代数多様体とする．X_{reg} 上に代数的 2-形式 ω が存在して，次の 2 条件を満たすとき，(X, ω) を**シンプレクティック代数多様体**と呼ぶ．

(i) ω はシンプレクティック形式である. つまり $d\omega = 0$ で $\wedge^d\omega$ は至る所で消えていない $2d$-形式である.

(ii) X の特異点解消 $f: Y \to X$ を取ると, $f^{-1}(X_{\text{reg}})$ 上の 2-形式 $f^*\omega$ は Y 上の 2-形式 ω_Y に延長可能である.

ここで (ii) の条件は, 特別な特異点解消に対して成り立てば, すべての特異点解消に対して正しいことに注意する. 実際 $f: Y \to X$ に対して (ii) が成り立っているとして, 他の特異点解消 $f': Y' \to X$ を取ってくる. このとき Y, Y' をともに支配するような特異点解消 $g: Z \to X$ を取ることができる. つまり g は $Z \xrightarrow{h} Y \xrightarrow{f} X$, $Z \xrightarrow{h'} Y' \xrightarrow{f'} X$ と分解する. Y 上には $f^*\omega$ を延長した 2-形式 ω_Y が存在する. ω_Y を Z まで引き戻すことによって Z 上の 2-形式 ω_Z が決まる. いっぽう h' は非特異代数多様体の間の双有理固有射なので $h'_*\Omega_Z^2 = \Omega_{Y'}^2$ が成り立っている. したがって ω_Z は Y' 上の 2-形式を定め, これは $f'^{-1}(X_{\text{reg}})$ 上の 2-形式 $f'^*\omega$ を延長したものになっている.

シンプレクティック代数多様体は標準特異点を持つ. これは, $\wedge^d\omega \in \Gamma(X_{\text{reg}}, \mathcal{O}(K_X))$ が至る所消えない切断なので $K_X \sim 0$ となり, $f^*(\wedge^d\omega)$ は (ii) の条件から Y 上の $2d$-形式 $\wedge^d\omega_Y$ に拡張されるからである.

代数多様体 X が局所的にシンプレクティック代数多様体になっているときに, X は**シンプレクティック特異点**を持つと呼ぶことにする. 定義 4.1.1 の (ii) において Y 上に延長された 2-形式がシンプレクティック形式になっている場合, f のことを**シンプレクティック特異点解消**と呼ぶ. (X, ω) がシンプレクティック代数多様体の場合, クレパント特異点解消とシンプレクティック特異点解消は同じものになる. 実際 $f: Y \to X$ がクレパント特異点解消であれば, $K_Y \sim f^*K_X$ なので $f^*(\wedge^d\omega)$ は Y 上の至る所消えない $2d$-形式に拡張される. これは $\wedge^d\omega_Y$ と一致するので, ω_Y はシンプレクティック 2-形式である. 逆に f がシンプレクティック特異点解消であれば, 至るところ消えない $2d$-形式 $\wedge^d\omega_Y$ が $f^*(\wedge^d\omega)$ の拡張になっていることから $K_Y \sim f^*K_X$ である.

命題 4.1.2 ([Na 1], Proposition 1.4, [Ka], Lemma 2.11) $f: Y \to X$ をシンプレクティック代数多様体のクレパント特異点解消として, $p \geq 0$ に対して

$$X_p := \{x \in X \mid \dim f^{-1}(x) \geq p\}$$

と置く．このとき $\operatorname{Codim}_X X_p \geq 2p$ が成り立つ.

この命題は，有理特異点の混合ホッジ構造と深い関係がある．次の補題が鍵になる．まず，$\mathbf{C}$ 上の被約な代数的概型 E が正規交差多様体であるとは，$n+1$ 次元アフィン空間 $(z_0, \ldots, z_n) \in \mathbf{C}^{n+1}$ に対して，E の各点 p で

$$(E^{an}, p) \cong (z_0 \ldots z_{r(p)} = 0, 0) \subset (\mathbf{C}^{n+1}, 0), \quad 0 \leq r(p) \leq n$$

が成り立っているときをいう．E の既約成分がすべて非特異であるとき，E を単純正規交差多様体と呼ぶ．E に対して i 次ケーラー微分形式の層 Ω_E^i を考え，Ω_E^i の切断で台が $\operatorname{Sing}(E)$ に含まれるようなもの全体で生成される Ω_E^i の部分層を τ^i とする．このとき $\hat{\Omega}_E^i := \Omega_E^i / \tau^i$ と定義する．

補題 4.1.3　(V, p) を有理特異点の複素解析空間としての芽とする．$\mu \colon \tilde{V} \to V$ を射影的な特異点解消で，$E := \mu^{-1}(p)$ が単純正規交差多様体となるものとする．このとき，$i > 0$ に対して $H^0(E, \hat{\Omega}_E^i) = 0$ が成り立つ.

証明.　E を被約な代数的 $\mathbf{C}$-概型とみなす．E^{an} のコホモロジー $H^i(E^{an}, \mathbf{C})$ には，混合ホッジ構造が入る (cf. [De 1], [De 2], [P-S]). すなわち，$H^i(E^{an}, \mathbf{C})$ にはホッジフィルトレーションと呼ばれる下降フィルトレーション $F^{\cdot}$ と，ウエイトフィルトレーションと呼ばれる上昇フィルトレーション $W_{\cdot}$ が入り，$Gr_j^W H^i(E^{an}, \mathbf{C})$ に $F^{\cdot}$ はウエイト j の純なホッジ構造を決めている．E は射影的なので，$Gr_j^W H^i(E^{an}, \mathbf{C}) = 0, \forall j > i$ である (cf. [P-S], Theorem 5.39, iv)). また，E は単純正規交差型多様体なので，完全系列

$$0 \to \mathbf{C}_{E^{an}} \to \mathcal{O}_{E^{an}} \xrightarrow{d} \hat{\Omega}_{E^{an}}^1 \xrightarrow{d} \hat{\Omega}_{E^{an}}^2 \to \cdots$$

が存在する ([Fr], Proposition 1.5). これを，$\mathbf{C}_{E^{an}}$ の分解だと考える．複体 $(\Omega_{E^{an}}^{\cdot}, d)$ に

$$F^p := [0 \to \cdots 0 \to \hat{\Omega}_{E^{an}}^p \to \hat{\Omega}_{E^{an}}^{p+1} \to \hat{\Omega}_{E^{an}}^{p+2} \to \cdots]$$

によって，下降フィルトレーション $F^{\cdot}$ を入れる．このフィルトレーションから，スペクトル系列

$$E_1^{j,k} := H^k(E^{an}, \hat{\Omega}_{E^{an}}^j) \Rightarrow H^{j+k}(E^{an}, \mathbf{C})$$

を得る．このスペクトル系列は E_1-退化して，$H^{j+k}(E^{an}, \mathbf{C})$ に下降フィルト

レーション $F^{\cdot}$ を決める. このフィルトレーション $F^{\cdot}$ がホッジフィルトレーションに他ならない ([Fr], Proposition 1.5). すなわち, $Gr_F^j H^{j+k}(E^{an}, \mathbf{C}) = H^k(E^{an}, \hat{\Omega}_{E^{an}}^j) = H^k(E, \hat{\Omega}_E^j)$ が成り立っている. 特に, E が射影多様体の場合, ホッジフィルトレーションは通常のものに一致する.

さて, $H^0(E, \hat{\Omega}_E^i) \neq 0$ であったとしよう. $Gr_j^W H^i(E^{an}, \mathbf{C}) = 0, \forall j > i$ であったから, $j \leq i$ となる j に対して, $Gr_F^i Gr_j^W H^i(E^{an}, \mathbf{C})$ を考えよう. もし, $j < i$ であれば $Gr_F^i Gr_j^W H^i(E^{an}, \mathbf{C}) = 0$ となるので, 零以外の可能性があるのは, $Gr_F^i Gr_i^W H^i(E^{an}, \mathbf{C})$ のところだけである. このことから $Gr_F^i Gr_i^W H^i(E^{an}, \mathbf{C}) \neq 0$ であることがわかる. ホッジ対称性から $Gr_F^0 Gr_i^W H^i(E^{an}, \mathbf{C}) \neq 0$ である. したがって, $Gr_F^0 H^i(E^{an}, \mathbf{C}) \neq 0$ がわかる.

一方, ドラーム複体

$$\mathcal{O}_{\tilde{V}} \to \Omega_{\tilde{V}}^1 \to \Omega_{\tilde{V}}^2 \to \cdots$$

を $\mathbf{C}_{\tilde{V}}$ の解消とみなして,

$$F_{\tilde{V}}^p := [0 \to \cdots \to \hat{\Omega}_{\tilde{V}}^p \to \hat{\Omega}_{\tilde{V}}^{p+1} \to \hat{\Omega}_{\tilde{V}}^{p+2} \to \cdots]$$

によって下降フィルトレーション $F^{\cdot}$ を入れる. このフィルトレーションから, スペクトル系列

$$E1_{\tilde{V}}^{j,k} := H^k(\tilde{V}, \hat{\Omega}_{\tilde{V}}^j) \Rightarrow H^{j+k}(\tilde{V}, \mathbf{C})$$

を得る. このとき, 2つのスペクトル系列の間には, 可換図式

$$E1_{\tilde{V}}^{j,k} := H^k(\tilde{V}, \hat{\Omega}_{\tilde{V}}^j) \Rightarrow H^{j+k}(\tilde{V}, \mathbf{C})$$

$$\downarrow \qquad\qquad \downarrow$$

$$E1^{j,k} := H^k(E^{an}, \hat{\Omega}_{E^{an}}^j) \Rightarrow H^{j+k}(E^{an}, \mathbf{C})$$

が存在する. $\tilde{V}$ から E^{an} への変位レトラクトを用いると, 制限射

$$H^{j+k}(\tilde{V}, \mathbf{C}) \to H^{j+k}(E^{an}, \mathbf{C})$$

は同型である. スペクトル系列の可換図式から, 全射

$$Gr_{F_{\tilde{V}}}^0 H^i(\tilde{V}, \mathbf{C}) \to Gr_F^0 H^i(E^{an}, \mathbf{C})$$

が誘導される．V は有理特異点を持つので，$H^i(\tilde{V}, \mathcal{O}_{\tilde{V}}) = 0, i > 0$ が成り立つ．したがって，$Gr_{F_{\tilde{V}}}^0 H^i(\tilde{V}, \mathbf{C}) = 0$ となり，$Gr_F^0 H^i(E^{an}, \mathbf{C}) = 0$ が成り立つ．これは $Gr_F^0 H^i(E^{an}, \mathbf{C}) \neq 0$ であることに矛盾する．結局，$i > 0$ に対して $H^0(E, \hat{\Omega}_E^i) = 0$ であることがわかった．□

命題 4.1.2 の証明． $\dim X = 2n$ と置く．$X_p \neq \emptyset$ となる X_p に対して，$f^{-1}(X_p)$ の既約成分 R で次の性質を持つものを取る：

(1) $\dim f(R) = \dim X_p$,

(2) $f|_R \colon R \to f(R)$ の一般ファイバーの次元は p 以上である．

このとき $l := \mathrm{Codim}_Y R$ と置くと，(2) から $\mathrm{Codim}_X X_p \geq l + p$ である．$\mathrm{Codim}_X X_p \leq 2l$ であることを示そう．もしこれが正しければ，$l + p \leq 2l$ なので，$p \leq l$ となり，$\mathrm{Codim}_X X_p \geq 2p$ である．もし $l \geq n$ であれば $\mathrm{Codim}_X X_p \leq 2l$ であることは明らかなので，$l < n$ と仮定する．このとき，$\mathrm{Codim}_X X_p > 2l$ と仮定して矛盾を導こう．$\bar{R} := f(R)$ と置く．(1) から $\dim \bar{R} = \dim X_p$ である．Y を非特異な部分多様体を中心として何回かブローアップして $f^{-1}(\bar{R})$ の逆像が単純交差型因子になるようにする．こうしてできた双有理写像を $\nu \colon Z \to Y$ で表す．$F := (f \circ \nu)^{-1}(\bar{R})$ と置くと，F は Z の単純正規交差型因子である．合成射 $g := f \circ \nu$ を F に制限した射 $g|_F \colon F \to \bar{R}$ の一般のファイバーは正規交差型多様体になる．そこで，$\bar{R}$ の非特異な開集合 U を次の条件を満たすように取る．

$g^{-1}(U)$ の各点 z に対して，正規交差型多様体 W が存在して，$(g^{-1}(U)^{an}, z) \to (U^{an}, g(z))$ は，$(W \times \Delta^r, 0) \to (\Delta^r, 0)$ と同一視できる．

このとき，

$$\mathcal{F} := \mathrm{Coker}[g^* \Omega_U^2 \to \hat{\Omega}_{g^{-1}(U)}^2]$$

と置くと，完全系列

$$0 \to g^* \Omega_U^2 \to \hat{\Omega}_{g^{-1}(U)}^2 \to \mathcal{F} \to 0$$

$$0 \to g^* \Omega_U^1 \otimes \hat{\Omega}_{g^{-1}(U)/U}^1 \to \mathcal{F} \to \hat{\Omega}_{g^{-1}(U)/U}^2 \to 0$$

が存在する．今，X_{reg} 上のシンプレクティック形式 ω を f で引き戻し，それを Y 上に拡張してできる 2-形式を ω_Y と書く．f はクレパント特異点解消なの

で, ω_Y は Y 上のシンプレクティック形式である. 写像 $f|_R \colon R \to \bar{R}$ に対して, U の逆像 $(f|_R)^{-1}(U)$ を U' と書くことにする. U' は R の開集合である. $l < n$ なので $\dim U' > n \ (= \frac{1}{2} \dim Y)$ が成り立つ. したがって $\omega_Y|_{U'} \neq 0$ である. $g^{-1}(U)$ の既約成分 F_i で $\nu(F_i) = U'$ となるものを取ると,

$$(\nu^* \omega_Y)|_{F_i} = (\nu|_{F_i})^* (\omega_Y|_{U'}) \neq 0$$

である. 特に $(\nu^* \omega_Y)|_{g^{-1}(U)} \in H^0(g^{-1}(U), \hat{\Omega}^2_{g^{-1}(U)})$ は零ではない. 簡単のために, $\omega' := (\nu^* \omega_Y)|_{g^{-1}(U)}$ と置く. このとき, X が高々有理特異点しか持たないことから次が示せる.

主張. ω' は, U 上の 2-形式 ω_U を用いて, $\omega' = g^* \omega_U$ と書くことができる.

証明. 完全系列

$$0 \to H^0(g^{-1}(U), g^* \Omega^2_U) \to H^0(g^{-1}(U), \hat{\Omega}^2_{g^{-1}(U)}) \xrightarrow{\alpha} H^0(g^{-1}(U), \mathcal{F})$$

において, $\omega'_{\mathcal{F}} := \alpha(\omega')$ と置く. $\omega'_{\mathcal{F}} = 0$ を示せばよい. $y \in U$ に対して, $\hat{\Omega}^2_{g^{-1}(U)} \to \mathcal{F}$ の両辺に $\mathcal{O}_{g^{-1}(y)}$ をテンソル積すると, 準同型 $\hat{\Omega}^2_{g^{-1}(y)} = \hat{\Omega}^2_{g^{-1}(U)} \otimes \mathcal{O}_{g^{-1}(y)} \to \mathcal{F} \otimes \mathcal{O}_{g^{-1}(y)}$ を得る. 制限射 $H^0(g^{-1}(U), \hat{\Omega}^2_{g^{-1}(U)}) \to H^0(g^{-1}(y), \Omega^2_{g^{-1}(y)})$ による ω' の像を ω'_y と書く. さらに,

$$H^0(g^{-1}(y), \hat{\Omega}^2_{g^{-1}(U)} \otimes \mathcal{O}_{g^{-1}(y)}) \to H^0(g^{-1}(y), \mathcal{F} \otimes \mathcal{O}_{g^{-1}(y)})$$

による ω'_y の像を $\omega'_{\mathcal{F},y}$ と書く. 任意の $y \in U$ に対して, $\omega'_{\mathcal{F},y} = 0$ であることを示せばよい. なぜなら, このとき, 任意の $x \in g^{-1}(U)$ に対して, ω' は $\mathcal{F} \otimes_{\mathcal{O}_{g^{-1}(U)}} k(x)$ に持っていくと 0 になる. $\mathcal{F}$ は $g^{-1}(U)$ の非特異部分 $g^{-1}(U)^{\mathrm{reg}}$ では局所自明層なので, $\omega'_{\mathcal{F}}|_{g^{-1}(U)^{\mathrm{reg}}} = 0$ である. したがって, $\mathrm{supp}(\omega'_{\mathcal{F}}) \subset \mathrm{Sing}(g^{-1}(U))$ となる. しかし, $\mathcal{F}$ の切断で台が $\mathrm{Sing}(g^{-1}(U))$ に含まれるようなものは 0 しかない.

補題 4.1.3 により, $H^0(g^{-1}(y), \hat{\Omega}^1_{g^{-1}(y)}) = H^0(g^{-1}(y), \hat{\Omega}^2_{g^{-1}(y)}) = 0$ が成り立つ. 完全系列

$$0 \to (\Omega^1_U \otimes_{\mathcal{O}_U} k(y)) \otimes_{k(y)} \hat{\Omega}^1_{g^{-1}(y)} \to \mathcal{F} \otimes \mathcal{O}_{g^{-1}(y)} \to \hat{\Omega}^2_{g^{-1}(y)}$$

に H^0 を施すと, 完全系列

$$0 \to H^0(g^{-1}(y), \hat{\Omega}^1_{g^{-1}(y)})^{\oplus \dim U}$$
$$\to H^0(g^{-1}(y), \mathcal{F} \otimes \mathcal{O}_{gi^{-1}(y)}) \to H^0(g^{-1}(y), \hat{\Omega}^2_{g^{-1}(y)})$$

を得る．ここで，第2項と第4項は零になるので，第3項も零になる．したがって，$\omega'_{\mathcal{F},y} = 0$ である．□

ところが，以下に示すように，$\wedge^{n-l}\omega' \neq 0$ である．U' の一般点 q を取ると，U' は q の近傍で余次元が l の非特異部分多様体なので，交代形式に関する線形代数より，$q \in U'$ の近傍で，$\wedge^{n-l}(\omega_Y|_{U'}) \neq 0$ である．ここで，$g^{-1}(U)$ の既約成分 F_i で $\nu(F_i) = U'$ となるものを取ると，$\omega'|_{F_i} = (\nu|_{F_i})^*(\omega_Y|_{U'})$ なので，$\wedge^{n-l}(\omega'|_{F_i}) \neq 0$ である．$\wedge^{n-l}(\omega'|_{F_i}) = (\wedge^{n-l}\omega')|_{F_i}$ なので，$(\wedge^{n-l}\omega')|_{F_i} \neq 0$ である．したがって，$H^0(g^{-1}(U), \hat{\Omega}^{2n-2l}_{g^{-1}(U)})$ の元として，$\wedge^{n-l}\omega' \neq 0$ である．

一方で，$\mathrm{Codim}_X X_p > 2l$ と仮定すると，$\dim U = \dim X_p < 2n - 2l$ である．主張より，ω' が U 上の 2-形式の引き戻しとして表せるので，$\wedge^{n-l}\omega' = 0$ でなければならない．これは矛盾である．したがって $\mathrm{Codim}_X X_p \leq 2l$ である．□

シンプレクティック代数多様体は**ポアソン概型**になる．

まずシンプレクティック代数多様体 X の非特異部分 X_{reg} は 2.1 節で説明したようにポアソン概型になる．X は正規代数多様体なので，U を X の開集合としたとき，$U \cap X_{\mathrm{reg}}$ 上の正則関数は U 上の正則関数に一意的に拡張される．この事実を用いることによって X_{reg} 上のポアソン括弧積は X 上のポアソン括弧積に一意的に拡張される．

カレーディン [Ka] による次の定理は，シンプレクティック代数多様体のポアソン構造を研究する上で重要である．

定理 4.1.4 (カレーディン)　(X,ω) をシンプレクティック代数多様体として，$\{ \, , \, \}$ を ω から決まる X 上のポアソン構造とする．

(a) X の特異点集合に被約な閉概型の構造を入れたものを $\mathrm{Sing}^{(1)}(X)$ とする．このとき $\mathrm{Sing}^{(1)}(X)$ 自身とその既約成分はいずれも X の閉部分ポアソン概型になる．次に $\mathrm{Sing}^{(2)}(X) := \mathrm{Sing}(\mathrm{Sing}^{(1)}(X))$ と置くと，$\mathrm{Sing}^{(2)}(X)$ とその既約成分は X の閉部分ポアソン概型になる．同様にして $\mathrm{Sing}^{(i)}(X), (i \geq 3)$

およびこれらの既約成分はすべて X の閉部分ポアソン概型になる. 逆に X の既約かつ被約な閉部分ポアソン概型はすべて $\mathrm{Sing}^{(i)}(X)$ の既約成分として得られる.

(b) X, $\mathrm{Sing}^{(i)}(X)$ $(i \geq 1)$ の非特異部分を $U^{(0)}$, $U^{(i)}$ $(i \geq 1)$ と置く. このとき

$$X = \bigcup_{i \geq 0} U^{(i)}$$

であり $U^{(i)}$ $(i \geq 0)$ の各連結成分は自然なポアソン構造によって非特異シンプレクティック代数多様体になる.

(c) $x \in U^{(i)}$ に対してシンプレクティック代数多様体 $x \in Y_x$ が存在して, 形式的概型のポアソン同型射

$$\hat{X}_x \cong \hat{U}_x^{(i)} \hat{\times} \hat{Y}_x$$

が存在する.

(b) に出てきた $U^{(i)}$ の各連結成分を X の**シンプレクティックリーフ**と呼ぶ. シンプレクティックリーフはすべて偶数次元である.

ここでは, (a) と (b) の証明を与えることにする. まず, ポアソン概型に関する基礎的な性質を 2 つ示す.

補題 4.1.5 被約なポアソン概型 Z に対して, Z の既約成分もポアソン概型になる.

証明. Z はアファイン概型 $\mathrm{Spec}(A)$ と仮定してよい. $\sqrt{(0)} = (0)$ なので, $\mathfrak{p}_j$ を A の極小素イデアルとすると

$$0 = \mathfrak{p}_1 \cap \mathfrak{p}_2 \cap \cdots \cap \mathfrak{p}_n$$

と書ける. $\{A, \mathfrak{p}_1\} \subset \mathfrak{p}_1$ であることを示そう. $x_1 \in \mathfrak{p}_1$, $x_j \in \mathfrak{p}_j - \mathfrak{p}_1$ $(j \neq 1)$ とすると, $x_1 x_2 \cdots x_n = 0$ である. $f \in A$ に対して

$$0 = \{f, x_1 x_2 \ldots x_n\} = x_1 \{f, x_2 x_3 \ldots x_n\} + x_2 x_3 \ldots x_n \{f, x_1\}$$

が成り立つ. ここで $x_1 \{f, x_2 x_3 \ldots x_n\} \in \mathfrak{p}_1$ なので, $x_2 x_3 \ldots x_n \{f, x_1\} \in \mathfrak{p}_1$ である. ところが $x_2 x_3 \ldots x_n \notin \mathfrak{p}_1$ なので, $\{f, x_1\} \in \mathfrak{p}_1$ でなければならない. したがって, $\mathfrak{p}_1$ は A のポアソンイデアルである. 同様にして, 極小素イ

デアルはみなポアソンイデアルになる. つまり, Z の既約成分もポアソン概型であることが示された. □

補題 4.1.6 **C** 上のポアソン概型 Z の被約化 Z_{red} もポアソン概型である.

証明. Z はアファイン概型 $\mathrm{Spec}(A)$ と仮定してよい. A の **C**-導分 v に対して, $v(\sqrt{(0)}) \subset \sqrt{(0)}$ を示せばよい. $x \in \sqrt{(0)}$ に対して $x^n = 0$ であったとしよう. これに v を施すと,

$$nx^{n-1}v(x) = 0.$$

言い換えれば, $x^{n-1}v(x) \in X^n A (= 0)$. $nx^{n-1}v(x) = 0$ に v を施すと,

$$n(n-1)x^{n-2}v(x)^2 + nx^{n-1}v^2(x) = 0$$

となり, $x^{n-2}v(x)^2 \in x^{n-1}A$ がいえる. この操作を繰り返すと $x^{n-i}v(x)^i \in x^{n-i+1}A$ であることがわかる. 特に $i = n$ とすると, $v(x)^n \in xA \subset \sqrt{(0)}$ がわかる. したがって $v(x) \in \sqrt{(0)}$ である. □

ポアソン代数多様体 X に対して, 空でない非特異な開集合 U が存在して, U 上ポアソン 2-ベクトルが非退化であるとする. このような, ポアソン代数多様体のことを, **生成的に非退化**であるという. 定理の証明の中で, ホロノミックと呼ばれる概念が重要な働きをするので, その定義から始めることにしよう.

定義 4.1.7 **C** 上のポアソン代数概型 X が次の性質を満たすとき, **ホロノミック**と呼ぶ.

X の任意のポアソン部分整概型 (Poisson integal closed subscheme) Y は, 生成的に非退化である.

命題 4.1.8 $\pi \colon \tilde{X} \to X$ をシンプレクティック代数多様体 (X, ω) の特異点解消, $\tilde{\omega}$ を ω の $\tilde{X}$ への拡張とする. X の整な閉部分概型 (integral closed subscheme) Y に対して, 次のような可換図式が与えられたとする:

$$
\begin{array}{ccc}
Z & \xrightarrow{\;\sigma\;} & \tilde{X} \\
{\scriptstyle \kappa}\downarrow & & \downarrow{\scriptstyle \pi} \\
Y & \xrightarrow{\;\subseteq\;} & X
\end{array}
\tag{4.1}
$$

ここで，Z は非特異代数多様体で κ は支配的であるとする（κ は 固有的とは限らない）．このとき，Y の（空でない）非特異開集合 U と U 上の 2-形式 ω_U が存在して，

$$\sigma^*\tilde{\omega}|_{\kappa^{-1}(U)} = \kappa^*\omega_U$$

が成り立つ．

証明． 射影的双有理射 $\mu: \tilde{X}' \to \tilde{X}$ をうまく取って，$\tilde{X}'$ は非特異，合成射 $\pi': \tilde{X}' \to \tilde{X} \to X$ に対して，$(\pi')^{-1}(Y) \subset \tilde{X}'$ は単純正規交差因子であるようにする．このとき，$Z \times_{\pi^{-1}(Y)} (\pi')^{-1}(Y)$ の既約成分で，Z を支配するものを取り，その特異点解消を Z' とする．可換図式

$$\begin{array}{ccc} Z' & \longrightarrow & (\pi')^{-1}(Y) \\ {\scriptstyle f}\downarrow & & \downarrow \\ Z & \longrightarrow & \pi^{-1}(Y) \end{array} \qquad (4.2)$$

が存在して，射 $Z' \to Z$ は支配的である．そこで，最初に与えられた図式のかわりに

$$\begin{array}{ccc} Z' & \stackrel{\sigma'}{\longrightarrow} & \tilde{X}' \\ {\scriptstyle \kappa'}\downarrow & & \downarrow{\scriptstyle \pi} \\ Y & \stackrel{\subseteq}{\longrightarrow} & X \end{array} \qquad (4.3)$$

を考え，これに対して命題を証明すれば十分である．なぜなら，$(\sigma')^*\tilde{\omega}' = (\kappa')^*\omega_U$ が成り立ったとすると，左辺は $f^*\sigma^*\tilde{\omega}$ に一致し，右辺は $f^*\kappa^*\omega_U$ に一致する．f は支配的なので，$\sigma^*\tilde{\omega} = \kappa^*\omega_U$ である．

そこで，最初から，$\pi^{-1}(Y)$ は $\tilde{X}$ の単純正規交差因子であると仮定することができる．以下，この条件のもとで，命題を証明する．Y の非特異な開集合 U を次の条件を満たすように取る．$\pi^{-1}(U)$ の各点 p に対して，正規交差型多様体 W が存在して，$(\pi^{-1}(U)^{an}, p) \to (U^{an}, \pi(p))$ は，$(W \times \Delta^r, 0) \to (\Delta^r, 0)$ と同一視できる．

$\pi^{-1}(U)$ はそれ自身が正規交差型多様体であるだけでなく，U 上相対的にも正規交差型多様体になっている．そこで，$\Omega^i_{\pi^{-1}(U)}$ に対して，τ^i を $\mathrm{Sing}\,\pi^{-1}(U)$ の中に台を持つような切断から生成される $\Omega^i_{\pi^{-1}(U)}$ の部分層として，$\hat{\Omega}^i_{\pi^{-1}(U)} :=$

$\Omega^i_{\pi^{-1}(U)}/\tau^i$ と定義する．同様にして，$\hat\Omega^i_{\pi^{-1}(U)/U}$ も定義する．このとき，

$$\mathcal{F} := \mathrm{Coker}[\pi^*\Omega^2_U \to \hat\Omega^2_{\pi^{-1}(U)}]$$

と置くと，完全系列

$$0 \to \pi^*\Omega^2_U \to \hat\Omega^2_{\pi^{-1}(U)} \to \mathcal{F} \to 0$$

$$0 \to \pi^*\Omega^1_U \otimes \hat\Omega^1_{\pi^{-1}(U)/U} \to \mathcal{F} \to \hat\Omega^2_{\pi^{-1}(U)/U} \to 0$$

が存在する．ここで，$\sigma^* \colon H^0(\tilde X, \Omega^2_{\tilde X}) \to H^0(\kappa^{-1}(U), \Omega^2_{\kappa^{-1}(U)})$ は $H^0(\pi^{-1}(U), \hat\Omega^2_{\pi^{-1}(U)})$ を経由することに注意する．なぜなら，$\sigma(\kappa^{-1}(U))$ を含むような $\pi^{-1}(U)$ の既約成分の 1 つを V とする．このとき，σ^* は $H^0(\tilde X, \Omega^2_{\tilde X}) \to H^0(V, \Omega^2_V) \to H^0(\kappa^{-1}(U), \Omega^2_{\kappa^{-1}(U)})$ と分解するが，最初の写像 $H^0(\tilde X, \Omega^2_{\tilde X}) \to H^0(V, \Omega^2_V)$ は $H^0(\pi^{-1}(U), \hat\Omega^2_{\pi^{-1}(U)})$ を経由する．以上から，σ^* は $H^0(\pi^{-1}(U), \hat\Omega^2_{\pi^{-1}(U)})$ を経由する．制限射 $H^0(\tilde X, \Omega^2_{\tilde X}) \to H^0(\pi^{-1}(U), \hat\Omega^2_{\pi^{-1}(U)})$ による $\tilde\omega$ の像を $\tilde\omega_{\pi^{-1}(U)} \in H^0(\pi^{-1}(U), \hat\Omega^2_{\pi^{-1}(U)})$ とする．次の主張は，命題 4.1.2 の証明中の主張と全く同じである．

　主張． $\tilde\omega_{\pi^{-1}(U)}$ は，U 上の 2-形式 ω_U を用いて，$\tilde\omega_{\pi^{-1}(U)} = \pi^*\omega_U$ と書くことができる．

　すでに注意したように σ^* は $H^0(\pi^{-1}(U), \hat\Omega^2_{\pi^{-1}(U)})$ を経由して，$\tilde\omega_{\pi^{-1}(U)} = \pi^*\omega_U$ なので，

$$\sigma^*\tilde\omega|_{\kappa^{-1}(U)} = \kappa^*\omega_U$$

が成り立つ．□

定理 4.1.9　シンプレクティック代数多様体はホロノミックである．

　証明．　シンプレクティック代数多様体 X の標準特異点解消 $\pi \colon \tilde X \to X$ を取る．ここで標準特異点解消といったのは，Bierstone-Milman [B-M], Villamayor 等 [E-V], [V] が広中 [Hiro] の手法を改良して得た，特異点解消の一連のアルゴリズムのことである．標準特異点解消 π においては，X 上のベクトル場 v はすべて $\tilde X$ 上のベクトル場 $\tilde v$ にまで持ち上がる．Y を X のポアソン整部分概型とする．Y の適当な非特異開部分集合 U' を取り，写像 $\pi|_{\pi^{-1}(U')} \colon \pi^{-1}(U') \to U'$ が U' 上生成的スムース射 (generically smooth morphism) になるようにす

る．すなわち，U' の任意の点 y に対して，$\pi^{-1}(y)$ 上の点 z で $\pi|_{\pi^{-1}(U')}$ が z においてスムース射になっているようなものが存在する．ここで

$$\pi^{-1}(U')^0 := \{z \in \pi^{-1}(U') \mid \pi|_{\pi^{-1}(U')} \text{ は } z \text{ でスムース}\}$$

と置く．$\pi^{-1}(U')^0$ 自身は非特異なので，既約成分が連結成分になっている．そこで $\pi^{-1}(U')^0$ の連結成分を1つ取り Z と置く．合成射 $Z \subset \pi^{-1}(U')^0 \to U'$ を κ と書くことにすると，可換図式

$$\begin{CD} Z @>>> \tilde{X} \\ @V{\kappa}VV @VV{\pi}V \\ Y @>>> X \end{CD} \qquad (4.4)$$

は，命題 4.1.8 の条件を満たしている．したがって Y の非特異開集合 U を適当に取れば，U 上の 2-形式 ω_U が存在して，$\tilde{\omega}|_{\kappa^{-1}(U)} = \kappa^* \omega_U$ が成り立つ．ここで，$U \subset U'$ と仮定して差し支えない．

さて，$\theta \in \mathrm{Hom}(\wedge^2 \Omega_X, \mathcal{O}_X)$ をポアソン構造として，$y \in U$ に対して $\theta(y) \in \wedge^2 (\Theta_Y)_y$ が非退化であることを示そう．$\theta(y) \in \wedge^2 (\Theta_Y)_y$ が退化していると仮定して矛盾を導くことにする．そうだとすると，$y \in X$ の近傍 V 上の関数 f で，$0 \neq (df|_Y)(y) \in \Omega^1_Y(y)$ を満たし，$H_f(y) = 0$ となるものが存在する．ただし $H_f := \theta(\cdot, df)$ は f から決まるハミルトンベクトル場である．以後，X を V で置き換え，$\tilde{X}$ を $\pi^{-1}(V)$ で置き換えることにより，X は最初からアファインであると仮定する．X の非特異部分を X_{reg} とすると，X_{reg} 上で，

$$df = H_f \lrcorner \omega$$

である．H_f は $\tilde{X}$ 上のベクトル場 $\tilde{H}_f$ に持ち上がったので，$\pi^{-1}(X_{\mathrm{reg}})$ 上で

$$\pi^* df = \tilde{H}_f \lrcorner \pi^* \omega$$

が成り立つ．$\pi^* df, \tilde{H}_f, \tilde{\omega}$ はすべて $\tilde{X}$ 上で定義されているので，$\tilde{X}$ 上で

$$\pi^* df = \tilde{H}_f \lrcorner \tilde{\omega}$$

が成り立つ．これを $\kappa^{-1}(U) \subset \tilde{X}$ に制限すると

$$\pi^* df|_{\kappa^{-1}(U)} = (\tilde{H}_f \lrcorner \tilde{\omega})|_{\kappa^{-1}(U)}$$

である. ハミルトンベクトル場 H_f は U 上のベクトル場を決めるので, $\tilde{H}_f$ は $\kappa^{-1}(U)$ 上のベクトル場を決める. そこで $\tilde{H}_f$ を $\kappa^{-1}(U)$ 上のベクトル場とみると,

$$(\tilde{H}_f \lrcorner \tilde{\omega})|_{\kappa^{-1}(U)} = \tilde{H}_f \lrcorner \tilde{\omega}|_{\kappa^{-1}(U)}$$

である. ここで, $\tilde{\omega}|_{\kappa^{-1}(U)} = \kappa^* \omega_U$ であることを用いると,

$$\tilde{H}_f \lrcorner \tilde{\omega}|_{\kappa^{-1}(U)} = \tilde{H}_f \lrcorner \kappa^* \omega_U = \kappa^* (H_f \lrcorner \omega_U)$$

である. 最初に取った $y \in U$ に対して, $\kappa^{-1}(y)$ の点 z を取ると,

$$(\pi^* df|_{\kappa^{-1}(U)})(z) = (H_f \lrcorner \omega_U)(y)$$

が成り立つ. 仮定から $H_f(y) = 0$ であったから, 右辺は 0 である. 一方, $(df|_Y)(y) \neq 0$ で, $\kappa \colon Z \to Y$ は U でスムースなので,

$$\text{左辺} = (\pi^* df|_{\kappa^{-1}(U)})(z) = \kappa^* ((df|_Y)(y)) \neq 0$$

となる. これは矛盾である. したがって, $\theta(y) \in \wedge^2 (\Theta_Y)_y$ は非退化である. □

命題 4.1.10 Z を連結な代数的 **C**-ポアソン概型とする. Z が非特異でホロノミックであれば, Z のポアソン 2-ベクトル θ は至る所, 非退化であり, Z のポアソン部分整概型は Z 自身のみである.

   証明. Z は生成的に非退化なので, $\dim Z$ は偶数である. そこで $\dim Z = 2n$ と置く.

$$D := \{x \in Z \mid \wedge^n \theta(x) = 0\}$$

と定義する. $D \neq \emptyset$ であれば D は X の超曲面であり $\dim D = 2n - 1$ である. このとき D は X のポアソン部分概型になる. このことは次のようにしてわかる. まず X はアフィンと仮定しても差し支えない. X 上の正則関数 f から決まるハミルトンベクトル場 H_f はポアソン構造を保つので, $L_{H_f} \theta = 0$ が成り立つ. したがって $L_{H_f} \wedge^n \theta = 0$ である. このことは, D が H_f で保たれることを意味するので, D はポアソン部分概型である. 補題 4.1.6 より, D の被約化 D_{red} もポアソン部分概型になる. さらに, 補題 4.1.5 から D_{red}

の各既約成分もポアソン部分概型である. これらは, 奇数次元を持っているので, Z がホロノミックであることに矛盾する. したがって $D = \emptyset$ である.

次に, $Y \subseteq Z$ をポアソン整部分概型とする. Y の非特異部分 Y_{reg} から点 y を取る. $y \in Z$ のアファイン近傍を考え, その上でハミルトンベクトル場 H_f を取ると, $(H_f)_y \in (\Theta_Y)_y$ である. 一方, ハミルトンベクトル場全体は点 y において $(\Theta_Z)_y$ を張っているので, $(\Theta_Y)_y = (\Theta_Z)_y$ となる. これは $Y = Z$ を意味する. $\square$

以上の準備の下で, 定理 4.1.4 の (a), (b) の証明を行おう.

定理 4.1.4, (a) の証明. $\mathrm{Sing}(X)$ に被約な部分概型の構造を入れたとき, $\mathrm{Sing}(X)$ の既約成分が X のポアソン整部分概型であることを示す. X はアファインとしてよい. X 上の正則関数 f に対してハミルトンベクトル場 H_f を考えると, H_f は $\mathrm{Sing}(X)$ を保つ. すなわち, H_f は導分 $\mathcal{O}_{\mathrm{Sing}(X)} \overset{\{f, \cdot\}}{\to} \mathcal{O}_{\mathrm{Sing}(X)}$ を引き起こす. f は任意であったから, これは $\mathrm{Sing}(X)$ がポアソン部分概型であることを意味する. 補題 4.1.5 から $\mathrm{Sing}(X)$ の既約成分もポアソン部分概型である. 次に, X を ポアソン概型 $\mathrm{Sing}(X)$ に置き換えて, 同じ議論をすると, $\mathrm{Sing}^{(2)}(X)$ もポアソン部分概型になり, やはりその既約成分もポアソン部分概型である. この操作を繰り返すことにより, $\mathrm{Sing}^{(i)}(X)$ の既約成分はポアソン部分概型であることがわかる.

次に X のポアソン部分整概型 Y が $\mathrm{Sing}^{(i)}(X)$ の既約成分に一致することを示そう. $Y \neq X$ とすると, $Y \subseteq \mathrm{Sing}(X)$ である. なぜなら, もしそうでないとすると, $Y - \mathrm{Sing}(X)$ は, $X - \mathrm{Sing}(X)$ のポアソン部分整概型になるが, $X - \mathrm{Sing}(X)$ は非特異なシンプレクティック代数多様体なので, 定理 4.1.9 よりホロノミックである. このとき, 命題 4.1.10 から $Y - \mathrm{Sing}(X) = X - \mathrm{Sing}(X)$ である. これは, $Y = X$ を意味するので矛盾である. さて, Y を含む $\mathrm{Sing}(X)$ の既約因子を X_1 としよう. このとき, $Y \neq X_1$ とすると $Y \subseteq \mathrm{Sing}^{(2)}(X)$ である. 実際, もしそうでないとすると, $Y - \mathrm{Sing}^{(2)}(X) \neq \emptyset$ であり, $Y - \mathrm{Sing}^{(2)}(X)$ は $X_1 - \mathrm{Sing}^{(2)}(X)$ のポアソン部分整概型である. X はホロノミックであったから, X_1 もホロノミックである. したがって, $X_1 - \mathrm{Sing}^{(2)}(X)$ は非特異な連結ホロノミックポアソン概型である. 再び, 命題 4.1.10 を用いると, $Y - \mathrm{Sing}^{(2)}(X) = X_1 - \mathrm{Sing}^{(2)}(X)$ であることがわかる. これは, $Y = X_1$ を意味するので矛盾である. 同様の議論を続けていくと, ある i に対して, X

は $\mathrm{Sing}^{(i)}(X)$ の既約因子に一致することがいえる. □

　定理 4.1.4, (b) の証明.　$U^{(i)}$ の連結成分 (= 既約成分) は, $\mathrm{Sing}^{(i)}(X)$ のある既約成分に開集合として含まれる. $\mathrm{Sing}^{(i)}(X)$ の既約成分はホロノミックなので, $U^{(i)}$ の連結成分もホロノミックである. いっぽう $U^{(i)}$ は非特異であったから, 命題 4.1.10 により, $U^{(i)}$ の連結成分のポアソン構造は至るところで非退化である. すなわち $U^{(i)}$ の連結成分は非特異シンプレクティック代数多様体である. □

　複素半単純リー環 $\mathfrak{g}$ のべき零軌道の閉包 (より正確にはその正規化) がシンプレクティック代数多様体の代表例である. これをポアソン概型の観点から説明してみよう.

　複素リー群 G がリー環が $\mathfrak{g}$ であるとする. 2.1 節で説明したように, G は $\mathfrak{g}$ に随伴的に左から作用する. この作用による軌道のことを**随伴軌道**と呼ぶ. このとき, G は $\mathfrak{g}$ の双対空間 $\mathfrak{g}^*$ にも

$$Ad_g^*(\zeta) := \zeta \circ Ad_g, \ \zeta \in \mathfrak{g}^*$$

によって右から作用する. これを余随伴作用と呼び, 余随伴作用に関する軌道のことを, 余随伴軌道と呼んだ. 2.1 節では, $\mathfrak{g}^*$ は自然にポアソン概型になり, 余随伴軌道の閉包 $\bar{O}$ は $\mathfrak{g}^*$ のポアソン部分概型であることを示した. 特に $\bar{O}$ のポアソン構造は, 軌道そのものの上では, 非退化である.

　一般には $\mathfrak{g}$ の随伴軌道と $\mathfrak{g}^*$ の余随伴軌道は全く別のものである. しかし $\mathfrak{g}$ が複素半単純リー環の場合には随伴軌道と余随伴軌道の間には自然な同一視がある. このことを説明しよう. $\mathfrak{g}$ が半単純であれば $\mathfrak{g}$ のキリング形式 κ は非退化な対称形式で同型射

$$\mathfrak{g} \to \mathfrak{g}^*, \ x \to \kappa(x, \cdot)$$

を誘導する. Ad_g^* のかわりに $Ad_{g^{-1}}^*$ を考えることにより G は左から $\mathfrak{g}^*$ に作用する. このとき上で与えた同型射は G-同変になる. これによって $\mathfrak{g}$ の各随伴軌道は $\mathfrak{g}^*$ のある余随伴軌道と同一視される. したがって次がわかる.

系 4.1.11　複素半単純リー環 $\mathfrak{g}$ の随伴軌道 O はシンプレクティック構造を持つ.

随伴軌道 O の元 a に対して $G_a := \{g \in G \mid Ad_g(a) = a\}$ と置くと $O \cong G/G_a$ である．したがって $T_a O \cong \mathfrak{g}/\mathfrak{g}_a$ である．ここで $x \in \mathfrak{g}$ が決める $\mathfrak{g}/\mathfrak{g}_a$ の元を $\bar{x}$ と書き，これを $T_a O$ の元とみなす．このとき O のシンプレクティック形式 ω は a において

$$\omega_a(\bar{x}, \bar{y}) = \kappa(a, [x, y])$$

で定義されている．

　以後特に断らない限り $\mathfrak{g}$ は半単純であると仮定する．べき零元を含む随伴軌道 O のことを**べき零軌道**と呼ぶ．また半単純元を含む随伴軌道のことを半単純軌道と呼ぶ．半単純軌道は $\mathfrak{g}$ の中で閉集合になっている．$\mathfrak{g}$ の一般の随伴軌道 O の閉包 $\bar{O}$ は，局所的には，$\mathfrak{g}$ のある半単純軌道と $\mathfrak{g}$ に含まれるより小さな半単純リー環 $\mathfrak{g}'$ のべき零軌道閉包の直積である．したがって特異点の観点からは，べき零軌道の閉包を考えることが本質的である．

　べき零軌道について知られていることを簡単に紹介しておこう．詳しくは [C-M] を参照するのがよい．$\mathfrak{g}$ のべき零軌道は高々有限個である．このうち次元が最大のべき零軌道 O^r がただ一つ存在して，これを**正則べき零軌道**と呼ぶ．さらに O^r の元のことを**正則べき零元**と呼ぶ．このとき

$$\dim O^r = \dim \mathfrak{g} - \mathrm{rank}\, \mathfrak{g}$$

である．ここで $\mathrm{rank}\, \mathfrak{g}$ は $\mathfrak{g}$ のカルタン部分代数 $\mathfrak{h}$ の次元のことである．O^r の閉包 $\bar{O}^r$ は $\mathfrak{g}$ のべき零元全体の集合と一致する．これを (正しくはこれに被約な概型構造を入れたものを) **べき零錐**と呼び $\mathcal{N}$ という記号であらわすことが多い．$\mathfrak{g}$ の他のべき零軌道はすべて $\bar{O}^r - O^r$ に含まれている．正則べき零軌道以外のべき零軌道の中で次元が最大の軌道 O^{sr} がただ一つ存在し，それを**副正則べき零軌道**と呼ぶ．さらに O^{sr} の元のことを**副正則べき零元**と呼ぶ．このとき

$$\dim O^r = \dim \mathfrak{g} - \mathrm{rank}\, \mathfrak{g} - 2$$

である．さらに

$$\bar{O}^r - O^r = \bar{O}^{sr}$$

が成り立つ．一般のべき零軌道 O に対しても $\bar{O} - O$ は有限個のより小さなべき零軌道の和集合になっている．しかし $\bar{O} - O$ は可約になることもあり，そ

の場合 $\bar{O} - O$ は 1 つのべき零軌道の閉包にはなっていない. 各べき零軌道は
シンプレクティック構造を持っているので偶数次元である. したがって, 特に
$\mathrm{Codim}_{\bar{O}}(\bar{O} - O) \geq 2$ である.

命題 4.1.12 (パニシェフ, ヒニッヒ)　複素半単純リー環のべき零軌道 O の閉
包 $\bar{O}$ を考え, その正規化を $\tilde{O}$ とする. このとき $\tilde{O}$ の非特異部分には O のキリ
ロフ–コスタント形式から決まるシンプレクティック形式 ω が存在して $(\tilde{O}, \omega)$
はシンプレクティック代数多様体になる.

　$\bar{O}$ は O の各点においては非特異なので, O は $\tilde{O}$ の非特異部分 $\tilde{O}_{\mathrm{reg}}$ に含ま
れている. 先に注意したことから $\mathrm{Codim}_{\tilde{O}}(\tilde{O} - O) \geq 2$ である. このことか
ら O のキリロフ–コスタント形式は $\tilde{O}_{\mathrm{reg}}$ のシンプレクティック形式 ω に一意
的に延びる. 命題 4.1.12 の主張の本質的な部分は, この ω が $\tilde{O}$ の特異点解消
の上の 2-形式に拡張できる点にある. 詳細は [Hi], [Pa] を参照せよ.

　$\mathfrak{g}$ はスカラー倍による自然な $\mathbf{C}^*$-作用を持つ. べき零軌道 O がこの $\mathbf{C}^*$-作用
で安定であることを見よう. その為には $x \in O$, $t \in \mathbf{C}^*$ に対してある $g \in G$
が存在して $tx = Ad_g(x)$ となることを示せばよい. ジャコブソン–モロゾフの
定理より $\mathfrak{g}$ の元 y, h を

$$[h, x] = 2x, \ [h, y] = -2y, \ [x, y] = h$$

となるように取れる. このとき x, y, h で生成される $\mathfrak{g}$ の部分空間は $sl(2, \mathbf{C})$ と
同型なリー環になる. リー環の射 $sl(2, \mathbf{C}) \to \mathfrak{g}$ はリー群の準同型 $SL(2, \mathbf{C}) \to$
G を引き起こす. G は随伴作用によって $\mathfrak{g}$ に作用する. したがって $SL(2, \mathbf{C})$
は $\mathfrak{g}$ に作用する. ここで h から生成される 1-パラメーター部分群

$$T_h := \{\exp(sh) \in SL(2, \mathbf{C}) \mid s \in \mathbf{C}\}$$

を考える. 準同型射

$$\mathbf{C} \to T_h, \ s \to \exp(sh)$$

は, 1 次元代数トーラス $\mathbf{C}^*$ と T_h の同一視を与える. このとき $Ad_{\exp(sh)}(x) =$
$\exp(2s)x$ となる. そこで, 最初に与えた $t \in \mathbf{C}^*$ に対して, $t = \exp(2s)$ とな
るような s を取り, $g := \exp(sh)$ と置けば $Ad_g(x) = tx$ となる. 次に O 上の
シンプレクティック形式 ω に対して $t^*\omega = t \cdot \omega$ (すなわち ω のウエイトが 1)

であることを示そう. O はキリング形式による同一視 $\kappa\colon \mathfrak{g} \cong \mathfrak{g}^*$ によって $\mathfrak{g}^*$ の余随伴軌道 O^* と同型になる. O^* のキリロフ–コスタント形式をこの同型で引き戻したものが ω に他ならない. κ は線形写像なので両辺 (つまり $\mathfrak{g}$ および $\mathfrak{g}^*$) に対するスカラー $\mathbf{C}^*$-作用に関して同変である. したがって O^* のキリロフ–コスタント形式のウエイトが 1 であることを示せばよい. 系 2.1.14 で示したように O^* のキリロフ–コスタント形式は $\mathfrak{g}^*$ のポアソン構造を用いて定義されている. このポアソン構造は定義から $\{R_i, R_j\} \subset R_{i+j-1}$ を満たす. 言い換えると $\mathfrak{g}^*$ のポアソン構造のウエイトは -1 である. これは O^* のキリロフ–コスタント形式のウエイトが 1 であることを意味する.

べき零軌道 O 上の $\mathbf{C}^*$-作用は $\bar{O}$ 上の $\mathbf{C}^*$-作用を定義し, さらには正規化 $\tilde{O}$ 上の $\mathbf{C}^*$-作用を誘導する. 今見たことから, 命題 4.1.12 における ω のウエイトは 1 になる. 実は, べき零軌道に限らず, 知られているアファインシンプレクティック代数多様体の多くは自然な $\mathbf{C}^*$-作用を持っている. そこで錐的シンプレクティック多様体を次のように定義する.

定義 4.1.13 (X, ω) をアファインなシンプレクティック代数多様体とする. $R := \Gamma(X, \mathcal{O}_X)$ を X の座標環とする. 次の条件を満たすとき (X, ω) のことを**錐的シンプレクティック多様体**と呼ぶ.

(i) R は正に次数付けられている. つまり R は $\mathbf{C}$ 上の次数付き環

$$R = \bigoplus_{i \geq 0} R_i$$

であり $R_0 = \mathbf{C}$ である. (このとき X はよい $\mathbf{C}^*$-作用を持つという).

(ii) (i) の $\mathbf{C}^*$-作用に関して ω は斉次的 (homogeneous) である. すなわち, ある整数 l が存在して, 任意の $t \in \mathbf{C}^*$ に対して

$$\varphi_t^* \omega = t^l \omega$$

が成り立つ. ただし φ_t は t が引き起こす X の自己同型射のことである. l のことを ω の**ウエイト**と呼んで, $wt(\omega) = l$ と書くことも多い.

命題 4.1.14 ウエイト l は正である.

証明. $f\colon Z \to X$ を $\mathbf{C}^*$-同変な特異点解消とする. X の $\mathbf{C}^*$-作用は原点の

みを固定点として持ち，f は固有なので Z の $\mathbf{C}^*$-作用は $f^{-1}(0)$ 上に少なくと
も 1 つは固定点を持ち，すべての固定点は $f^{-1}(0)$ 上にある．固定点の集合は
有限個の非特異射影的代数多様体 F_i の互いに交わらない和集合である．Z の
$\mathbf{C}^*$-作用に関する固定点 $q \in Z$ で余接空間 $T_q^* Z$ が非負のウエイトのみを持つ
ようなものを見つけよう．

各固定点 q に対して $T_q^* Z^{\geq 0}$ を $T_q^* Z$ の中で非負のウエイトベクトルで生成さ
れる部分空間とする．[B-B] の Theorem 4.1 によって各 F_i に対して Z の $\mathbf{C}^*$-
不変な非特異局所閉集合 Z_i で，$F_i \subset Z_i$ かつ $\forall q \in F_i$ に対して $T_q^* Z_i = T_q^* Z^{\geq 0}$
となるようなものが取れる．Z の任意の点 p の $\mathbf{C}^*$-軌道を考え，$t \to 0$, $t \in \mathbf{C}^*$
としたとき，極限はどれかの F_i に含まれる．したがって [ibid], Theorem 4.2
より，この $\mathbf{C}^*$-軌道はどれかの Z_i に含まれる．すなわち Z は $\mathbf{C}^*$-不変な非特
異局所閉集合 Z_i によって分解されている：$Z = \cup Z_i$．特に Z_i の中で次元が最
大のものを Z_{i_0} とすると，$\dim Z_{i_0} = \dim Z$ である．このとき $q \in F_{i_0}$ に対し
て $T_q^* Z^{\geq 0} = T_q^* Z$ が成り立つ．

このような点 $q \in Z$ の局所座標 $z_1, \ldots, z_{2d}$ を各 z_j が $\mathbf{C}^*$-作用の固有関数と
なるように選ぶ．仮定から $wt(z_j) \geq 0$ であるが，Z 上の $\mathbf{C}^*$-作用は自明でない
から，どれかの j に対しては $wt(z_j) > 0$ である．X はシンプレクティック代数多
様体なので，$2d$-形式 ω^d は Z 上の正則な $2d$-形式に拡張される．それを ϕ と書く
ことにすると，$wt(\phi) = dl$ であり，q の周りで $\phi = g(z_1, \ldots, z_{2d}) dz_1 \wedge \cdots \wedge dz_{2d}$
と書ける．$wt(g) \geq 0$, $\sum wt(z_j) > 0$ なので $dl > 0$ である．したがって $l > 0$
が示された．□

命題 4.1.15　$f \colon Y \to X$ を錐的シンプレクティック多様体 X のクレパント
特異点解消とする．このとき X の $\mathbf{C}^*$-作用は Y 上に延長される．

証明．　X_{reg} と余次元 2 のシンプレクティックリーフをすべて合わせた開集
合を U とする．$Y_0 := f^{-1}(U)$ と置く．命題 4.1.2 より $\mathrm{Codim}_Y(Y - Y_0) \geq 2$
である．U は X 上の $\mathbf{C}^*$-作用で保たれる．さらに U^{an} は局所的にはクライン
特異点と $2d - 2$ 次元開円板 Δ^{2d-2} の直積なので $f^{an}|_{Y_0^{an}} \colon Y_0^{an} \to U^{an}$ は局
所的にクライン特異点の極小特異点解消と Δ^{2d-2} の直積である．このことか
ら U の $\mathbf{C}^*$-作用は Y_0 にまで延長される．ここで $\mathrm{Cl}(Y_0)$ を Y_0 上のヴェイユ
因子全体のなす自由アーベル群を線形同値で割ったものとする．このとき準同

型射 $pr_2^*\colon \mathrm{Cl}(Y_0) \to \mathrm{Cl}(\mathbf{C}^* \times Y_0)$ は同型射になる. 実際, $pr_2^*\colon \mathrm{Cl}(Y_0) \to \mathrm{Cl}(\mathbf{C} \times Y_0)$ は同型である (cf. [Ha], Chapter II, §6). ここで完全系列 (cf. [ibid], Chapter II, §6)

$$\mathbf{Z}[0 \times Y_0] \to \mathrm{Cl}(\mathbf{C} \times Y_0) \overset{res}{\to} \mathrm{Cl}(\mathbf{C}^* \times Y_0) \to 0$$

において最初の射は零射であることに注意すると, $\mathrm{Cl}(Y_0) \cong \mathrm{Cl}(\mathbf{C}^* \times Y_0)$ である. Y_0 は非特異なので $\mathrm{Cl}(\mathbf{C}^* \times Y_0)$, $\mathrm{Cl}(Y_0)$ はピカール群 $\mathrm{Pic}(\mathbf{C}^* \times Y_0)$, $\mathrm{Pic}(Y_0)$ とみなすことができる. さて Y_0 の $\mathbf{C}^*$-作用は射 $\sigma\colon \mathbf{C}^* \times Y_0 \to Y_0$ を定める. Y の f-豊富な直線束 L を取り, $L_0 := L|_{Y_0}$ と置き, $\sigma^* L \in \mathrm{Pic}(\mathbf{C}^* \times Y_0)$ を考える. $\sigma^* L_0|_{1 \times Y_0} = L_0$ なので, すべての $t \in \mathbf{C}^*$ に対して $\sigma_t^* L_0 = L_0$ である. σ_t は Y の双有理自己同型写像

$$\tilde{\sigma}_t\colon Y - - \to Y$$

を引き起こす. $\mathrm{Codim}_Y(Y - Y_0) \geq 2$ なので上で見たことから L の $\tilde{\sigma}_t^{-1}$ による固有変換は L 自身になり, 再び f-豊富な直線束になる. これは $\tilde{\sigma}_t$ が同型射であることを示している. $\square$

第5章

トーリック超ケーラー多様体

この章では，シンプレクティック代数多様体の代表例であるトーリック超ケーラー多様体について解説する．トーリック超ケーラー多様体は，シンプレクティック還元と呼ばれる方法で構成され，組み合わせ論とも関連が深い．ここではその構成法について詳しく述べる．

5.1　トーリック超ケーラー多様体

T^m を m 次元代数トーラス，すなわち $T^m := (\mathbf{C}^*)^m$ であるとする．V を m 次元複素ベクトル空間とし V の基底 $e_1, \ldots, e_m$ を１つ固定する．$z = z_1 e_1 + \cdots + z_m e_m \in V$ に対して $t = (t_1, \ldots, t_m) \in T^m$ を

$$(z_1, \ldots, z_m) \to (t_1 z_1, \ldots, t_m z_m)$$

と作用させることで T^m の V 上の作用が決まる．V^* を V の双対空間として V^* には T^m の双対作用を入れる．つまり $e_1^*, \ldots, e_m^*$ を $e_1, \ldots, e_m$ の双対基底としたとき $w = w_1 e_1^* + \cdots + w_m e_m^* \in V^*$ に対して

$$(w_1, \ldots, w_m) \to (t_1^{-1} w_1, \ldots, t_m^{-1} w_m)$$

によって T^m の作用を決める．この２つの作用を用いて $V \oplus V^*$ 上に T^m-作用を定義する．

ここで階数 d の $d \times m$-整数値行列 $A = (a_{ij})_{1 \le i \le d, 1 \le j \le m}$ を１つ取る．ここで A の階数は d であると仮定する．

$$\phi \colon T^d \to T^m, \quad (l_1, \ldots, t_d) \to (t_1^{a_{11}} t_2^{a_{21}} \cdots t_d^{a_{d1}}, \ldots, t_1^{a_{1m}} t_2^{a_{2m}} \cdots t_d^{a_{dm}})$$

によって代数トーラスの間の準同型 ϕ を作る．ϕ によって T^d は $V \oplus V^*$ に作用する．

ここで T^d の指標群 $\mathrm{Hom}_{alg.gp}(T^d, \mathbf{C}^*)$, T^m の指標群 $\mathrm{Hom}_{alg.gp}(T^m, \mathbf{C}^*)$ を T^d, T^m の座標から自然に決まるやり方で $\mathbf{Z}^d$, $\mathbf{Z}^m$ と同一視する. すなわち ${}^t(x_1, \ldots, x_d) \in \mathbf{Z}^d$ に対応する T^d の指標は $T^d \to \mathbf{C}^*$ $(t_1, \ldots, t_d) \to t_1^{x_1} \cdots t_d^{x_d}$ であり T^m の場合も同様である. この時 ϕ から準同型 $\mathbf{Z}^m \overset{\phi^*}{\to} \mathbf{Z}^d$ が決まるが, この準同型は $d \times m$ 行列 A で与えられることに注意する. $\mathrm{Im}(\phi^*)$ が $\mathbf{Z}^d$ に一致しない場合 T^d は $V \oplus V^*$ 上効果的に作用しない. この場合 T^d を適当な有限部分群で割った d 次元トーラスを考えることにより作用は効果的だと仮定することができる. 言い換えると ϕ^* は全射だと仮定しても構わない. そこでこれ以降は ϕ^* は全射と仮定する.

一方 $\mathrm{Ker}(\phi^*)$ は階数 $m - d$ の自由加群なので同一視 $\mathrm{Ker}(\phi^*) \cong \mathbf{Z}^{m-d}$ を1つ固定する. このとき完全系列

$$0 \to \mathbf{Z}^{m-d} \overset{B}{\to} \mathbf{Z}^m \overset{A}{\to} \mathbf{Z}^d \to 0$$

を得る. ここで B は $m \times (m-d)$-整数値行列である. B を $m-d$ 次の縦ベクトル $\mathbf{b}_i$ を用いて $B = {}^t(\mathbf{b}_1, \ldots, \mathbf{b}_m)$ と書いたとき, ある i に対して $\mathbf{b}_i = \mathbf{0}$ であったとする. このとき $\mathbf{Z}^{m-1} := \{{}^t(x_1, \ldots, x_{i-1}, 0, x_{i+1}, \ldots, x_m) \in \mathbf{Z}^m\}$ と置いて射 A を $\mathbf{Z}^{m-1}$ に制限する. このとき $\mathbf{Z}^{m-1} \to \mathbf{Z}^d$ は $A' := (\mathbf{a}_1, \ldots, \mathbf{a}_{i-1}, \mathbf{a}_{i+1}, \ldots, \mathbf{a}_m)$ で与えられる. $\mathbf{b}_i = 0$ なので次の可換図式

$$\begin{array}{ccccccccc}
0 & \longrightarrow & \mathbf{Z}^{m-d} & \overset{B}{\longrightarrow} & \mathbf{Z}^m & \overset{A}{\longrightarrow} & \mathbf{Z}^d & \longrightarrow & 0 \\
& & {\scriptstyle id}\uparrow & & \uparrow & & \uparrow & & \\
0 & \longrightarrow & \mathbf{Z}^{m-d} & \overset{B}{\longrightarrow} & \mathbf{Z}^{m-1} & \overset{A'}{\longrightarrow} & \mathrm{Im}(A') & \longrightarrow & 0
\end{array} \tag{5.1}$$

が存在する. 単射 $\mathrm{Im}(A') \to \mathbf{Z}^d$ は d 次元トーラス T^d から $d-1$ 次元トーラス T^{d-1} への全射準同型を導く. 同様に単射 $\mathbf{Z}^{m-1} \to \mathbf{Z}^m$ は T^m から T^{m-1} への全射準同型を導く. 改めて

$$V' \oplus (V')^* := \{(z_1, \ldots, z_{i-1}, 0, z_{i+1}, \ldots, z_m, w_1, \ldots, w_{i-1}, 0, w_{i+1}, \ldots, w_m)\}$$

と置くと T^m は T^{m-1} を経由して $V' \oplus V'^*$ に作用する. したがって T^d も T^{d-1} を経由して $V' \oplus V'^*$ に作用する. あとでトーリック超ケーラー多様体を定義するが, もとのデータから作ったトーリック超ケーラー多様体と, ここで新しく作った $V' \oplus (V')^*$ 上の T^{d-1}-作用から作ったトーリック超ケーラー

多様体は一致することがわかる (ただしローレンス多様体は 1 次元低いものに
なる). したがって最初から $\mathbf{b}_i \neq 0$ $\forall i$ と仮定してもよい.

　そこで今後 B の行ベクトルはどれも 0 ではないと仮定する. この仮定をして
おくと以下で定義するモーメント写像の零ファイバー $\mu^{-1}(0)$ は正規多様体に
なる (補題 5.1.9).

　$V \oplus V^*$ 上に複素シンプレクティック形式 ω を

$$\omega := \sum_{1 \leq i \leq m} dw_i \wedge dz_i$$

によって定義する. T^m の $V \oplus V^*$ 上への作用は ω を不変にするので T^d の作
用も ω を不変にする.

補題 5.1.1　T^d はハミルトン作用であり, モーメント写像 $\mu: V \oplus V^* \to (\mathfrak{t}^*)^d$
は

$$\mu(z_1, \ldots, z_m, w_1, \ldots, w_m) = \sum_{1 \leq i \leq m} z_i w_i \mathbf{a}_i$$

で与えられる. ただし $(\mathfrak{t}^*)^d$ の元を d 次元縦ベクトルとみなしている. さらに
$\mathbf{a}_j = (a_{ij})_{1 \leq i \leq d}$ は $A = (\mathbf{a}_1, \ldots, \mathbf{a}_m)$ と置くことによって決まる d 次元縦ベ
クトルである.

　証明.　$\mathbf{x} := (z_1, \ldots, z_m, w_1, \ldots, w_m) \in V \oplus V^*$ に対して写像 $\phi_{\mathbf{x}}: T^d \to$
$V \oplus V^*$ を $\phi_{\mathbf{x}}(t) = t \cdot \mathbf{x}$ によって定義する. より具体的には $t = (t_1, \ldots, t_d)$
に対して

$\phi_{\mathbf{x}}(t_1, \ldots, t_d)$
$= (t_1^{a_{d1}} \cdots t_d^{a_{d1}} z_1, \ldots, t_1^{a_{1m}} \cdots t_d^{a_{dm}} z_m, t_1^{a_{11}} \cdots t_d^{-a_{d1}} w_1, \ldots, t_1^{-a_{1m}} \cdots t_d^{-a_{dm}} w_m)$

である. このとき接写像 $d\phi_{\mathbf{x}}: T_1(T^d) \to T_{\mathbf{x}}(V \oplus V^*)$ は

$d\phi_{\mathbf{x}}(\partial/\partial t_i)$
$= a_{i1} z_1 \cdot \partial/\partial z_1 + \cdots + a_{im} z_m \cdot \partial/\partial z_m - a_{i1} w_1 \cdot \partial/\partial w_1 - \cdots - a_{im} w_m \cdot \partial/\partial w_m$

で与えられる. シンプレクティック形式 ω は $V \oplus V^*$ 上にポアソン構造 $\{\,,\,\}$ を
定める. $V \oplus V^*$ 上の正則関数 f に対してハミルトンベクトル場は $H_f := \{f, \cdot\}$
によって定義されていた. このとき上の式の右辺は $\sum_{1 \leq j \leq m} a_{ij} z_j w_j$ に対応
するハミルトンベクトル場

$$H_{\sum_{1 \leq j \leq m} a_{ij} z_j w_j}$$

に他ならない．したがって T^d はハミルトン作用である．$\sum_{1 \le j \le m} a_{ij} z_j w_j$ は $V \oplus V^*$ 上の T^d-不変な関数なので，モーメント写像は

$$\mu(z_1, \ldots, z_m, w_1, \ldots, w_m) = \sum_{1 \le i \le m} z_i w_i \mathbf{a}_i$$

で与えられる．$\square$

補題 5.1.2 $\mu^{-1}(0)$ は完全交差型概型である．

証明． $W := \operatorname{Spec} \mathbf{C}[z_1 w_1, \ldots, z_m w_m]$ と置くと μ は $V \oplus V^* \overset{\iota}{\to} W \overset{\nu}{\to} (\mathfrak{t}^*)^d$ と分解する．ここで ν は環準同型

$$\mathbf{C}[s_1, \ldots, s_d] \to \mathbf{C}[z_1 w_1, \ldots, z_m w_m], \quad (s_i \to \sum_{j=1}^m z_j w_j a_{ij})$$

から決まる射であり，ι は自然な埋め込み

$$\mathbf{C}[z_1 w_1, \ldots, z_m w_m] \to \mathbf{C}[z_1, \ldots, z_m, w_1, \ldots, w_m]$$

から決まる射である．W は m 次元アフィン空間であり，A の階数が d であることから $\nu^{-1}(0)$ は W の中の $m - d$ 次元線形部分空間である．ι が平坦射であることは容易に確かめることができる．したがって $\mu^{-1}(0) = \iota^{-1}(\nu^{-1}(0))$ は $m + (m - d) = 2m - d$ 次元である．$\mu^{-1}(0)$ は $2m$ 次元アフィン空間 $V \oplus V^*$ のなかで d 個の方程式で定義されているので $\mu^{-1}(0)$ は完全交差型概型である．$\square$

T^d の 1 次元表現 (指標) 全体 $M := \operatorname{Hom}_{alg.gp}(T^d, \mathbf{C}^*)$ は階数 d の自由アーベル群になる．$\alpha \in M$ を用いて $V \oplus V^*$ 上の自明な直線束 $(V \oplus V^*) \times \mathbf{C}$ を次のようにして T^d-線形化直線束 L_α にする．

$$(V \oplus V^*) \times \mathbf{C} \to (V \oplus V^*) \times \mathbf{C}, \quad (\mathbf{x}, \zeta) \to (t \cdot \mathbf{x}, \alpha(t)\zeta).$$

同様に $n\alpha$ を用いることによって T^d-線形化直線束 $L_\alpha^{\otimes n}$ を定義する．$\mathbf{x} \in V \oplus V^*$ に対して，ある $s \in \Gamma(V \oplus V^*, L_\alpha^{\otimes n})^{T^d}$ $(\exists n > 0)$ が存在して $s(\mathbf{x}) \ne 0$ となるとき，$\mathbf{x}$ を L_α に関して**半安定**と呼ぶ．ここで $(V \oplus V^*)_s := \{\mathbf{y} \in V \oplus V^* \mid s(\mathbf{y}) \ne 0\}$ はアフィン代数多様体になることに注意する．さらに，$\mathbf{x}$ の T^d-軌道が $(V \oplus V^*)_s$ の中で閉集合になっていて，$\mathbf{x}$ の固定化部分群が有限なとき，$\mathbf{x}$ を L_α に関して**安定**であると呼ぶ ([MFK], Chapter 1, §4 ; ただ

し，[MFK] で properly stable と呼んでいるものが我々の安定性に対応する）.
ここで，

$$(V \oplus V^*)^{\alpha-ss} := \{\mathbf{x} \in V \oplus V^*; \ \mathbf{x} \text{ は } T^d - \text{線形化直線束 } L_\alpha \text{ に関して半安定}\},$$

$$\mu^{-1}(0)^{\alpha-ss} := \{\mathbf{x} \in \mu^{-1}(0); \ \mathbf{x} \text{ は } T^d - \text{線形化直線束 } L_\alpha|_{\mu^{-1}(0)} \text{ に関して半安定}\}$$

と置いて，α に関する GIT-商

$$X(A,\alpha) := V \oplus V^* /\!/_\alpha T^d, \quad Y(A,\alpha) := \mu^{-1}(0) /\!/_\alpha T^d$$

を考える．GIT 商の大雑把な構成法は次の通りである (cf. [ibid], Theorem 1.10).
定義から $(V \oplus V^*)^{\alpha-ss}$ は $(V \oplus V^*)_s$ の形のアフィン開集合で覆われている．$(V \oplus V^*)_s$ には T^d が作用しているので，座標環 $\mathbf{C}[(V \oplus V^*)_s]$ の不変式環 $\mathbf{C}[(V \oplus V^*)_s]^{T^d}$ を取る．このとき $\operatorname{Spec} \mathbf{C}[(V \oplus V^*)_s]^{T^d}$ を適当に貼り合わせて作ったものが $V \oplus V^* /\!/_\alpha T^d$ である．作り方から，商写像 $(V \oplus V^*)^{\alpha-ss} \to V \oplus V^* /\!/_\alpha T^d$ が存在する．$(V \oplus V^*)^{\alpha-ss}$ の各 T^d-軌道は，商写像の 1 つの閉ファイバーに含まれている．さらに各閉ファイバーには，ただ 1 つの 閉 T^d-軌道が含まれる (cf. [ibid], Theorem 1.10, [Muk], 系 5.5)．

　$X(A,\alpha)$ を**ローレンス多様体**，$Y(A,\alpha)$ を**トーリック超ケーラー多様体**と呼ぶ．

　以下では $\{H_1,\dots,H_l\}$ を $M \otimes_{\mathbf{Z}} \mathbf{R} = \mathbf{R}^d$ の中の余次元 1 の部分空間で $\{\mathbf{a}_1,\dots,\mathbf{a}_m\}$ の部分集合で生成されるもの全体とする．

命題 5.1.3 $\alpha \notin H_i \ (\forall i)$ ならば $(V \oplus V^*)^{\alpha-ss} \neq \emptyset$ であり $(V \oplus V^*)^{\alpha-ss}$ のすべての点 $\mathbf{x}$ に対して固定化部分群 $T_{\mathbf{x}}^d$ は有限である．さらに，$(V \oplus V^*)^{\alpha-s}$ を $V \oplus V^*$ の L_α-安定点全体の集合とすると，$(V \oplus V^*)^{\alpha-ss} = (V \oplus V^*)^{\alpha-s}$ が成り立つ．特に $X(A,\alpha)$ は高々商特異点しか持たない．

　証明. 定義より

$$(V \oplus V^*)^{\alpha-ss} = V \oplus V^* - \bigcap_{n \geq 1} \bigcap_{s \in H^0(V \oplus V^*, L_\alpha^{\otimes n})^{T^d}} V(s)$$

が成り立つ．$(V \oplus V^*) \times \mathbf{C} \to V \oplus V^*$ の切断 s は $V \oplus V^*$ 上の多項式関数 f を用いて $\mathbf{x} \to (\mathbf{x}, f(\mathbf{x}))$ と表されるが，s が $L_\alpha^{\otimes n}$ の T^d-不変な切断であることとと

$$f(t\mathbf{x}) = \alpha^n(t) f(\mathbf{x}) \quad (\forall\, t \in T^d)$$

であることは同値である.

ここで多項式環 $\mathbf{C}[z_1, \ldots, z_m, w_1, \ldots, w_m]$ を

$$\deg(z_i) := \mathbf{a}_i \ (1 \le i \le m), \ \deg(w_i) := -\mathbf{a}_i \ (1 \le i \le m)$$

によって M によって次数付けされた環とみなすことにする. このとき $f(t\mathbf{x}) = \alpha^n(t) f(\mathbf{x}) \ (\forall\, t \in T^d)$ であることと $f \in \mathbf{C}[z_1, \ldots, z_m, w_1, \ldots, w_m]_{n\alpha}$ であることは同値である. 次の補題が成り立つ.

補題 5.1.4 $\mathbf{C}[z_1, \ldots, z_m, w_1, \ldots, w_m]_{n\alpha}$ に含まれる単項式 f は常に

$$z_1^{d_1} \cdots z_m^{d_m} (z_1 w_1)^{i_1} \cdots (z_m w_m)^{i_m}$$

の形であらわすことができる. ただし $d_1, \ldots, d_m$ は (非負とは限らない) 整数で $\Sigma d_i \mathbf{a}_i = n\alpha$ を満たすものであり $i_1, \ldots, i_m$ は非負整数である.

証明. f の中に $w_1, \ldots, w_m$ が各々指数 $i_1, \ldots, i_m$ で現れたとする. この時 $f' := f \cdot (z_1 w_1)^{-i_1} \cdots (z_m w_m)^{-i_m}$ は $z_1, \ldots, z_m$ のみの (負べきを許した) 単項式になる. $\deg(f') = \deg(f) = n\alpha$ なので $f' = z_1^{d_1} \cdots z_m^{d_m}$ とあらわした時 $\Sigma d_i \mathbf{a}_i = n\alpha$ を満たす. この時もとの f は $z_1^{d_1} \cdots z_m^{d_m} (z_1 w_1)^{i_1} \cdots (z_m w_m)^{i_m}$ の形である. $\square$

命題の証明に戻る. 補題 5.1.4 より n を適当に大きく取ると $\mathbf{C}[z_1, \ldots, z_m, w_1, \ldots, w_m]_{n\alpha}$ は定数でない単項式を含むので $(V \oplus V^*)^{\alpha - ss} \ne \emptyset$ である. $(V \oplus V^*)^{\alpha - ss}$ から点 $\mathbf{x}$ を取り固定する. この時適当な $n \ge 1$ に対して $\mathbf{C}[z_1, \ldots, z_m, w_1, \ldots, w_m]_{n\alpha}$ に含まれる単項式 f で $\mathbf{x}$ で 0 にならないものが存在する. 補題より

$$f = z_1^{d_1} \cdots z_m^{d_m} (z_1 w_1)^{i_1} \cdots (z_m w_m)^{i_m}$$

の形をしている. ここで $d_1, \ldots, d_m$ は $\sum_{j=1}^m d_j \mathbf{a}_j = n\alpha$ を満たしている. 命題の仮定から $J := \{j; d_j \ne 0\}$ と置くと $\{\mathbf{a}_j\}_{j \in J}$ は $\mathbf{R}^d$ を張る. したがって J の部分集合 J' で $|J'| = d$ となるものを適当に取ると $\{\mathbf{a}_j\}_{j \in J'}$ は $\mathbf{R}^d$ の基底になる. このとき $j \in J'$ に対して $z_j(\mathbf{x}) \ne 0$ または $w_j(\mathbf{x}) \ne 0$ が成り立つ. 実際この j に対して $z_j w_j$ の指数 i_j を考え, $i_j = 0$ のときは f の中に $z_j^{d_j}$ が現れる. も

し $i_j > 0$ であれば f の中に $w_j^{i_j}$ が現れる. $f(\mathbf{x}) \neq 0$ であることから最初のケースでは $z_j(\mathbf{x}) \neq 0$ であり, 2 番目のケースでは $w_j(\mathbf{x}) \neq 0$ である. ここで点 $\mathbf{x}$ における T^d の固定化部分群 $T_{\mathbf{x}}^d$ が何になるかを考えよう. $t = (t_1, \ldots, t_d) \in T^d$ は $z_j \to t_1^{a_{1j}} t_2^{a_{2j}} \ldots t_d^{a_{dj}} z_j,\ w_j \to t_1^{-a_{1j}} t_2^{-a_{2j}} \ldots t_d^{-a_{dj}} w_j$ で作用するので $z_j(\mathbf{x}) \neq 0$ ならば $t_1^{a_{1j}} t_2^{a_{2j}} \ldots t_d^{a_{dj}} = 1$ でなければならない. 一方 $w_j(\mathbf{x}) \neq 0$ ならば $t_1^{-a_{1j}} t_2^{-a_{2j}} \ldots t_d^{-a_{dj}} = 1$ である. 結局 $t = (t_1, \ldots, t_d) \in T_{\mathbf{x}}^d$ であるためには

$$t_1^{a_{1j}} t_2^{a_{2j}} \ldots t_d^{a_{dj}} = 1, \quad j \in J'$$

が成り立たねばならない. $\{\mathbf{a}_j\}_{j \in J'}$ は $\mathbf{R}^d$ の基底だったからこのような $(t_1, \ldots, t_d) \in T^d$ は有限個しかない.

最後に $\mathbf{x} \in (V \oplus V^*)^{\alpha-ss}$ の T^d-軌道 $O(\mathbf{x})$ は $(V \oplus V^*)^{\alpha-ss}$ の中で閉であることを示そう. このことと $\dim T_{\mathbf{x}}^d = 0$ であることを合わせると $(V \oplus V^*)^{\alpha-ss} = (V \oplus V^*)^{\alpha-s}$ がわかる. さて $O(\mathbf{x})$ が閉でないとする. このとき $\mathbf{y} \in \overline{O(\mathbf{x})} - O(\mathbf{x})$ に対して $O(\mathbf{y})$ を考える. このとき $O(\mathbf{y}) \subset \overline{O(\mathbf{x})}$ が成り立つ. 実際適当な 1-パラメーター部分群 $\mu \colon \mathbf{C}^* \to T^d$ を取ると $\lim_{t \to 0} \mu(t) \cdot \mathbf{x} = \mathbf{y}$ とあらわせる. $O(\mathbf{y})$ の点 $s \cdot \mathbf{y}\ (s \in T^d)$ に対して

$$s \cdot \mathbf{y} = s \cdot \lim_{t \to 0} \mu(t)\mathbf{x} = \lim_{t \to 0} s \cdot (\mu(t)\mathbf{x}) = \lim_{t \to 0} \mu(t) \cdot (s \cdot \mathbf{x})$$

が成り立つ. したがって $O(\mathbf{y}) \subset \overline{O(\mathbf{x})}$ である. このとき $\dim O(\mathbf{y}) < \dim O(\mathbf{x})$ であるが, $\dim O(\mathbf{y}) = d - \dim T_{\mathbf{y}}^d$, $\dim O(\mathbf{x}) = d - \dim T_{\mathbf{x}}^d$ なので $\dim T_{\mathbf{y}}^d > \dim T_{\mathbf{x}}^d$ である. ところがすでに示したように $\dim T_{\mathbf{y}}^d = 0$ である. これは明らかに矛盾である. $\square$

系 5.1.5　$\alpha \notin H_i\ (\forall\ i)$ であり, A が次の条件

(*) A の $d \times d$-小行列式で 0 でないものの値は 1 または -1 である.

を満たすとする. このとき $(V \oplus V^*)^{\alpha-ss}$ のすべての点 $\mathbf{x}$ に対して固定化部分群 $T_{\mathbf{x}}^d$ は自明である. 特に $X(A, \alpha)$ は非特異である.

証明.　命題で証明したように $(t_1, \ldots, t_d) \in T_{\mathbf{x}}^d$ は方程式

$$t_1^{a_{1j}} t_2^{a_{2j}} \ldots t_d^{a_{dj}} = 1, \quad j \in J'$$

を満たす. 条件 $(*)$ から $\{\mathbf{a}_j\}_{j \in J'}$ は $\mathbf{Z}^d$ の基底である. このことから $(t_1, \dots, t_d)$ $= (1, \dots, 1)$ がわかる. $\square$

モーメント写像 μ に関しては次がいえる.

補題 5.1.6　次は同値である.

(i) 接写像 $d\mu$ は $\mathbf{x} \in V \oplus V^*$ において全射

(ii) $\mathbf{x} \in V \oplus V^*$ の固定化部分群 $T_{\mathbf{x}}^d$ は有限群

証明.　$\mu(z_1, \dots, z_m, w_1, \dots, w_m) := \Sigma z_i w_i \mathbf{a}_i$ に対してヤコビ行列は

$$(\partial\mu/\partial z_1, \dots, \partial\mu/\partial z_m, \partial\mu/\partial w_1, \dots, \partial\mu/\partial w_m)$$
$$= (w_1 \mathbf{a}_1, \dots, w_m \mathbf{a}_m, z_1 \mathbf{a}_1, \dots, z_m \mathbf{a}_m)$$

となる. (i) が成り立つとすると 1 次独立な d 個のベクトル $\mathbf{a}_{i_1}, \dots, \mathbf{a}_{i_d}$ が存在して, 各 i_j に対して $z_{i_j}(\mathbf{x}) \neq 0$ または $w_{i_j}(\mathbf{x}) \neq 0$ が成り立つ. このとき $t = (t_1, \dots, t_d) \in T_{\mathbf{x}}^d$ は

$$t_1^{a_{1j}} t_2^{a_{2j}} \cdots t_d^{a_{dj}} = 1 \quad (j = 1, \dots, d)$$

を満たす. したがって $T_{\mathbf{x}}^d$ は有限群である.

逆に $d\mu$ が $\mathbf{x}$ で全射でないとする. このとき $I = \{i \,;\, z_i(\mathbf{x}) \neq 0\}$, $J = \{j \,;\, w_j(\mathbf{x}) \neq 0\}$ と置くと $\mathbf{R}^d$ の中で $\{\mathbf{a}_i\}_{i \in I \cup J}$ が張る部分空間は $d-1$ 次元以下でなければならない. このとき

$$T_{\mathbf{x}}^d = \{(t_1, \dots, t_d) \in T^d \,;\, t_1^{a_{1i}} \cdots t_d^{a_{di}} = 1 \,\forall i \in I, \, t_1^{-a_{1j}} \cdots t_d^{-a_{dj}} = 1 \,\forall j \in J\}$$

であるが $\dim \langle \{\mathbf{a}_i\}_{i \in I \cup J} \rangle \geq d-1$ なので $\dim T_{\mathbf{x}}^d > 0$ がわかる. $\square$

系 5.1.7　$\alpha \notin H_i \ (\forall i)$ であると仮定する. このとき $\mu^{-1}(0)^{\alpha-ss} = \mu^{-1}(0)^{\alpha-s}$ $\neq \emptyset$ であり, $Y(A, \alpha)$ は高々商特異点しか持たない. さらに A が条件 $(*)$ を満たせば, $Y(A, \alpha)$ は非特異である.

証明.　$\mu^{-1}(0)^{\alpha-ss} = (V \oplus V^*)^{\alpha-ss} \cap \mu^{-1}(0)$ であることに注意する. 補題 5.1.4 より十分大きな n に対して $\mathbf{C}[z_1, \dots, z_m, w_1, \dots, w_m]_{n\alpha}$ は次の性質を持つ単項式 $z_1^{b_1} z_2^{b_2} \cdots z_m^{b_m} w_1^{c_1} \cdots w_m^{c_m}$ を少なくとも 1 つ含む:

$$J := \{j \,;\, b_j \neq 0\}, \, J' := \{j \,;\, c_j \neq 0\} \text{ と置いたとき } J \cap J' = \emptyset.$$

実際 $\{\mathbf{a}_i\}$ は $\mathbf{Q}^d$ を張るので n を大きく取っておけば $\Sigma d_i \mathbf{a}_i = n\alpha$ を満たす整数 $\{d_i\}$ が存在する．$J := \{j;\ d_j > 0\}$, $J' := \{j;\ d_j < 0\}$ と置く．このとき

$$z_1^{d_1} \cdots z_m^{d_m} \prod_{j \in J'} (z_j w_j)^{-d_j}$$

は求める単項式である．このとき

$$z_j \neq 0, w_j = 0 \ (\forall j \in J)\ z_j = 0,\ w_j \neq 0 \ (\forall j \in J')\ z_j = w_j = 0 \ (\forall j \notin J \cup J')$$

であるような $(z_1, \ldots, z_m, w_1, \ldots, w_m)$ は $(V \oplus V^*)^{\alpha-ss} \cap \mu^{-1}(0)$ に含まれるので $(V \oplus V^*)^{\alpha-ss} \cap \mu^{-1}(0) \neq \emptyset$ である．

　次に命題 5.1.3 の前半部から $\mu^{-1}(0)^{\alpha-ss}$ 上のすべての点の固定化部分群は有限群である．また $\mu^{-1}(0)^{\alpha-ss} = \mu^{-1}(0)^{\alpha-s}$ なのは命題 5.1.3 と全く同じ証明からわかる．固定化部分群の有限性と補題 5.1.6 より $\mu^{-1}(0)^{\alpha-ss} \subset \mu^{-1}(0)_{\mathrm{reg}}$ である．したがって $Y(A, \alpha)$ は高々商特異点しか持たない．最後に A が条件 $(*)$ を満たせば $\mu^{-1}(0)^{\alpha-ss}$ の各点の固定化部分群は自明になるので $Y(A, \alpha)$ は非特異である．□

定理 5.1.8　$\alpha \notin H_i \ (\forall\ i)$ であり A は条件 $(*)$ を満たすとする．このとき $Y(A, \alpha)$ は $2m - 2d$ 次元の非特異複素シンプレクティック多様体になる．

　証明．　$V \oplus V^*$ 上のシンプレクティック形式 ω は $\mu^{-1}(0)^{\alpha-s}$ の各点 $\mathbf{x}$ において交代形式

$$\omega_{\mathbf{x}} \colon T_{\mathbf{x}}\mu^{-1}(0) \times T_{\mathbf{x}}\mu^{-1}(0) \to \mathbf{C}$$

を定める．一方 T^d による商写像 $\pi \colon \mu^{-1}(0)^{\alpha-s} \to Y(A, \alpha)$ は接空間の間の全射 $d\pi_{\mathbf{x}} \colon T_{\mathbf{x}}\mu^{-1}(0) \to T_{\pi(\mathbf{x})}Y(A, \alpha)$ を誘導する．$\omega_{\mathbf{x}}$ が交代形式

$$T_{\pi(\mathbf{x})}Y(A, \alpha) \times T_{\pi(\mathbf{x})}Y(A, \alpha) \to \mathbf{C}$$

を引き起こすことを見よう．T^d の $\mu^{-1}(0)$ 上への作用から単射 $\zeta \colon \mathfrak{t}^d \to T_{\mathbf{x}}\mu^{-1}(0)$ が決まる．このとき $a \in \mathfrak{t}^d$ の ζ による像を ζ_a であらわすことにする．

$$\omega_{\mathbf{x}}(T_{\mathbf{x}}\mu^{-1}(0), \zeta_a) = 0 \ \forall a \in \mathfrak{t}^d$$

を示せばよい．μ がモーメント写像であることから $v \in T_{\mathbf{x}}(V \oplus V^*)$ に対して

$$\omega_{\mathbf{x}}(v, \zeta_a) = \langle d\mu_{\mathbf{x}}(v), a \rangle$$

が成り立つ. ここで $v \in T_{\mathbf{x}}\mu^{-1}(0)$ とすると $d\mu_{\mathbf{x}}(v) = 0$ なので $\omega_{\mathbf{x}}(v, \zeta_a) = 0$ が成り立つ. 以上より $\omega|_{\mu^{-1}(0)^{\alpha - s}}$ は $Y(A, \alpha)$ 上のある 2-形式 $\bar{\omega}$ の π による引き戻しで得られることがわかった. $\omega|_{\mu^{-1}(0)^{\alpha - s}}$ は d-閉なので $\bar{\omega}$ も d-閉である. あとは $\bar{\omega}$ が非退化であることを示せばよい. そのためには $T_{\mathbf{x}}\mu^{-1}(0)$ の中に部分空間 W を $d\pi_{\mathbf{x}}|_W : W \to T_{\pi(\mathbf{x})}Y(A, \alpha)$ が同型になるように取って $\omega_{\mathbf{x}}$ が W 上で非退化であることを見ればよい. W を次のように構成する. $T_{\mathbf{x}}(V \oplus V^*)$ の部分空間 S を

$$T_{\mathbf{x}}(V \oplus V^*) = S \oplus T_{\mathbf{x}}\mu^{-1}(0)$$

となるように取る. このとき

$$W := S^{\perp} \cap T_{\mathbf{x}}\mu^{-1}(0)$$

と置く. ただし $S^{\perp}$ は ω に関する S の直交空間を表す. $\dim S^{\perp} = 2m - d$, $\dim T_{\mathbf{x}}\mu^{-1}(0) = 2m - d$ なので

$$\dim S^{\perp} \cap \dim T_{\mathbf{x}}\mu^{-1}(0) \geq (2m - d) + (2m - d) - 2m = 2m - 2d.$$

いっぽうモーメント写像の性質から $\omega_{\mathbf{x}}$ は完全対 (perfect pairing)

$$S \times \zeta(\mathfrak{t}^d) \to \mathbf{C}$$

を与えるので $S^{\perp} \cap \zeta(\mathfrak{t}^d) = \{0\}$ である. $S^{\perp} \cap \dim T_{\mathbf{x}}\mu^{-1}(0)$ と $\zeta(\mathfrak{t}^d)$ はともに $2m - d$ 次元空間 $T_{\mathbf{x}}\mu^{-1}(0)$ の部分空間である. $\dim \zeta(\mathfrak{t}^d) = d$ なので, もし $\dim S^{\perp} \cap \dim T_{\mathbf{x}}\mu^{-1}(0) > 2m - 2d$ であれば $(S^{\perp} \cap \dim T_{\mathbf{x}}\mu^{-1}(0)) \cap \zeta(\mathfrak{t}^d) \neq \{0\}$ となり $S^{\perp} \cap \zeta(\mathfrak{t}^d) = \{0\}$ に矛盾する. したがって

$$\dim S^{\perp} \cap \dim T_{\mathbf{x}}\mu^{-1}(0) = 2m - 2d$$

である. このことから $d\pi_{\mathbf{x}}|_W : W \to T_{\pi(\mathbf{x})}Y(A, \alpha)$ は同型射であることがわかる. W は $S^{\perp}$ に含まれるので $S \subset W^{\perp}$ である. さらに

$$\omega_{\mathbf{x}}(T_{\mathbf{x}}\mu^{-1}(0), \zeta(\mathfrak{t}^d)) = 0$$

なので $\zeta(\mathfrak{t}^d)$ と W は直交する. このことから $\zeta(\mathfrak{t}^d) + S \subset W^{\perp}$ である. 両辺ともに $2d$ 次元なので $\zeta(\mathfrak{t}^d) + S = W^{\perp}$ である. $\zeta(\mathfrak{t}^d) + S$ と W は 0 以外で交

わらない. 実際 $a \in \mathfrak{t}^d$ と $v \in S$ に対して $\zeta_a + v \in W$ とする. $d\mu_{\mathbf{x}}(W) = 0$ なので

$$0 = d\mu_{\mathbf{x}}(\zeta_a) + d\mu_{\mathbf{x}}(v) = d\mu_{\mathbf{x}}(v)$$

である. V は $d\mu_{\mathbf{x}}$ によって $(\mathfrak{t}^d)^*$ に同型に写されるので $v = 0$ である. したがって $\zeta_a \in W$ である. 上で示したように $\zeta(\mathfrak{t}^d) \cap W = \{0\}$ なので $\zeta_a = 0$ である. 以上より $W \cap W^\perp = \{0\}$ が示された. $\square$

次に $Y(A, 0)$ について調べる. $\alpha = 0$ のときは $\mu^{-1}(0)^{\alpha-ss} = \mu^{-1}(0)$ となり, アファイン多様体 $\mu^{-1}(0)$ の座標環を $\mathbf{C}[\mu^{-1}(0)]$ であらわすと $Y(A, 0) = \mathrm{Spec}\,\mathbf{C}[\mu^{-1}(0)]^{T^d}$ である.

補題 5.1.9 $Y(A, 0)$ は $2m - 2d$ 次元正規多様体である.

証明. まずはじめに補題 5.1.2 から $\mu^{-1}(0)$ は $2m - d$ 次元の完全交差型概型であることに注意する.

$\mathrm{Sing}\,\mu^{-1}(0)$ から点 $\mathbf{x}$ を取ると接写像 $d\mu$ は $\mathbf{x}$ で全射ではなくなるので, ある $1 \leq i \leq m$ に対して $z_i(\mathbf{x}) = w_i(\mathbf{x}) = 0$ が成り立つ.

この時 $A' := (\mathbf{a}_1, \ldots, \mathbf{a}_{i-1}, \mathbf{a}_{i+1}, \ldots, \mathbf{a}_m)$ の階数が d である. 実際 $\mathbf{a}_1, \ldots, \mathbf{a}_{i-1}, \mathbf{a}_{i+1}, \ldots, \mathbf{a}_m$ で生成される空間の次元が $d-1$ 以下とする. $x_1\mathbf{a}_1 + \cdots + x_m\mathbf{a}_m = 0$ を満たすような整数 x_i を取ってくる. もし $x_i \neq 0$ とすると $\mathbf{a}_i \in \mathbf{Q}\langle\mathbf{a}_1, \ldots, \mathbf{a}_{i-1}, \mathbf{a}_{i+1}, \ldots, \mathbf{a}_m\rangle$ となり A の階数が d であることに矛盾する. したがって $x_i = 0$ である. このことは B の第 i 行目が 0 であることを意味する. これは B のすべての行ベクトルが 0 でないという当初の仮定に反する.

ここで V の部分空間 V' および V^* の部分空間 $(V')^*$ を

$$V' := \mathbf{C}e_1 \oplus \cdots \oplus \mathbf{C}e_{i-1} \oplus \mathbf{C}e_{i+1} \oplus \cdots \oplus \mathbf{C}e_m,$$

$$(V')^* := \mathbf{C}e_1^* \oplus \cdots \oplus \mathbf{C}e_{i-1}^* \oplus \mathbf{C}e_{i+1}^* \oplus \cdots \oplus \mathbf{C}e_m^*$$

と定義すると $V' \oplus (V')^*$ には T^d がそのまま作用するので, この作用に対するモーメント写像

$$\mu' : V' \oplus (V')^* \to (\mathfrak{t}^d)^*$$

を考えると

$$\mu'(z_1, \ldots, z_{i-1}, z_{i+1}, \ldots, z_m, w_1, \ldots, w_{i-1}, w_{i+1}, \ldots, w_m)$$

$$= z_1 w_1 \mathbf{a}_1 + \cdots + z_{i-1} w_{i-1} \mathbf{a}_{i-1} + z_{i+1} w_{i+1} \mathbf{a}_{i+1} + \cdots + z_m w_m \mathbf{a}_m$$

が成り立つ. A' の階数は d だったから補題 5.1.2 から $\mu'^{-1}(0)$ は $2m - 2 - d$ 次元の完全交差型概型である.

$$\{z_i = w_i = 0\} \cap \mu^{-1}(0) \cong \mu'^{-1}(0)$$

であり $\dim \mu^{-1}(0) = 2m - d$ なので $\{z_i = w_i = 0\} \cap \mu^{-1}(0)$ は $\mu^{-1}(0)$ の中で余次元 2 である. この事実から

$$\mathrm{Codim}_{\mu^{-1}(0)} \mathrm{Sing}\, \mu^{-1}(0) \geq 2$$

であることがわかる. $\mu^{-1}(0)$ は完全交差型概型なので特にコーエン–マコーレー環である. さらに $\mu^{-1}(0)$ は余次元 1 で非特異なのでセールの判定法によって $\mu^{-1}(0)$ は正規である. 次に $\mu^{-1}(0)$ が連結であることを証明する. そのために $V \oplus V^*$ に $\mathbf{C}^*$-作用を $(z_1, \ldots, z_m, w_1, \ldots, w_m) \to (tz_1, \ldots, tz_m, tw_1, \ldots, tw_m)$ によって入れ, $(\mathbf{t}^d)^*$ には $\mathbf{C}^*$-作用を $(s_1, \ldots, s_d) \to (t^2 s_1, \ldots, t^2 s_d)$ によって入れる. このとき μ は $\mathbf{C}^*$-同変射になる. この $\mathbf{C}^*$-作用で $\mu^{-1}(0)$ は不変であり, $\mu^{-1}(0)$ の任意の点に対して $\lim_{t \to 0} t \cdot \mathbf{x} = 0 \in V \oplus V^*$ が成り立つ. したがって $\mu^{-1}(0)$ は連結である. $\mu^{-1}(0)$ は正規だったから, このことから $\mu^{-1}(0)$ の既約性もしたがう. $\mathbf{C}[\mu^{-1}(0)]$ は整閉整域なのでその不変式環 $\mathbf{C}[\mu^{-1}(0)]^{T^d}$ もまた整閉整域になる.

最後に $\mu^{-1}(0)$ の空でないザリスキー開集合 U が存在して任意の $\mathbf{x} \in U$ に対して

(i) $\mathbf{x}$ の固定化部分群 $T^d_{\mathbf{x}}$ は有限群であり,

(ii) $\mathbf{x}$ の T^d-軌道は $\mu^{-1}(0)$ のなかで閉集合であることを証明しよう.

このことがいえれば $\dim Y(A, 0) = \dim \mu^{-1}(0) - \dim T^d = 2m - 2d$ がわかる. $\mu^{-1}(0)$ の定義イデアルを $I \subset \mathbf{C}[z_1, \ldots, z_m, w_1, \ldots, w_m]$ とする. このとき任意の i に対して $z_i w_i \notin I$ である. 実際 $z_i w_i \in I$ とすると I が素イデアルなので $z_i \in I$ または $w_i \in I$ となるが I の 0 以外の元はすべて 2 次以上なので明らかに矛盾である. したがって $z_i w_i = 0$ は $\mu^{-1}(0)$ の上の正因子 D_i を定義する. この時 $\mu^{-1}(0) - \cup D_i$ から点 $\mathbf{x}$ を取ってくる. T^d の任意の 1-パラメーター部分群 $\phi \colon \mathbf{C}^* \to T^d$ $t \to (\phi_1(t), \ldots, \phi_d(t))$ に対して適当な i を選べば

$\phi_1(t)^{a_{1i}} \cdots \phi_d(t)^{a_{di}} = t^k$ $(k \neq 0)$ と書ける. このとき $t \in \mathbf{C}^*$ は $z_i \to t^k z_i$, $w_i \to t^{-k} w_i$ と作用する. 今 $z_i(\mathbf{x}) \neq 0$, $w_i(\mathbf{x}) \neq 0$ なので $\lim_{t \to 0} \phi(t) \cdot \mathbf{x}$ は存在しない. これは $O(\mathbf{x})$ が閉軌道であることを意味している. 一方補題 5.1.6 で $\mu^{-1}(0)_{\mathrm{reg}}$ 上の点 $\mathbf{x}$ に対して $T_{\mathbf{x}}^d$ は有限群であることを示した. そこで

$$U := (\mu^{-1}(0) - \cup D_i) \cap \mu^{-1}(0)_{\mathrm{reg}}$$

と置けばよい. □

注意. 同様の証明で $X(A, 0)$ が $2m - d$ 次元の正規多様体であることがわかる. 割られる空間 $V \oplus V^*$ が最初から非特異なので, この場合補題 5.1.9 の証明の前半部は不要である.

命題 5.1.3 の証明中に行ったように多項式環 $S = \mathbf{C}[z_1, \ldots, z_m, w_1, \ldots, w_m]$ を $\deg(z_i) = \mathbf{a}_i$, $\deg(w_i) = -\mathbf{a}_i$ によって次数付き環にする. I を $d \times 1$ 行列 $\sum z_i w_i \mathbf{a}_i$ の d 個の成分から生成される S のイデアルとする. このとき S/I も次数付き環になる. このとき

$$X(A, \alpha) = \mathrm{Proj} \bigoplus_{n \geq 0} S_{n\alpha}, \quad X(A, 0) = \mathrm{Spec}\, S_0,$$

$$Y(A, \alpha) = \mathrm{Proj} \bigoplus_{n \geq 0} (S/I)_{n\alpha}, \quad Y(A, 0) = \mathrm{Spec}(S/I)_0$$

が成り立つ. 埋め込み射 $(V \oplus V^*)^{\alpha-s} \subset V \oplus V^*$, $\mu^{-1}(0)^{\alpha-s} \subset \mu^{-1}(0)$ は射 $\Pi \colon X(A, \alpha) \to X(A, 0)$, $\pi \colon Y(A, \alpha) \to Y(A, 0)$ を引き起こすが, これは各々自然な射

$$\mathrm{Proj} \bigoplus_{n \geq 0} S_{n\alpha} \to \mathrm{Spec}\, S_0, \quad \mathrm{Proj} \bigoplus_{n \geq 0} (S/I)_{n\alpha} \to \mathrm{Spec}(S/I)_0$$

に他ならない. したがってこれらの射は射影的である. 補題 5.1.9 の証明の後半部から $\mu^{-1}(0)^{0-s}$ は $\mu^{-1}(0)$ の空でない開集合である. このとき $\mu^{-1}(0)^{\alpha-s}/T^d$ と $\mu^{-1}(0)//T^d$ は空でない開集合 $(\mu^{-1}(0)^{\alpha-s} \cap \mu^{-1}(0)^{0-s})/T^d$ を共有するので射 π は双有理射である. 同様に上記の注意から $(V \oplus V^*)^{0-s}$ は $V \oplus V^*$ の空でない開集合である. やはりこのとき $(V \oplus V^*)^{\alpha-s}/T^d$ と $V \oplus V^*//T^d$ は空でない開集合 $((V \oplus V^*)^{\alpha-s} \cap (V \oplus V^*)^{0-s})/T^d$ を共有するので Π もまた双有理射である.

命題 5.1.10 A は条件 $(*)$ を満たすと仮定する. このとき $Y(A, 0)$ は (特異点を許す) アファインシンプレクティック代数多様体であり, α を $\alpha \notin H_i\ (\forall i)$ となるように取れば双有理射 $Y(A, \alpha) \to Y(A, 0)$ は $Y(A, 0)$ のシンプレクティック特異点解消を与える.

証明. 定理 5.1.8 から $Y(A, \alpha)$ 上にはシンプレクティック形式 $\bar{\omega}$ がのっている. $Y(A, 0)$ は補題 5.1.9 から正規多様体なので, $Y(A, 0)$ 上の開集合 U で補集合 $Y(A, 0) - U$ が余次元 2 以上のものが存在して, 双有理射 $Y(A, \alpha) \to Y(A, 0)$ は U 上同型である. したがって U 上には $\bar{\omega}$ から決まるシンプレクティック形式が存在する. このシンプレクティック形式は $Y(A, 0)_{\mathrm{reg}}$ 上のシンプレクティック形式に拡張されるので $Y(A, 0)$ はシンプレクティック代数多様体で $Y(A, \alpha)$ はそのシンプレクティック特異点解消である. $\square$

第6章

べき零軌道

多くのべき零軌道に対して，その閉包のクレパント特異点解消を，群論的に構成することができる．そのような特異点解消をスプリンガー特異点解消と呼ぶ．この章では，スプリンガー特異点解消のいくつかの例を考察する．

6.1 $sl(n, \mathbf{C})$ のべき零軌道とスプリンガー特異点解消

$$sl(n, \mathbf{C}) := \{X \in \operatorname{End}(\mathbf{C}^n) \mid \operatorname{tr}(X) = 0\},$$
$$SL(n, \mathbf{C}) := \{A \in GL(n, \mathbf{C}) \mid \det(A) = 1\}$$

と置くと，$sl(n, \mathbf{C})$ は $SL(n, \mathbf{C})$ のリー環になる．$SL(n, \mathbf{C})$ の $sl(n, \mathbf{C})$ に対する随伴作用は，

$$X \to AXA^{-1}, \, X \in sl(n, \mathbf{C}), \, A \in SL(n, \mathbf{C})$$

によって与えられる．$A \in GL(n, \mathbf{C})$ を適当に選べば，AXA^{-1} はジョルダン標準形になる．このとき，A を $\det(A)^{-\frac{1}{n}}A$ で置き換えることにより，最初から $A \in SL(n, \mathbf{C})$ としてよい．したがって，$sl(n, \mathbf{C})$ の随伴軌道 O は，O に含まれる元のジョルダン標準形によって一意的に決まる．特に，べき零元のジョルダン標準形は，

$$\begin{pmatrix} J_{d_1} & 0 & \cdots & \cdots \\ 0 & J_{d_2} & 0 & \cdots \\ \cdots & \cdots & \cdots & \cdots \\ 0 & \cdots & 0 & J_{d_r} \end{pmatrix}$$

の形をしている．ただし，J_d はサイズ d のジョルダン行列:

$$J_d := \begin{pmatrix} 0 & 1 & 0 & \cdots & \cdots \\ 0 & 0 & 1 & 0 & \cdots \\ \cdots & \cdots & \cdots & \cdots & \cdots \\ 0 & 0 & \cdots & 0 & 1 \\ 0 & 0 & \cdots & 0 & 0 \end{pmatrix}$$

であり，$d_1 + \cdots + d_r = n$ である．そこで，$\mathbf{d} = [d_1, \ldots, d_r]$ と置いて，このようなタイプのジョルダン標準形をもったべき零軌道のことを，$O_{\mathbf{d}}$ で表すことにする．

n の分割 $\mathbf{d}$ にヤング図形を対応させる．たとえば，$\mathbf{d} = [5, 4^2, 1]$ $(= [5, 4, 4, 1])$ に対しては

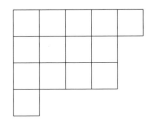

を対応させる．ここで，行と列の役割を逆転させたヤング図形を考え，対応する n の分割を $\mathbf{d}^t$ と書き，$\mathbf{d}$ の双対分割と呼ぶ．上の例では，$\mathbf{d}^t = [4, 3^3, 1]$ である．

命題 6.1.1　$\mathbf{d} := [d_1, \ldots, d_r]$ の双対分割を $\mathbf{d}^t = [s_1, \ldots, s_{d_1}]$ としたとき，
$$\dim O_{\mathbf{d}} = n^2 - \sum_{1 \le i \le d_1} s_i^2.$$

証明．　$x \in O_{\mathbf{d}}$ に対して，$sl(n)^x := \{z \in sl(n) \mid [z, x] = 0\}$ と置く．
$$\dim O_{\mathbf{d}} = \dim sl(n) - \dim sl(n)^x = n^2 - 1 - \dim sl(n)^x$$
なので，$\dim sl(n)^x = \sum_{1 \le i \le d_1} s_i^2 - 1$ を示せばよい．x に対して，$sl(n)$ のべき零元 y と半単純元 h を適当に選んで，$[x, y] = h$, $[x, h] = 2h$, $[y, h] = -2h$ となるように取れる．$\{x, y, h\}$ で張られる $sl(n)$ の部分空間は，$sl(2)$ と同型な部分リー環になる．$\mathbf{C}^n$ は $sl(n)$-表現なので，これにより，$sl(2)$-表現とみな

せる. このとき $\mathbf{C}^n$ は $sl(2)$-既約表現の直和になる:

$$\mathbf{C}^n = \bigoplus_{1 \leq i \leq r} V_{d_i - 1}.$$

ここで, V_d は $sl(2)$ の $d+1$ 次既約表現であり, V_d の基底 $e_0, \ldots, e_d$ を $x(e_0) = 0$, $x(e_1) = e_0, \ldots, x(e_d) = e_{d-1}$ となるように取れる. このとき, $L_d := \mathbf{C}e_d$ と置く.

ここで, $gl(n)^x := \{z \in gl(n) \mid [z, x] = 0\}$ と置いて, $\dim gl(n)^x$ を計算する. これが計算できると, $\dim sl(n)^x$ もわかる. 実際, $sl(n)^x$ はトレース写像 $\mathrm{tr}\colon gl(n)^x \to \mathbf{C}$ の核 $\mathrm{Ker}(tr)$ に等しい. 零でない定数行列 αI_n は $gl(n)^x$ の元であるが, $\mathrm{tr}(\alpha I_n) \neq 0$ なので, tr は全射である. このことから, $\dim sl(n)^x = \dim gl(n)^x - 1$ である.

さて, $gl(n)^x$ の元 z がどのようにして作れるかを考えてみよう. 各 d_i に対して, V_{d_i-1} の部分空間 L_{d_i-1} を考える. もし, $z \in gl(n)^x$ であれば, $v \in L_{d_i-1}$ に対して, $x^{d_i}z(v) = zx^{d_i}(v) = 0$ なので, $z(L_{d_i}) \subset \mathrm{Ker}(x^{d_i})$ である. 逆に, $f_i^{(0)}\colon L_{d_i-1} \to \mathrm{Ker}(x^{d_i})$ を勝手な線形写像とすると, $1 \leq k \leq d_i - 1$ に対して, 線形写像 $f_i^{(k)}\colon x^k(L_{d_i-1}) \to \mathrm{Ker}(x^{d_i-k})$ を $f_i^{(k)}(x^k v) := x^k f_i(v)$ によって定義すれば, $\sum f_i^{(k)}$ は V_{d_i-1} から $\mathbf{C}^n$ への線形写像になる. すべての i について, これらの写像を足し合わせると $f\colon \mathbf{C}^n \to \mathbf{C}^n$ が得られ, 作り方から, $[f, x] = 0$ である.

自然数 d に対して, $\mathrm{Ker}(x^d)$ の次元を計算しよう. 自然数 h に対して, $d_1, \ldots, d_r$ の中に, h が r_h 回現れるとする. このとき $\mathbf{C}^n = \oplus V_{h-1}^{\oplus r_h}$ と書きなおすことができる. $h \geq d$ であれば, V_{h-1} の元で x^d を施すと 0 になるようなもの全体は, $e_0, \ldots, e_{d-1}$ で張られる部分空間に他ならない. 一方, $h < d$ であれば, V_{h-1} の元はすべて x^d によって 0 に移る. したがって,

$$\dim \mathrm{Ker}(x^d) = \sum_{h \geq d > 0} dr_h + \sum_{0 < h < d} hr_h$$

が成り立つ. $\mathbf{C}^n$ の直和因子の中で, V_{d-1} は r_d 回現れる. したがって, L_{d-1} も r_d 回現れる. このことから,

$$gl(n)^x \cong \bigoplus_{d > 0} \mathrm{Hom}(L_{d-1}^{\oplus r_d}, \mathrm{Ker}(x^d))$$

であり,

$$\dim gl(n)^x = \sum_{0 < d} \sum_{h \geq d > 0} d r_d r_h + \sum_{0 < d} \sum_{0 < h < d} h r_d r_h$$

となる. $s_i = r_i + r_{i+1} + \cdots$ であることに注意して右辺を計算すると,

$$r_1(r_1 + 2r_2 + 2r_3 + \cdots) + r_2(2r_2 + 4r_3 + 4r_4 + \cdots)$$
$$+ r_3(3r_3 + 6r_4 + 6r_5 + \cdots) + \cdots$$
$$= r_1(r_1 + 2s_2) + r_2(2r_2 + 4s_3) + r_3(3r_3 + 6s_4) + \cdots$$
$$= (s_1 - s_2)(s_1 + s_2) + (s_2 - s_3)(2s_2 + 2s_3) + (s_3 - s_4)(3s_3 + 3s_4)$$
$$= s_1^2 - s_2^2 + 2s_2^2 - 2s_3^2 + 3s_3^2 - 3s_4^2 + \cdots$$
$$= s_1^2 + s_2^2 + s_3^2 + \cdots$$

となる. したがって,

$$\dim O_{\mathbf{d}} = \dim sl(n) - \dim sl(n)^x = n^2 - 1 - \left(\sum s_i^2 - 1 \right) = n^2 - \sum s_i^2$$

である. □

$\bar{O}_{\mathbf{d}}$ を $O_{\mathbf{d}}$ の $sl(n)$ における閉包とする. $\bar{O}_{\mathbf{d}}$ の特異点解消を具体的に構成しよう. そのために, $\mathbf{d} := [d_1, \ldots, d_r]$ の双対分割 $\mathbf{d}^t := [s_1, \ldots, s_{d_1}]$ を取り, 旗タイプが, $(s_{d_1}, \ldots, s_1)$ の旗

$$0 \subset V_1 \subset \cdots \subset V_{d_1 - 1} \subset V_{d_1} := \mathbf{C}^n$$

を考える. ここで, V_i は $\mathbf{C}^n$ の部分空間であり, $\dim V_i / V_{i-1} = s_{d_1 + 1 - i}$ を満たすものである. このような旗全体の集合 $\mathcal{F}_{(s_{d_1}, \ldots, s_1)}$ は等質空間になる. ここで,

$$Z_{(s_{d_1}, \ldots, s_1)} := \{ (F., x) \in \mathcal{F}_{(s_{d_1}, \ldots, s_1)} \times sl(n) \mid x(F_i) \subset F_{i-1}, \forall i \}$$

と置く. 第1成分への射影 $p_1 \colon Z_{(s_{d_1}, \ldots, s_1)} \to \mathcal{F}_{(s_{d_1}, \ldots, s_1)}$ の $F. \in \mathcal{F}_{(s_{d_1}, \ldots, s_1)}$ 上のファイバーは $\frac{1}{2}(n^2 - \sum s_i^2)$ 次元のベクトル空間であり, p_1 によって, $Z_{(s_{d_1}, \ldots, s_1)}$ は $\mathcal{F}_{(s_{d_1}, \ldots, s_1)}$ 上のベクトル束になる. $\dim \mathcal{F}_{(s_{d_1}, \ldots, s_1)} = \frac{1}{2}(n^2 - \sum s_i^2)$ なので, $\dim Z_{(s_{d_1}, \ldots, s_1)} = n^2 - \sum s_i^2$ である. すなわち, $\dim Z_{(s_{d_1}, \ldots, s_1)} = \dim O_{\mathbf{d}}$ が成り立っていることに注意する.

命題 6.1.2　第2成分への射影 $p_2\colon Z_{(s_{d_1},\dots,s_1)} \to sl(n)$ の像は $\bar{O}_{\mathbf{d}}$ に一致して，$p_2\colon Z_{(s_{d_1},\dots,s_1)} \to \bar{O}_{\mathbf{d}}$ は $\bar{O}_{\mathbf{d}}$ の特異点解消を与える．

証明.　p_2 は自然な包含写像 $Z_{(s_{d_1},\dots,s_1)} \to \mathcal{F}_{(s_{d_1},\dots,s_1)} \times sl(n)$ と第2成分への射影 $\mathcal{F}_{(s_{d_1},\dots,s_1)} \times sl(n) \to sl(n)$ の合成で得られている．最初の写像は閉埋入で，2番目の写像は，$\mathcal{F}_{(s_{d_1},\dots,s_1)}$ が射影多様体であることから，固有射である．したがって p_2 も固有射である．特に，$p_2(Z_{(s_{d_1},\dots,s_1)})$ は $sl(n)$ の既約閉集合である．$x \in O_{\mathbf{d}}$ に対して，$p_2^{-1}(x)$ はちょうど1点からなることを証明しよう．もし，このことが示されれば，まず $O_{\mathbf{d}} \subset p_2(Z_{(s_{d_1},\dots,s_1)})$ であることがわかり，両辺の閉包を取ると，$\bar{O}_{\mathbf{d}} \subset p_2(Z_{(s_{d_1},\dots,s_1)})$ がわかる．さらに $\dim p_2(Z_{(s_{d_1},\dots,s_1)}) \le \dim Z_{(s_{d_1},\dots,s_1)} = \dim O_{\mathbf{d}}$ なので，$\bar{O}_{\mathbf{d}} = p_2(Z_{(s_{d_1},\dots,s_1)})$ がいえる．また，$p_2^{-1}(x)$ がちょうど1点なので，$p_2\colon Z_{(s_{d_1},\dots,s_1)} \to \bar{O}_{\mathbf{d}}$ は $\bar{O}_{\mathbf{d}}$ の特異点解消を与える．

まず，

$$x = \begin{pmatrix} J_{d_1} & 0 & \cdots & \cdots \\ 0 & J_{d_2} & 0 & \cdots \\ \cdots & \cdots & \cdots & \cdots \\ 0 & \cdots & 0 & J_{d_r} \end{pmatrix}$$

のときを考えよう．容易にわかるように，

$$0 \subset \operatorname{Im}(x^{s_1-1}) \subset \cdots \subset \operatorname{Im}(x) \subset \mathbf{C}^n$$

は，旗タイプが $(s_{d_1},\dots,s_1)$ の旗になる．特に x に対して $x(F_i) \subset F_{i-1}, \forall i$ となるような旗タイプが $(s_{d_1},\dots,s_1)$ の旗は，これのみである．したがって $p_2^{-1}(x)$ はちょうど1点である．$O_{\mathbf{d}}$ に含まれる行列は，すべて上の形のジョルダン行列と相似なので，同じことが，これらの行列に対しても成り立つ．最後に，$Z_{(s_{d_1},\dots,s_1)}$ は $\mathcal{F}_{(s_{d_1},\dots,s_1)}$ 上のベクトル束になるので，非特異である．したがって，p_2 は特異点解消である．□

次に，$1, 2, \dots, d_1$ の置換 σ に対して，$Z_{(s_{\sigma(d_1)},\dots,s_{\sigma(1)})}$ を考える．第2成分への射影 $Z_{(s_{\sigma(d_1)},\dots,s_{\sigma(1)})} \to sl(n)$ を，上で考えた p_2 と区別するために $p_{2,\sigma}$ で表す．

命題 6.1.3　第2成分への射影 $p_{2,\sigma}\colon Z_{(s_{\sigma(d_1)},\dots,s_{\sigma(1)})} \to sl(n)$ の像は $\bar{O}_{\mathbf{d}}$ に

一致して，$p_{2,\sigma} \colon Z_{(s_{\sigma(d_1)},\ldots,s_{\sigma(1)})} \to \bar{O}_{\mathbf{d}}$ は $\bar{O}_{\mathbf{d}}$ の特異点解消を与える.

　証明.　σ は互換 $(i, i+1)$ の有限個の積で表される．したがって，次の補題を証明すれば十分である.

補題 6.1.4　$(t_1, \ldots, t_d)$ を d 個の自然数の組で，$\sum t_i = n$ となるものとする.$t_1, \ldots, t_d$ を大きい順に並び替え，n の分割を作り，その双対分割を $\mathbf{d}$ とする.第 2 成分への射影 $p_2 \colon Z_{(t_1,\ldots,t_d)} \to sl(n)$ を考えたとき，$p_2(Z_{(t_1,\ldots,t_d)}) = \bar{O}_{\mathbf{d}}$ であり，$x \in O_{\mathbf{d}}$ の逆像 $p_2^{-1}(x)$ がちょうど 1 点からなるとする．このとき $(t_1, \ldots, t_i, t_{i+1}, \ldots, t_d)$ の i-成分と $i+1$-成分を入れ替えてできる組 $(t_1, \ldots, t_{i+1}, t_i, \ldots, t_d)$ に対して，第 2 成分への射影 $p'_2 \colon Z_{(t_1,\ldots,t_{i+1},t_i,\ldots,t_d)} \to sl(n)$ を考えると，やはり $p'_2(Z_{(t_1,\ldots,t_{i+1},t_i,\ldots,t_d)}) = \bar{O}_{\mathbf{d}}$ であり，$x \in O_{\mathbf{d}}$ の逆像 $(p')_2^{-1}(x)$ はちょうど 1 点からなる.

　実際，$(s_{d_1}, \ldots, s_1)$ に対しては，先の命題から，補題の仮定が成り立っている.そこで，σ を互換の積として表し，順次，補題を適用すると，$Z_{(s_{\sigma(d_1)},\ldots,s_{\sigma(1)})}$ に対して，$p_{2,\sigma}(Z_{(s_{\sigma(d_1)},\ldots,s_{\sigma(1)})}) = \bar{O}_{\mathbf{d}}$ が成り立ち，$p_{2,\sigma}^{-1}(x)$ はちょうど 1 点からなることがわかる.

　補題の証明.　$t_i = t_{i+1}$ の場合，補題は自明なので，$t_i < t_{i+1}$ または，$t_i > t_{i+1}$ と仮定する.

　$F. \in (p'_2)^{-1}(x)$ に対して，i 番目の部分空間 F_i を取り除いてできる旗

$$0 \subset F_1 \subset \cdots \subset F_{i-1} \subset F_{i+1} \subset \cdots \subset \mathbf{C}^n$$

を考える．x は F_{i+1}/F_{i-1} の自己線形射 $\bar{x}$ を引き起こす．$\dim F_{i+1}/F_{i-1} = t_i + t_{i+1}$ である．$\bar{x}^2 = 0$ なので，$\mathrm{Im}(\bar{x}) \subset \mathrm{Ker}(\bar{x})$ である．$r := \mathrm{rank}(\bar{x})$ と置くと，このことから，$r \le t_i + t_{i+1} - r$ がわかる．仮定から，$\dim F_i/F_{i-1} = t_{i+1}$ であり，$\mathrm{Im}(\bar{x}) \subset F_i/F_{i-1} \subset \mathrm{Ker}(\bar{x})$ が成り立つ．したがって，$r \le t_{i+1} \le t_i + t_{i+1} - r$ である.

　$t_i < t_{i+1}$ とすると，$r = t_i$ または，$r < t_i < t_i + t_{i+1} - r$ が成り立つ．後者の場合，$F_{i-1} \subset G_i \subset F_{i+1}$ を満たすような部分空間 G_i で，$\dim G_i/F_{i-1} = t_i$,

$$\mathrm{Im}(\bar{x}) \subset G_i/F_{i-1} \subset \mathrm{Ker}(\bar{x})$$

を満たすようなものを考える．このような G_i は無限個存在し，旗

$$0 \subset F_1 \subset \cdots \subset F_{i-1} \subset G_i \subset F_{i+1} \subset \cdots \subset \mathbf{C}^n$$

は $p_2^{-1}(x)$ に含まれる．これは $p_2^{-1}(x)$ がただ1点であることに矛盾する．したがって，$r = t_i$ である．このとき $t_{i+1} = t_i + t_{i+1} - r$ が成り立つ．したがって，$F_i/F_{i-1} = \mathrm{Ker}(\bar{x})$ である．これは，$F \in (p_2')^{-1}(x)$ という条件から，F_i は，旗

$$0 \subset F_1 \subset \cdots \subset F_{i-1} \subset F_{i+1} \subset \cdots \subset \mathbf{C}^n$$

から自動的に決まってしまうことを意味する．一方，$G_i/F_{i-1} = \mathrm{Im}(\bar{x})$ となるように，F_{i+1} の部分空間 G_i を取ると，旗

$$0 \subset F_1 \subset \cdots \subset F_{i-1} \subset G_i \subset F_{i+1} \subset \cdots \subset \mathbf{C}^n$$

は $p_2^{-1}(x)$ に含まれる．

次に $t_i > t_{i+1}$ の場合を考える．このとき $r = t_{i+1}$ または $r < t_i < t_i + t_{i+1} - r$ が成り立つ．後者の場合，$t_i < t_{i+1}$ のときと同様に，$p_2^{-1}(x)$ がただ1点であることに矛盾を生じる．したがって，$r = t_{i+1}$ である．このとき，$F_i/F_{i-1} = \mathrm{Im}(\bar{x})$ である．一方，$G_i/F_{i-1} = \mathrm{Ker}(\bar{x})$ となるように，F_{i+1} の部分空間 G_i を取ると，旗

$$0 \subset F_1 \subset \cdots \subset F_{i-1} \subset G_i \subset F_{i+1} \subset \cdots \subset \mathbf{C}^n$$

は $p_2^{-1}(x)$ に含まれる．

さて，$(p_2')^{-1}(x)$ が F とは異なる旗 F' を含んだとする．このとき，F' に対して，$p_2^{-1}(x)$ に含まれるような旗

$$0 \subset F_1' \subset \cdots \subset F_{i-1}' \subset G_i' \subset F_{i+1}' \subset \cdots \subset \mathbf{C}^n$$

を作ることができる．ところで，F から F_i を除いて得られる旗と，F' から F_i' を除いて得られる旗は異なっている．なぜなら，上で見たように，F_i や F_i' は，F や F' のそれ以外の部分から自動的に決まってしまうためである．特に，上で作った $p_2^{-1}(x)$ に属する2つの旗は相異なる．これは，$p_2^{-1}(x)$ がただ1点である事実に矛盾する．結局，$(p_2')^{-1}(x)$ もちょうど1点からなることがわかった．□

上で作った特異点解消 $p_2 \colon Z_{(s_{d_1}, \ldots, s_1)} \to \bar{O}_{\mathbf{d}}$ は群論的に記述できる．旗多様体 $\mathcal{F}_{(s_{d_1}, \ldots, s_1)}$ には $SL(n)$ が推移的に作用しているので，$\mathcal{F}_{(s_{d_1}, \ldots, s_1)}$ の元

$F.$ を 1 つ固定して，$F.$ の固定化部分群を $P_{(s_{d_1}, \ldots, s_1)}$ とすると，

$$\mathcal{F}_{(s_{d_1}, \ldots, s_1)} = SL(n)/P_{(s_{d_1}, \ldots, s_1)}$$

である．$P_{(s_{d_1}, \ldots, s_1)}$ のべき単根基を U として，U のリー環を $\mathfrak{n}$ とすると，

$$\mathfrak{n} = \{x \in sl(n) \mid x(F_i) \subset F_{i-1}, \forall i\}$$

である．U は $P_{(s_{d_1}, \ldots, s_1)}$ の正規部分群なので，随伴作用によって，$P_{(s_{d_1}, \ldots, s_1)}$ は U に作用する．したがって，$\mathfrak{n}$ にも作用する．ここで $SL(n) \times \mathfrak{n}$ の元の間に同値関係 $\sim$ を

$$(A, x) \sim (A', x') \Leftrightarrow A' = Ap^{-1}, \ x' = Ad_p(x), \ \exists p \in P_{(s_{d_1}, \ldots, s_1)}$$

によって定義して，

$$SL(n) \times^{P_{(s_{d_1}, \ldots, s_1)}} \mathfrak{n} := SL(n) \times \mathfrak{n}/ \sim$$

と置くと，$SL(n) \times^{P_{(s_{d_1}, \ldots, s_1)}} \mathfrak{n}$ は $SL(n)/P_{(s_{d_1}, \ldots, s_1)}$ 上のベクトル束になる．このとき，$Z_{(s_{d_1}, \ldots, s_1)}$ は $SL(n)/P_{(s_{d_1}, \ldots, s_1)}$ 上のベクトル束として，$SL(n) \times^{P_{(s_{d_1}, \ldots, s_1)}} \mathfrak{n}$ と同型である：

$$Z_{(s_{d_1}, \ldots, s_1)} \cong SL(n) \times^{P_{(s_{d_1}, \ldots, s_1)}} \mathfrak{n}.$$

さらに，$p_2: Z_{(s_{d_1}, \ldots, s_1)} \to \bar{O}_{\mathbf{d}}$ は，写像

$$\mu: SL(n) \times^{P_{(s_{d_1}, \ldots, s_1)}} \mathfrak{n} \to \bar{O}_{\mathbf{d}}, \quad [(A, x)] \to Ad_A(x)$$

に一致する．この μ のことを，$P_{(s_{d_1}, \ldots, s_1)}$ に付随する**スプリンガー写像**と呼ぶ.

$sl(n)$ 上のキリング形式 $\kappa: sl(n) \times sl(n) \to \mathbf{C}$ を用いて，$sl(n)$ は双対空間 $sl(n)^*$ と自然に同一視される．$sl(n)$ へは $SL(n)$ が随伴的に作用するが，κ は $SL(n)$-不変な対称形式なので，この同一視は，$SL(n)$-同変である．ただし，$SL(n)$ の $sl(n)^*$ への余随伴作用は右作用なので，これを左作用とみなしている．すなわち，$g \in SL(n)$，$\alpha \in sl(n)^*$ に対して $Ad^*_{g^{-1}}(\alpha)$ を考えることによって，左作用とみなしている．この同一視で，$\mathfrak{n} \subset sl(n)$ は，$(sl(n)/\mathfrak{p}_{(s_{d_1}, \ldots, s_1)})^* \subset sl(n)^*$ に移るので，

$$SL(n) \times^{P_{(s_{d_1}, \ldots, s_1)}} \mathfrak{n} \cong SL(n) \times^{P_{(s_{d_1}, \ldots, s_1)}} (sl(n)/\mathfrak{p}_{(s_{d_1}, \ldots, s_1)})^*$$

である．右辺は，次節で見るように，$SL(n)/P_{(s_{d_1}, \ldots, s_1)}$ の余接束

$T^*(SL(n)/P_{(s_{d_1},\ldots,s_1)})$ に他ならないので，$Z_{(s_{d_1},\ldots,s_1)}$ は $T^*(SL(n)/P_{(s_{d_1},\ldots,s_1)})$ と同型である．さらに，$T^*(SL(n)/P_{(s_{d_1},\ldots,s_1)})$ の標準的なシンプレクティック形式 ω に対して，$\omega = \mu^*\omega_{KK}$ が成り立つ（命題6.2.1）．したがって，μ はシンプレクティック特異点解消である．

例 6.1.5 n の分割 $\mathbf{d} = [2^k, 1^{n-2k}]$ に対してべき零軌道 $O_{\mathbf{d}} \subset sl(n)$ を考える．$k < \frac{n}{2}$ とすると，$\bar{O}_{\mathbf{d}}$ は2つのシンプレクティック特異点解消を持つ:

$$T^*(SL(n)/P_{k,n-k}) \xrightarrow{\mu} \bar{O}_{\mathbf{d}} \xleftarrow{\mu'} T^*(SL(n)/P_{n-k,k}).$$

この図式のことを**向井フロップ**と呼ぶ．

まず，$\mathrm{CodimExc}(\mu) \geq 2$，および $\mathrm{CodimExc}(\mu') \geq 2$ であることを示そう．$\bar{O}_{\mathbf{d}}$ は $k+1$ 個のべき零軌道 $\{O_{[2^i,1^{n-2i}]}\}_{0 \leq i \leq k}$ からなる．$x \in O_{[2^i,1^{n-2i}]}$ に対して，

$$\mu^{-1}(x) = \{V \subset \mathbf{C}^n \mid \dim V = k,\ \mathrm{Im}(x) \subset V \subset \mathrm{Ker}(x)\},$$
$$(\mu')^{-1}(x) = \{V \subset \mathbf{C}^n \mid \dim V = n-k,\ \mathrm{Im}(x) \subset V \subset \mathrm{Ker}(x)\}$$

である．$\dim \mathrm{Im}(x) = i$, $\dim \mathrm{Ker}(x) = n-i$ なので，$\mu^{-1}(x) \cong Gr(k-i, n-2i)$, $(\mu')^{-1}(x) \cong Gr(n-k-i, n-2i)$ となる．このことと，$\dim O_{[2^i,1^{n-2i}]} = 2ni - 2i^2$ であることを用いると，

$$\dim T^*(SL(n)/P_{k,n-k}) - \dim \mu^{-1}(O_{[2^i,1^{n-2i}]}) = (k-i)(n-k-i)$$

となる．$i < k$ であれば，$(k-i)(n-k-i) \geq 2$ なので，$\mathrm{CodimExc}(\mu) \geq 2$ が成り立つ．まったく同様にして，$\mathrm{CodimExc}(\mu') \geq 2$ であることもわかる．

次に，$\tau \subset \mathcal{O}_{Gr(k,n)}^{\oplus n}$ を $Gr(k,n)$ 上の普遍部分束として，射影 $p: T^*Gr(k,n) \to Gr(k,n)$ による引き戻しを T とする: $T := p^*\tau$．このとき，$\wedge^k T$ は $T^*Gr(k,n)$ 上の負直線束である．すなわち，$(\wedge^k T)^{-1}$ は豊富な直線束である．双有理写像 $T^*G_r(k,n) \dashrightarrow T^*Gr(n-k,n)$ による $\wedge^k T$ の固有変換を L としたとき，L が $T^*Gr(n-k,n)$ の豊富束であることを示そう．$x \in O_{[2^k,1^{n-2k}]}$ に対して，ファイバー $\mu^{-1}(x)$ は1点からなり，ベクトル束 T の $\mu^{-1}(x)$ におけるファイバー $T_{\mu^{-1}(x)}$ は $\mathbf{C}^n$ の部分空間 $\mathrm{Im}(x)$ に一致する．したがって，$\wedge^k T_{\mu^{-1}(x)} = \wedge^k \mathrm{Im}(x)$ である．双有理写像 $T^*G_r(k,n) \dashrightarrow$

$T^*Gr(n-k,n)$ は $O_{[2^k,1^{n-2k}]}$ の上では同型射なので,

$$L_{(\mu')^{-1}(x)} = \wedge^k \mathrm{Im}(x)$$

である. 一方, $\tau' \subset \mathcal{O}_{Gr(n-k,n)}^{\oplus n}$ を $Gr(n-k,n)$ 上の普遍部分束として, 射影 $p': T^*Gr(n-k,n) \to Gr(n-k,n)$ による引き戻しを T' と書く. このとき, $T'_{(\mu')^{-1}(x)} = \mathrm{Ker}(x)$ である. ここで, 完全系列

$$0 \to \mathrm{Ker}(x) \to \mathbf{C}^n \xrightarrow{x} \mathrm{Im}(x) \to 0$$

から, $\wedge^n(\mathbf{C}^n) = \wedge^{n-k}\mathrm{Ker}(x) \otimes \wedge^k\mathrm{Im}(x)$ となるので, $\wedge^k\mathrm{Im}(x) = (\wedge^{n-k}\mathrm{Ker}(x))^*$ が成り立つ. したがって, $(\mu')^{-1}(O_{[2^k,1^{n-2k}]})$ 上で, L と $(\wedge^{n-k}T')^*$ の間に自然な同型射が存在する. $\mathrm{CodimExc}(\mu') \geq 2$ であったから, この同型射は, $T^*Gr(n-k,n)$ 上の同型射

$$L \cong (\wedge^{n-k}T')^*$$

にまで拡張される. 右辺は, 豊富な直線束なので, L も豊富な直線束である.

6.2 放物型部分群とスプリンガー写像

前節で, $SL(n,\mathbf{C})$ の場合に, スプリンガー写像を定義したが, 複素半単純代数群 G に対しても, まったく同様の定義ができる. まず, P を G の閉部分群とする. このとき, G の P-左剰余類 $\{gP\}$ 全体を G/P であらわす. G/P が射影的多様体になるとき P を G の放物型部分群と呼ぶ. このとき, G/P を (広義の) 旗多様体と呼ぶ. 旗多様体の余接束 $T^*(G/P)$ の構造を詳しく見てみよう. まず G/P には G が左から作用する. これによって G のリー環 $\mathfrak{g}$ の元 α に対して G/P 上のベクトル場 ζ_α が決まる. $gP \in G/P$ に対して対応

$$\mathfrak{g} \to T_{gP}(G/P), \ \alpha \to (\zeta_\alpha)_{gP}$$

は同一視 $\mathfrak{g}/Ad_g(\mathfrak{p}) \cong T_{gP}(G/P)$ を誘導する. 今 $\mathfrak{g}/\mathfrak{p}$ には P が随伴的に作用するので, G/P 上のベクトル束を

$$G \times^P (\mathfrak{g}/\mathfrak{p}) := G \times (\mathfrak{g}/\mathfrak{p})/\sim$$

によって定義する. ただし $G \times (\mathfrak{g}/\mathfrak{p})$ の元 (g,x), (g',x') に対して P の元 p が存在して $g' = gp$, $x' = Ad_{p^{-1}}(x)$ となるとき $(g,x) \sim (g',x')$ と定義する.

このとき同型射

$$G \times^P (\mathfrak{g}/\mathfrak{p}) \to T(G/P), \quad [(g,x)] \to Ad_g(x)$$

が存在する．ここで $Ad_g(x)$ は $\mathfrak{g}/Ad_g(\mathfrak{p})$ の元であるが，上で決めた同一視によって $\mathfrak{g}/Ad_g(\mathfrak{p}) = T_{gP}(G/P)$ とみなしている．したがって余接束 $T^*(G/P)$ は $\mathfrak{g}/\mathfrak{p}$ の双対 P-表現 $(\mathfrak{g}/\mathfrak{p})^*$ に付随したベクトル束 $G \times^P (\mathfrak{g}/\mathfrak{p})^*$ に他ならない．ここで P のべき単根基を U とし，$\mathfrak{n}$ を U のリー環とする．$\mathfrak{g}$ のキリング形式

$$\kappa \colon \mathfrak{g} \times \mathfrak{g} \to \mathbf{C}$$

は P-同変な同一視 $(\mathfrak{g}/\mathfrak{p})^* \cong \mathfrak{n}$ を与える．したがって

$$T^*(G/P) \cong G \times^P \mathfrak{n}$$

であることがわかる．

　ここで，写像

$$\mu \colon G \times^P \mathfrak{n} \to \mathfrak{g}$$

を

$$\mu([g,x]) = Ad_g(x), \quad [g,x] \in G \times^P \mathfrak{n}$$

で定義して，μ のことを，P に付随する**スプリンガー写像**と呼ぶ．G の元 g と $G \times^P \mathfrak{n}$ の元 $[h,x]$ に対して，$g \cdot [h,x] := [gh,x]$ と置くことにより，G は $G \times^P \mathfrak{n}$ に左から作用する．さらに，G は $\mathfrak{g}$ に左から随伴的に作用する．容易にわかるように，μ は G-同変射である．写像 $\iota \colon G \times^P \mathfrak{n} \to G/P \times \mathfrak{g}$ を $\iota([g,x]) = (g, Ad_g(x))$ によって定義すると，ι は G/P 上のベクトル束 $G \times^P \mathfrak{n}$ を G/P 上の自明なベクトル束 $G/P \times \mathfrak{g}$ へ，部分ベクトル束として埋め込んでいる．μ は ι と射影 $p_2 \colon G/P \times \mathfrak{g} \to \mathfrak{g}$ を合成したものである．ι は閉埋め込みなので固有射である．また G/P は射影多様体なので，p_2 も固有射であり，合成射 μ も固有射である．特に $\mathrm{Im}(\mu)$ は $\mathfrak{g}$ の閉集合である．一方，$\mathfrak{n}$ の元は $\mathfrak{g}$ のべき零元なので，$\mathrm{Im}(\mu)$ は $\mathfrak{g}$ のべき零錐 $\mathcal{N}$ に含まれる．μ は G-同変であることから，$\mathrm{Im}(\mu)$ はべき零軌道の和集合であることがわかる．リチャードソン [Ri] によって，$\mathrm{Im}(\mu)$ は，$\mathfrak{g}$ のあるべき零軌道 O の閉包 $\bar{O}$ に一致して，

$\dim O = 2\dim\mathfrak{n}$ であることが示されている. べき零軌道 O は P に対する**リ
チャードソン軌道**と呼ばれる. $\dim\mathfrak{n} = \dim G/P$ なので, $\mu: G\times^P \mathfrak{n} \to \bar{O}$
は生成的有限射 (generically finite morphism) である.

命題 6.2.1 スプリンガー写像 $\mu: G\times^P \mathfrak{n} \to \mathfrak{g}$ は, $(T^*(G/P),\omega)$ のモーメ
ント写像 $T^*(G/P) \to \mathfrak{g}^*$ と同一視できる. 特に, $\mathrm{Im}(\mu) = \bar{O}$ として, ω_{KK}
を O の上のキリロフ–コスタント形式とすると, $\mu^*\omega_{KK} = \omega$ である.

証明. $T^*(G/P)$ を $G\times^P (\mathfrak{g}/\mathfrak{p})^*$ とみなしたとき, モーメント写像 $\hat{\mu}$ は,

$$\hat{\mu}: G\times^P (\mathfrak{g}/\mathfrak{p})^* \to \mathfrak{g}^*, \quad [g,\alpha] \to Ad^*_{g^{-1}}\alpha := \alpha(Ad_{g^{-1}}(\cdot))$$

で与えられることを示そう.

G は G/P に作用して, その作用は自然に $T^*(G/P)$ 上に持ち上がる. これ
に対応して, $\mathfrak{g}$ の元 x から, G/P 上のベクトル場 ζ_x, $T^*(G/P)$ 上のベクトル場
$\tilde{\zeta}_x$ が決まる. $\pi: T^*(G/P) \to G/P$ を自然な射影とすると, $\pi_*(\tilde{\zeta}_x) = \zeta_x$ であ
る. 命題 2.3.1 より, $\hat{\mu}^*: \mathfrak{g} \to \Gamma(T^*(G/P), \mathcal{O}_{T^*(G/P)})$ が, $\hat{\mu}^*(x) := \eta(\tilde{\zeta}_x)$
によって定義される. $T^*(G/P)$ を $G\times^P (\mathfrak{g}/\mathfrak{p})^*$ と同一視して, $[g,\alpha] \in G\times^P$
$(\mathfrak{g}/\mathfrak{p})^*$ における関数 $\eta(\tilde{\zeta}_x)$ の値 $\eta(\tilde{\zeta}_x)([g,\alpha])$ を計算しよう. η の定義から,
$\eta(\tilde{\zeta}_x)([g,\alpha])$ は $[g,\alpha]$ を $T^*_g(G/P)$ の元, $(\zeta_x)_g$ を $T_g(G/P)$ の元とみなした
とき, $\langle[g,\alpha],(\zeta)_g\rangle$ に他ならない.

ここで, G の G/P への作用に関して, $gP \in G/P$ の固定化部分群は, gPg^{-1}
であることに注意すると, 同型射

$$G/gPg^{-1} \to G/P, \quad \bar{h} \to \bar{h}\bar{g}$$

を得る. この射で, $\bar{1}$ は $\bar{g}$ に移ることに注意する. この射によって, $T_1(G/gPg^{-1})$
と $T_g(G/P)$ を, $T^*_1(G/gPg^{-1})$ と $T^*_g(G/P)$ を各々同一視する. ここで
$T_1(G/gPg^{-1}) = \mathfrak{g}/Ad_g(\mathfrak{p})$, $T^*_1(G/gPg^{-1}) = (\mathfrak{g}/Ad_g(\mathfrak{p}))^*$ であることに
注意する. この同一視において $(\zeta_x)_g \in T_g(G/P)$ には, $\bar{x} \in \mathfrak{g}/Ad_g(\mathfrak{p})$ が対
応し, $[g,\alpha] \in T^*_g(G/P)$ には,

$$Ad^*_{g^{-1}}\alpha := \alpha(Ad_{g^{-1}}(\cdot)) \in (\mathfrak{g}/Ad_g(\mathfrak{p}))^*$$

が対応する. したがって,

$$\langle [g, \alpha], (\zeta_x)_g \rangle = \langle Ad_{g^{-1}}^* \alpha, x \rangle$$

であることがわかる．これは，$\hat{\mu}([g, \alpha]) = Ad_{g^{-1}}^* \alpha$ を意味する．$\hat{\mu}$ は，明らかに G-同変射なので，モーメント写像である．

スプリンガー写像 μ とモーメント写像 $\hat{\mu}$ は次のようにして同一視される:

$$
\begin{array}{ccc}
G \times^P \mathfrak{n} & \xrightarrow{\cong} & G \times^P (\mathfrak{g}/\mathfrak{p})^* \\
\mu \downarrow & & \hat{\mu} \downarrow \\
\mathfrak{g} & \longrightarrow & \mathfrak{g}^*
\end{array}
\tag{6.1}
$$

$$
\begin{array}{ccc}
[g, x] & \longrightarrow & [g, \kappa(x, \cdot)] \\
\downarrow & & \downarrow \\
Ad_g(x) & \longrightarrow & \kappa(Ad_g(x), \cdot) = \kappa(x, Ad_{g^{-1}}(\cdot) = Ad_{g^{-1}}^* \kappa(x, \cdot)
\end{array}
\tag{6.2}
$$

命題 2.3.1 より，モーメント写像 $\hat{\mu}$ はポアソン射である．したがって μ もポアソン射である．μ は生成的有限射なので，$G \times^P \mathfrak{n}$ の一般の点では，エタール射になっている．このことは，$\mu^* \omega_{KK} = \omega$ を意味する．□

スプリンガー写像 $\mu \colon T^*(G/P) \to \bar{O}$ は双有理射とは限らない．特に μ が双有理射であるとき，μ のことを $\bar{O}$ の**スプリンガー特異点解消**と呼ぶ．$\bar{O}$ の正規化 $\tilde{O}$ はシンプレクティック代数多様体になる．さらに，スプリンガー写像は，$T^*(G/P) \xrightarrow{\tilde{\mu}} \tilde{O} \to \bar{O}$ と分解する．μ が双有理射であれば，命題 6.2.1 より，$\tilde{\mu}$ は $\tilde{O}$ のシンプレクティック特異点解消になる．

6.3　べき零錐の変形と同時特異点解消

連結な複素半単純代数群 G の極大な可解部分群 B のことを，**ボレル部分群**と呼ぶ．ボレル部分群 B は放物型部分群である．$G = SL(n, \mathbf{C})$ の場合 $B = P_{(1,1,\ldots,1)}$ である．B に付随するスプリンガー写像を π であらわすことにしよう:

$$\pi \colon G \times^B \mathfrak{n} \to \mathfrak{g}, \quad \pi([g, x]) = Ad_g(x).$$

$\mathrm{Im}(\pi)$ はべき零錐 $\mathcal{N}$ に含まれる．

このとき次が成り立つ:

命題 6.3.1 $\pi: G \times^B \mathfrak{n} \to \mathcal{N}$ はべき零錐 $\mathcal{N}$ の特異点解消を与える.

証明. π は閉埋入

$$G \times^B \mathfrak{n} \to G/B \times \mathfrak{g}, \quad [(g,x)] \to (gB, Ad_g(x))$$

と射影 $G/B \times \mathfrak{g} \to \mathfrak{g}$ の合成として表されるので射影的な射である. $z \in \mathcal{N}$ を正則べき零元とする. z はあるボレル部分代数 $\mathfrak{b}'$ に含まれる ($\mathbf{C}z \subset \mathfrak{g}$ は $\mathfrak{g}$ の可解部分リー環なので, それを含むような極大可解部分リー環を取ればよい). $\mathfrak{b}'$ と $\mathfrak{b}$ は互いに共役なので z ははじめから $\mathfrak{b}$ の元としてよい. z はべき零元なので $z \in \mathfrak{n}$ である. $\pi^{-1}(z)$ が 1 点であることを証明する. これがいえれば π の G-同変性から, すべての正則べき零元の (π に関する) 逆像は 1 点である. 正則べき零軌道は $\mathcal{N}$ のザリスキー開集合なので, このことは π が双有理射であることを意味する.

　B の極大トーラス H を取り, $\mathfrak{h} := \mathrm{Lie}(H)$ と置く. $(\mathfrak{g}, \mathfrak{h})$ からルート系 Φ が決まる. さらにボレル部分代数 $\mathfrak{b}$ から Φ の中で基底 Δ と正ルートが決まる. 正ルート全体の集合を Φ^+ とする. $z \in \mathfrak{n}$ なので

$$z = \sum_{\alpha \in \Phi^+} z_\alpha, \quad z_\alpha \in \mathfrak{g}_\alpha$$

とあらわすことができる. ここで

$$z_\alpha \neq 0, \ \forall \alpha \in \Delta$$

と仮定できる. 実際 O を正則べき零軌道とすると $\mathfrak{n}$ の中で $\mathfrak{n} \cap O$ はザリスキー開集合である. 一方で

$$\mathfrak{n}^{\mathrm{reg}} := \{ z \in \mathfrak{n} \mid z_\alpha \neq 0, \ \forall \alpha \in \Delta \}$$

と置くと $\mathfrak{n}^{\mathrm{reg}}$ もまた $\mathfrak{n}$ のザリスキー開集合になる. 両者は交わるので, そこから z を取ればよい.

　主張. $\mathfrak{n}^{\mathrm{reg}}$ は B の随伴作用で保たれる.

　証明. $[\mathfrak{g}_\beta, \mathfrak{g}_\gamma] \subset \mathfrak{g}_{\beta+\gamma}$ であることに注意すると $[\mathfrak{n}, \mathfrak{n}]$ に含まれる $ad\,\mathfrak{h}$-固有空間 $\mathfrak{g}_\alpha$ の固有値 α は別の正ルート β, γ を用いて $\alpha = \beta + \gamma$ と書ける. すなわち

$$[\mathfrak{n}, \mathfrak{n}] = \bigoplus_{\alpha \in \Phi^+ - \Delta} \mathfrak{g}_\alpha$$

である．したがって

$$\mathfrak{n}/[\mathfrak{n}, \mathfrak{n}] \cong \bigoplus_{\alpha \in \Delta} \mathfrak{g}_\alpha$$

である．代数トーラス H は $\mathfrak{n}/[\mathfrak{n}, \mathfrak{n}]$ に作用する．この作用は, $x_\alpha \in \mathfrak{g}_\alpha, h \in H$ に対して

$$h \cdot x_\alpha = e^\alpha(h) \cdot x_\alpha$$

で与えられる．ただし e^α は $\alpha \colon \mathfrak{h} \to \mathbf{C}$ を積分して得られる群準同型 $e^\alpha \colon H \to \mathbf{C}^*$ のことである．

　次に B のべき単根基を U とする．U のリー環は $\mathfrak{n}$ に他ならない．U は $\mathfrak{n}$ に作用している．ここで $\mathfrak{n}$ の元 v に対して $\mathfrak{n}$ のアファイン部分空間 $E := v + [\mathfrak{n}, \mathfrak{n}]$ を考える．このとき U は E を不変にする．これは次のようにして示す．$\mathfrak{n}$ の各点における接空間は自然に $\mathfrak{n}$ と同一視され，E の各点における接空間は $[\mathfrak{n}, \mathfrak{n}]$ と同一視される．U の作用は $x \in \mathrm{Lie}(U)$ に対して $\mathfrak{n}$ 上のベクトル場 ζ_x を決める．このとき $p \in \mathfrak{n}$ に対して $(\zeta_x)_p = [x, p] \in \mathfrak{n}$ が成り立つ．ここで $x, p \in \mathfrak{n}$ なので $[x, p] \in [\mathfrak{n}, \mathfrak{n}]$ が成り立つ．このことから ζ_x は E のベクトル場を定める．すなわち U の単位元の近傍の元 u は E を不変にする．U は連結なので，U のすべての元は E を不変にする．

　さて $\mathfrak{n}^{\mathrm{reg}}$ から元 v を取って $g \in B$ を作用させる．$B = HU$ と書けるので $g = hu, h \in H, u \in U$ の形である．上で見たように $Ad_u(v) \in v + [\mathfrak{n}, \mathfrak{n}]$ である．したがって $v, Ad_u(v)$ をルート分解したとき $\alpha \in \Delta$ に対しては $v_\alpha = (Ad_u(v))_\alpha$ である．これに h をさらに作用させると

$$Ad_{hu}(v)_\alpha = e^\alpha(h)Ad_u(v)_\alpha = e^\alpha(h)v_\alpha, \ \alpha \in \Delta$$

が成り立つ．したがって $Ad_{hu}(v) \in \mathfrak{n}^{\mathrm{reg}}$ である．□

　次の 1 対 1 対応が存在することに注意する．

$$\{gB \in G/B \mid Ad_{g^{-1}}(z) \in \mathfrak{n}\} \to \pi^{-1}(z), \ gB \to [(g, Ad_{g^{-1}}(z))].$$

逆対応は $[(g, y)] \in \pi^{-1}(z)$ に対して $gB \in G/B$ を対応させればよい．G の B による両側剰余類とワイル群 W の元の間には 1 対 1 対応がある（ブリュア分

解）:

$$G = BWB.$$

したがって G の元 g は $g = b_1 w b_2$, b_1, $b_2 \in B$, $w \in W$ の形をしている. このとき $Ad_{g^{-1}}(z) = Ad_{b_2^{-1}}(Ad_{w^{-1}b_1^{-1}})(z)$ なので $Ad_{g^{-1}}(z) \in \mathfrak{n}$ であることと $Ad_{w^{-1}b_1^{-1}}(z) \in \mathfrak{n}$ であることは同値である. $z \in \mathfrak{n}^{\mathrm{reg}}$ なので主張より $Ad_{b_1^{-1}}(z) \in \mathfrak{n}^{\mathrm{reg}}$ である. 今 $y := Ad_{b_1^{-1}}(z)$ をルート分解したものを $y = \sum_{\alpha \in \Phi^+} y_\alpha$ と置く. このとき $Ad_{w^{-1}}(y)$ のルート分解は $Ad_{w^{-1}}(y) = \sum Ad_{w^{-1}}(y_\alpha)$ となり $Ad_{w^{-1}}(y_\alpha) \in \mathfrak{g}_{w^{-1}(\alpha)}$ である. 仮定から $\alpha \in \Delta$ に対しては $Ad_{w^{-1}}(y_\alpha) \neq 0$ である. したがってもし $Ad_{w^{-1}}(y) \in \mathfrak{n}$ なら $w^{-1}(\alpha) \in \Phi^+$, $\forall \alpha \in \Delta$ である. これは $w = id$ のときのみ可能である. したがって $g = b_1 w b_2 = b_1 b_2 \in B$ となり

$$\{gB \in G/B \mid Ad_{g^{-1}}(z) \in \mathfrak{n}\} = \{B\}$$

である. □

B は随伴表現で $\mathfrak{b}$ に作用するので, この章の最初で $G \times^B (\mathfrak{g}/\mathfrak{b})$ を定義したのとまったく同じやり方で空間 $G \times^B \mathfrak{b}$ を構成する. 射

$$G \times^B \mathfrak{b} \to G/B, \quad [(g,x)] \to [g]$$

のファイバーはすべて $\mathfrak{b}$ と同型で, B-主束 $G \to G/B$ に付随したファイバー束になっている. 特に $G \times^B \mathfrak{b}$ は非特異な代数多様体である.

ここで U を B のべき単根基とする. $\mathfrak{n}$ は U のリー環に一致する. U は B の正規閉部分群なので B の共役作用で U は U に移る. したがって B は $B/U \cong H$ に作用する.

補題 6.3.2 B は B/U に自明に作用する.

証明. まず U が B/U に自明に作用することを見よう. U は B の正規部分群なので $b \in B$, $u \in U$ に対して $bu = u'b$ となるような $u' \in U$ が存在する. このとき $ubUu^{-1} = bu'Uu^{-1} = bU$ である. したがって U は B/U に自明に作用する. 一方 $H \subset B$ に対して H は B/U に自明に作用する. これは $B/U \cong H$ であり, この作用は H の H 自身に対する共役作用と一致する.

H は可換群なのでこの作用は自明である．最後に $B = UT$ に注意すると B も B/U に自明に作用する．□

補題 6.3.2 から B は $\mathfrak{b}/\mathfrak{n}$ に自明に作用する．ここで自然な直和分解 $\mathfrak{b} = \mathfrak{h} \oplus \mathfrak{n}$ を考え，$x \in \mathfrak{b}$ に対して

$$x = x_1 + x_2, \ x_1 \in \mathfrak{h}, \ x_2 \in \mathfrak{n}$$

と書く．このとき第 1 成分への射影

$$\mathfrak{b} \to \mathfrak{h} = \mathfrak{b}/\mathfrak{n}, \ x \to x_1$$

は B-同変射である．補題 6.3.2 から B の $\mathfrak{h}$ への作用は自明であることに注意する．特に $(Ad_b(x))_1 = x_1$ が成り立つ．このことから

$$G \times^B \mathfrak{b} \to \mathfrak{h}, \ (g, x) \to x_1$$

によって射が定まる．

ここで $x \in \mathfrak{b}$ に対してジョルダン分解 $x = x_s + x_n$ を考える（[Bo], I, §4）．定義から x_s, x_n は各々 $\mathfrak{b}$ の半単純元，べき零元であり $[x_s, x_n] = 0$ を満たしている．このとき次が成り立つ．

補題 6.3.3 x_s と x_1 は B-共役である．

証明. x_s は半単純元なので，$b \in B$ を適当に取ると $Ad_b(x_s) \in \mathfrak{h}$ である．まず $x_1 = (x_s)_1$ であることに注意する．実際 $\mathfrak{b}$ のべき零元はすべて $\mathfrak{n}$ に含まれるので $x_n \in \mathfrak{n}$ である．$x_s = x - x_n = x_1 + (x_2 - x_n)$ は直和分解 $\mathfrak{b} = \mathfrak{h} \oplus \mathfrak{n}$ に関する分解を与える．このことから $(x_s)_1 = x_1$ である．そこで

$$x_1 = (x_s)_1 = (Ad_b(x_s))_1 = Ad_b(x_s)$$

が成り立つ．2 番目の等号はすでに注意した通りである．最後の等号は $Ad_b(x_s) \in \mathfrak{h}$ であることから明らかである．□

$N_G(H)$ を $H \subset G$ の正規化部分群とすると，ワイル群 $W := N_G(H)/H$ は随伴作用で自然に $\mathfrak{h}$ に作用する．今 $\mathfrak{g}$ の半単純元 x が与えられたとき x を含むカルタン部分代数 $\mathfrak{h}'$ を取る．$\mathfrak{h}'$ はある極大トーラス H' のリー環になっている．G の極大トーラスは互いに共役なので H' と H は共役である．したがって $\mathfrak{h}'$ と $\mathfrak{h}$ も互いに共役である．このことから，ある元 g を用いると $Ad_g(x) \in \mathfrak{h}$

となる. この元は g の取り方に依存するので x から一意的には決まらない. しかし x と共役な元で $\mathfrak{h}$ に含まれるものはすべて W-共役である (cf. [C-M], Theorem 2.2.4). そこで次のようにして写像

$$\varphi\colon \mathfrak{g} \to \mathfrak{h}/W$$

を作ることができる. まず $x \in \mathfrak{g}$ に対してジョルダン分解 $x = x_s + x_n$ を考え, 半単純元 x_s と共役な元 $y \in \mathfrak{h}$ を1つ取る. 上で述べたことから $[y] \in \mathfrak{h}/W$ は x から一意的に決まる. 一般に対応 $x \to x_s$ は代数的射ではないので, 定義そのものから φ が代数的射かどうかは明らかではない. そこで G の $\mathfrak{g}$ への随伴作用に対する不変式環 $\mathbf{C}[\mathfrak{g}]^G$ を考える. リー環 $\mathfrak{g}$ の階数を r と置くと, 次の性質を満たす $\mathfrak{g}$ 上の G-不変多項式 $f_1, \ldots, f_r$ が存在する:

(i) $f_1, \ldots, f_r$ は $\mathbf{C}$ 上代数的独立な斉次多項式である.

(ii) $\mathbf{C}[\mathfrak{g}]^G = \mathbf{C}[f_1, \ldots, f_r]$.

ここで

$$\mathfrak{g}//G := \operatorname{Spec} \mathbf{C}[\mathfrak{g}]^G$$

と置き, 商写像を $\chi\colon \mathfrak{g} \to \mathfrak{g}//G$ であらわす. (i) より $\mathfrak{g}//G$ は r 次元アフィン空間である. また χ の各ファイバーは次元が $\dim \mathfrak{g} - r$ であるような既約正規多様体であり, 有限個の随伴軌道の合併集合である. 特に $\mathcal{N} := \chi^{-1}(\bar{0})$ は $\mathfrak{g}$ のべき零元全体の集合に一致するので $\mathfrak{g}$ の**べき零錐**と呼ばれる.

φ は商写像 χ と次のようにして同一視できる. 自然な埋め込み射 $\mathfrak{h} \to \mathfrak{g}$ は代数多様体の射 $\mathfrak{h}/W \to \mathfrak{g}//G$ を誘導する. シュバレーの制限定理より, この射は同型射である.

命題 6.3.4 合成写像

$$\mathfrak{g} \overset{\varphi}{\to} \mathfrak{h}/W \to \mathfrak{g}//G$$

は商写像 χ に一致する.

証明. $h \in \mathfrak{h}$ としたとき $[h] \in \mathfrak{h}/W$ 上の (被約) ファイバー $\varphi^{-1}([h])$ が何になるかを考えよう. $x \in \varphi^{-1}([h])$ とする. x のジョルダン分解を $x = x_s + x_n$ とすると, ある元 $g \in G$ が存在して $Ad_g(x_s) = h$ である. $[x_s, x_n] = 0$ なので $[Ad_g(x_s), Ad_g(x_n)] = [h, Ad_g(x_n)] = 0$ である. そこで

$$\mathfrak{z}_{\mathfrak{g}}(h) := \{ y \in \mathfrak{g} \mid [h, y] = 0 \}$$

と置くと $Ad_g(x_n)$ は $\mathfrak{z}_{\mathfrak{g}}(h)$ に含まれる ($\mathfrak{g}$ の) べき零元である. $\mathfrak{z}_{\mathfrak{g}}(h)$ は簡約リー環である. $\mathfrak{c}$ を $\mathfrak{z}_{\mathfrak{g}}(h)$ の中心とすると

$$\mathfrak{z}_{\mathfrak{g}}(h) = \mathfrak{c} \oplus [\mathfrak{z}_{\mathfrak{g}}(h), \mathfrak{z}_{\mathfrak{g}}(h)]$$

と書ける. $Ad_g(x_n)$ はべき零元なので $Ad_g(x_n) \in [\mathfrak{z}_{\mathfrak{g}}(h), \mathfrak{z}_{\mathfrak{g}}(h)]$ であり, 半単純リー環 $[\mathfrak{z}_{\mathfrak{g}}(h), \mathfrak{z}_{\mathfrak{g}}(h)]$ のべき零錐 $\mathcal{N}_h$ に含まれる. したがって $Ad_g(x) \in h + \mathcal{N}_h$ であり, $x \in G \cdot (h + \mathcal{N}_h)$ である. 逆に $x \in G \cdot (h + \mathcal{N}_h)$ であれば, ある元 $g \in G$ を用いて $Ad_g(x) = h + y, y \in \mathcal{N}_h$ とあらわされるが, これは x のジョルダン分解に他ならないので, φ の定義より $\varphi(x) = [h]$ である. 以上から

$$\varphi^{-1}([h]) = G \cdot (h + \mathcal{N}_h)$$

であることがわかった. ここで $[\mathfrak{z}_{\mathfrak{g}}(h), \mathfrak{z}_{\mathfrak{g}}(h)]$ の正則べき零軌道を O として $y \in O$ とすると

$$\overline{G \cdot (h + y)} = G \cdot (h + \mathcal{N}_h)$$

が成り立つ. さて $\mathfrak{g}$ 上の G-不変多項式 f を任意に1つ取ると, f は $G \cdot (h+y)$ 上に制限すると定数になる. したがって f を $G \cdot (h + \mathcal{N}_h)$ 上に制限しても定数である. このことは $G \cdot (h + \mathcal{N}_h)$ が商写像 $\mathfrak{g} \to \mathfrak{g}//G$ によって1点 $[h] \in \mathfrak{g}//G$ に移ることを意味する. したがって商写像は

$$\mathfrak{g} \xrightarrow{\varphi} \mathfrak{h}/W \to \mathfrak{g}//G$$

と分解する. □

系 6.3.5 φ は代数多様体の射である.

最後に射 $G \times^B \mathfrak{b} \to \mathfrak{g}$ を $(g, x) \to Ad_g(x)$ によって定義する. $Ad_g(x)$ は $G \times^B \mathfrak{b}$ の代表元 (g, x) の取り方によらないので, 正しく定義されていることに注意する.

命題 6.3.6 次の図式は可換である:

$$G \times^B \mathfrak{b} \longrightarrow \mathfrak{g}$$

$$\downarrow \qquad\qquad \varphi \downarrow \qquad\qquad (6.3)$$

$$\mathfrak{h} \longrightarrow \mathfrak{h}/W.$$

証明. $(g, x) \in G \times^B \mathfrak{b}$ に対して $Ad_g(x)$ のジョルダン分解 $Ad_g(x) = (Ad_g(x))_s + (Ad_g(x))_n$ を考える. $g' \in G$ を適当に取ると $Ad_{g'}((Ad_g(x))_s) \in \mathfrak{h}$ とできる. 上の図式の可換性を示すためには $\mathfrak{h}/W$ の中で $[Ad_{g'}((Ad_g(x))_s)] = [x_1]$ を示せばよい. ここで $(Ad_g(x))_s = Ad_g(x_s)$ であることに注意すると $Ad_{g'}((Ad_g(x))_s) = Ad_{g'g}(x_s)$ である. 一方 $x_s \in \mathfrak{b}$ なので B の元 b で $Ad_b(x_s) \in \mathfrak{h}$ となるものが存在する. このとき [C-M], Theorem 2.2.4 から

$$[Ad_{g'g}(x_s)] = [Ad_b(x_s)] \in \mathfrak{h}/W$$

である. したがって $[Ad_b(x_s)] = [x_1]$ を示せばよいがこれは補題 6.3.3 で示した通りである. $\square$

命題 6.3.6 の可換図式は $\mathfrak{h}$ 上の射

$$\Pi \colon G \times^B \mathfrak{b} \to \mathfrak{h} \times_{\mathfrak{h}/W} \mathfrak{g}$$

を誘導する. $\tilde{\mathfrak{g}} := G \times^B \mathfrak{b}$ と置く.

命題 6.3.7 Π は射影的双有理射で $\mathfrak{h} \times_{\mathfrak{h}/W} \mathfrak{g} \to \mathfrak{h}$ の閉ファイバーの同時特異点解消を与える.

証明. $G \times^B \mathfrak{b} \to G/B$ は G/B 上の $\mathfrak{b}$-ファイバー束である. このとき G/B 上の射

$$G \times^B \mathfrak{b} \to G/B \times \mathfrak{g}, \quad (g, x) \to Ad_g(x)$$

は閉埋入になる. 実際 $gB \in G/B$ 上でこの射は閉埋め込み $\mathfrak{b} \cong Ad_g(\mathfrak{b}) \subset \mathfrak{g}$ を与えている. G/B は射影的多様体なので第2成分への射影 $G/B \times \mathfrak{g} \to \mathfrak{g}$ は射影射である. したがって合成射

$$G \times^B \mathfrak{b} \to G/B \times \mathfrak{g} \to \mathfrak{g}$$

も射影射である. この射は

$$G \times^B \mathfrak{b} \xrightarrow{\Pi} \mathfrak{h} \times_{\mathfrak{h}/W} \mathfrak{g} \to \mathfrak{g}$$

と分解するので Π は射影射である.

さて $h \in \mathfrak{h}$ に対して $\mathfrak{h} \times_{\mathfrak{h}/W} \mathfrak{g} \to \mathfrak{h}$ の h 上のファイバーは命題 6.3.4 の考察から $G \cdot (h + \mathcal{N}_h)$ であった. ここで $G \cdot (h + \mathcal{N}_h) = G \times^{Z_G(h)} (h + \mathcal{N}_h)$ であることに注意する. これは次のように示される. 射 $G \times^{Z_G(h)} (h + \mathcal{N}_h) \to G \cdot (h + \mathcal{N}_h)$ を $[(g, h + y)] \to Ad_g(h + y)$ によって定義する. $G \cdot (h + \mathcal{N}_h)$ の元 x に対してジョルダン分解を考え, その半単純部分を x_s とする. $x = Ad_g(h + y)$, $y \in \mathcal{N}_h$ と書くと h と y は可換なので, $x_s = Ad_g(h)$ である. このことから対応 $x \to x_s$ は写像 $G \cdot (h + \mathcal{N}_h) \to G \cdot h$ を与える. このとき次は G-同変な可換図式になる.

$$
\begin{array}{ccc}
G \times^{Z_G(h)} (h + \mathcal{N}_h) & \longrightarrow & G \cdot (h + \mathcal{N}_h) \\
\downarrow & & \downarrow \\
G/Z_G(h) & \overset{\cong}{\longrightarrow} & G \cdot h
\end{array}
\tag{6.4}
$$

この可換図式において左側の垂直写像の $1 \cdot Z_G(h)$ 上のファイバーは $h + \mathcal{N}_h$ と同型であり, 右側の垂直写像の h 上のファイバーはやはり $h + \mathcal{N}_h$ である. これらのファイバーは $G \times^{Z_G(h)} (h + \mathcal{N}_h) \to G \cdot (h + \mathcal{N}_h)$ において 1 対 1 に対応している. このことと G-同変性を用いると, この射は同型であることがわかる.

一方, $G \times^B \mathfrak{b} \to \mathfrak{h}$ の h 上のファイバーは $G \times^B (h + \mathfrak{n})$ に等しい. ここでアファイン空間 $h + \mathfrak{n}$ は B の作用で (集合として) 不変である. 実際, 補題 6.3.2 の直後に注意したように $h + y \in \mathfrak{h} \oplus \mathfrak{n}$ に対して $Ad_b(h + y)_1 = (h + y)_1 = h$ となるので $Ad_b(h + y) = h + y' \in \mathfrak{h} \oplus \mathfrak{n}$ と書けるからである. ここで $B_h := Z_G(h) \cap B$ と置くと B_h は簡約群 $Z_G(h)$ のボレル部分群である. さらに $\mathfrak{b}_h$ のべき零根基を $\mathfrak{n}_h$ と書くことにする. このとき

$$
\begin{aligned}
G \times^B (h + \mathfrak{n}) &= G \times^B (B \times^{B_h} (h + \mathfrak{n}_h)) \\
&= G \times^{B_h} (h + \mathfrak{n}_h) \\
&= G \times^{Z_G(h)} (Z_G(h) \times^{B_h} (h + \mathfrak{n}_h))
\end{aligned}
$$

が成り立つ. 最初の等号は B-多様体としての同型射

$$
B \times^{B_h} (h + \mathfrak{n}_h) \cong h + \mathfrak{n}
$$

が存在することから得られている. このことは次のようにして確かめることが
できる. まず左辺から右辺への写像は $[(b, h+y)] \to Ad_b(h+y)$ で与えられる.
$Ad_b(h+y)$ が $h+\mathfrak{n}$ に含まれることは, すでに見たように $Ad_b(h+y)_1 = h$ が成り
立つからである. 定義からこの射は B-同変である. この射が同型であることを見
るには, 両辺がともに $\mathfrak{n}_h$ を典型ファイバーとする B/B_h 上のファイバー束になっ
ていることに着目する. 実際に左辺は B-同変な射影 $B \times^{B_h} (h+\mathfrak{n}_h) \to B/B_h$
によってファイバー束の構造を持つ. 右辺をファイバー束と思うために, ま
ず B/B_h を h の B-軌道 $B \cdot h$ と同一視する. ここで $h+\mathfrak{n}$ の元 $x := h+y$ の
ジョルダン分解を $x = x_s + x_n$ としたとき, 補題 6.3.3 から x_s と h は B-共役
である. したがって $x_s \in B \cdot h$ である. したがって対応 $x \to x_s$ によって写像
$h+\mathfrak{n} \to B \cdot h$ が決まる. $(Ad_b(x))_s = Ad_b(x_s)$ なのでこの写像は B-同変で
ある. 次の図式は B-同変な可換図式である.

$$
\begin{array}{ccc}
B \times^{B_h} (h+\mathfrak{n}_h) & \longrightarrow & h+\mathfrak{n} \\
\downarrow & & \downarrow \\
B/B_h & \stackrel{\cong}{\longrightarrow} & B \cdot h
\end{array}
\qquad (6.5)
$$

ここで $h+\mathfrak{n} \to B \cdot h$ の h 上のファイバーは $h+\mathfrak{n}_h$ に等しい. 一方 $B \times^{B_h}$
$(h+\mathfrak{n}_h) \to B/B_h$ の $1 \cdot B_h$ 上のファイバーは $[(1, h+\mathfrak{n}_h)]$ に等しい. これら
2 つのファイバーは写像 $B \times^{B_h} (h+\mathfrak{n}_h) \to h+\mathfrak{n}$ において 1 対 1 に対応して
いるので, 可換図式の B-同変性から $B \times^{B_h} (h+\mathfrak{n}_h) \cong h+\mathfrak{n}$ である.

以上のことから 2 つの閉ファイバーの間の射は, 特異点解消写像

$$
Z_G(h) \times^{B_h} (h+\mathfrak{n}_h) \to h+\mathcal{N}_h, \ [(g, h+y)] \to Ad_g(h+y)
$$

に $G \times^{Z_G(h)}$ を施して得られる射

$$
G \times^{Z_G(h)} (Z_G(h) \times^{B_h} (h+\mathfrak{n}_h)) \to G \times^{Z_G(h)} (h+\mathcal{N}_h)
$$

に他ならないことがわかる. $\square$

次に $\tilde{\mathfrak{g}} := G \times^B \mathfrak{b}$ 上の相対的シンプレクティック形式 $\omega_{\tilde{\mathfrak{g}}} \in \Gamma(\tilde{\mathfrak{g}}, \Omega^2_{\tilde{\mathfrak{g}}/\mathfrak{h}})$ を
構成する. $h \in \mathfrak{h}$ 上のファイバー $G \times^B (h+\mathfrak{n})$ に次のようにして 2-形式を定
義する. まず $y \in \mathfrak{n}$ に対して点 $[(g, h+y)] \in G \times^B (h+\mathfrak{n})$ における接空間
$T_{(g, h+y)}$ を考える. $[(g, h+y)]$ は $p: G \times^B (h+\mathfrak{n}) \to G/B$ の $[gB] \in G/B$
上のファイバー $p^{-1}([gB])$ にのっている. 埋め込み写像

$$G \times^B (h + \mathfrak{n}) \to G/B \times \mathfrak{g}, \ [(g, h + y)] \to Ad_g(h + y)$$

によって $p^{-1}([gB])$ を $Ad_g(h + \mathfrak{n})$ と同一視する. $Ad_g(h + \mathfrak{n})$ の $Ad_g(h + y)$ における接空間を $Ad_g(\mathfrak{n})$ と同一視する. 一方 $\mathfrak{g}$ のルート分解

$$\mathfrak{g} = \mathfrak{h} \oplus \bigoplus_{\alpha \in \Phi^+} \mathfrak{g}_\alpha \oplus \bigoplus_{\alpha \in \Phi^-} \mathfrak{g}_\alpha$$

において

$$\mathfrak{n}_- := \bigoplus_{\alpha \in \Phi^-} \mathfrak{g}_\alpha$$

と置く. ちなみに $\mathfrak{n} = \bigoplus_{\alpha \in \Phi^+} \mathfrak{g}_\alpha$, である. $G \times^B (h + \mathfrak{n})$ には左から G が作用しているので, リー環 $\mathfrak{g}$ の元 w は $G \times^B (h + \mathfrak{n})$ 上にベクトル場を決める. このベクトル場を ζ_w と書く. $w \in \mathfrak{n}_-$ の時 $p_*(\zeta_w)_{(1, h+y)}$ は $T_1(G/B)$ の零でないベクトルで $\{p_*(\zeta_w)_{(1, h+y)}\}_{w \in \mathfrak{n}_-}$ は $T_1(G/B)$ を張っている. そこで $\mathfrak{n}_-$ の元 w と $T_{(1, h+y)}$ の元 $(\zeta_w)_{(1, h+y)}$ を同一視することにより, $T_{(1, h+y)}$ の直和分解

$$T_{(1, h+y)} = \mathfrak{n} \oplus \mathfrak{n}_-$$

を得る. $G \times^B (h + \mathfrak{n})$ の G-作用を用いると

$$T_{(g, h+y)} = Ad_g(\mathfrak{n}) \oplus Ad_g(\mathfrak{n}_-)$$

である. $T_{(g, h+y)}$ 上の 2-形式 $\omega_{(g, h+y)}$ を次の性質を満たすように定める. ただし κ は $\mathfrak{g}$ のキリング形式である.

$$\omega_{(g, h+y)}(\zeta_w, \zeta_{w'}) = \kappa(Ad_g(h + y), [w, w']), \ w, w' \in Ad_g(\mathfrak{n}_-),$$
$$\omega_{(g, h+y)}(v, \zeta_w) = \kappa(v, w), \ v \in Ad_g(\mathfrak{n}), \ w \in Ad_g(\mathfrak{n}_-),$$
$$\omega_{(g, h+y)}(v, v') = 0, \ v, v' \in Ad_g(\mathfrak{n}).$$

補題 6.3.8 任意の $\alpha, \beta \in \mathfrak{g}$ に対して $\omega_{(g, h+y)}(\zeta_\alpha, \zeta_\beta) = \kappa(Ad_g(h + y), [\alpha, \beta])$ が成り立つ.

証明. $\alpha = w + f \ (w \in Ad_g(\mathfrak{n}_-), f \in Ad_g(\mathfrak{b}))$, $\beta = w' + f' \ (w' \in Ad_g(\mathfrak{n}_-), f' \in Ad_g(\mathfrak{b}))$ と一意的に書ける. $(\zeta_f)_{(g, h+y)} \in Ad_g(\mathfrak{n})$ および $(\zeta_{f'})_{(g, h+y)} \in Ad_g(\mathfrak{n})$ なので $\omega_{(g, h+y)}(\zeta_f, \zeta_{f'}) = 0$ である. このことを用い

て $\omega_{(g,h+y)}(\alpha, \beta)$ を計算していく.

$$\omega_{(g,h+y)}(\zeta_{w+f}, \zeta_{w'+f'}) = \omega_{(g,h+y)}(\zeta_w + \zeta_f, \zeta_{w'} + \zeta_{f'})$$
$$= \omega_{(g,h+y)}(\zeta_w, \zeta_{w'}) + \omega_{(g,h+y)}(\zeta_f, \zeta_{w'}) + \omega_{(g,h+y)}(\zeta_w, \zeta_{f'}).$$

ここで

$$\omega_{(g,h+y)}(\zeta_f, \zeta_{w'}) = \kappa([f, \ Ad_g(h+y)], \ w')$$
$$= -\kappa([Ad_g(h+y), \ f], \ w') = \kappa(Ad_g(h+y), [f, w']),$$

そして同様に

$$\omega_{(g,h+y)}(\zeta_w, \zeta_{f'}) = -\kappa(Ad_g(h+y), \ [f', w])$$

であることに注意すると, 上の式は

$$\kappa(Ad_g(h+y), \ [w, w'] + [f, w'] - [f', w]) = \kappa(Ad_g(h+y), \ [w+f, w'+f'])$$

である. 最後の等号では, $\kappa(Ad_g(h+y), [f, f']) = 0$ となることを使った. これは $[f, f'] \in Ad_g(\mathfrak{n})$, $Ad_g(h+y) \in Ad_b(\mathfrak{b})$ であることからしたがう. □

補題 6.3.9 $b \in B$ に対して $\omega_{(g,h+y)} = \omega_{(gb, Ad_{b^{-1}}(h+y))}$.

証明. $T_{(g,h+y)} = T_{(gb, Ad_{b^{-1}}(h+y))}$ なので 2 つの直和分解

$$T_{(g,h+y)} = Ad_g(\mathfrak{n}) \oplus Ad_g(\mathfrak{n}_-),$$
$$T_{(gb, gb, Ad_{b^{-1}}(h+y))} = Ad_{gb}(\mathfrak{n}) \oplus Ad_{gb}(\mathfrak{n}_-)$$

を比較してみる. $Ad_b(\mathfrak{n}) = \mathfrak{n}$ なので, 各々の直和分解の第 1 因子は一致するが, $Ad_b(\mathfrak{n}_-) \neq \mathfrak{n}_-$ なので第 2 因子は一致しない. そこで $\omega_{(gb, Ad_{b^{-1}}(h+y))}$ を最初の直和分解を使って書き直す必要がある. まず先の補題より $w, w' \in Ad_g(\mathfrak{n}_-)$ に対して

$$\omega_{(gb, Ad_{b^{-1}}(h+y))}(\zeta_w, \zeta_{w'}) = \kappa(Ad_{gb}(Ad_{b^{-1}}(h+y)), \ [w, w'])$$
$$= \kappa(Ad_g(h+y), \ [w, w'])$$

が成り立つ. 次に $v \in Ad_g(\mathfrak{n}) \ (= Ad_{gb}(\mathfrak{n}))$ と $w \in Ad_g(\mathfrak{n}_-)$ に対して

$$\omega_{(gb, Ad_{b^{-1}}(h+y))}(v, \zeta_w)$$

を計算する. 自然な射影 $Ad_g(\mathfrak{n}_-) \to \mathfrak{g}/Ad_g(\mathfrak{b})$, $Ad_{gb}(\mathfrak{n}_-) \to \mathfrak{g}/Ad_g(\mathfrak{b})$ はともに同型であることから, ある $w' \in Ad_{gb}(\mathfrak{n}_-)$ に対して $w - w' \in Ad_g(\mathfrak{b})$ となる. そこで $w = w' + Ad_g(b)$, $b \in \mathfrak{b}$ と書く. このとき $\zeta_w = \zeta_{w'} + \zeta_{Ad_g(b)}$ であるが, $\zeta_{Ad_g(b)}$ は接空間 $T_{(gb,gb,Ad_{b^{-1}}(h+y))}$ を直和分解したとき垂直成分 $Ad_{gb}(\mathfrak{n})$ に含まれる. したがって

$$\omega_{(gb,Ad_{b^{-1}}(h+y))}(v, \zeta_{Ad_{gb}(\mathfrak{n})}) = 0$$

である. このことから

$$\omega_{(gb,Ad_{b^{-1}}(h+y))}(v, \zeta_w) = \omega_{(gb,Ad_{b^{-1}}(h+y))}(v, \zeta_{w'})$$
$$= \kappa(v,\ w') = \kappa(v,\ w - Ad_g(b)) = \kappa(v,\ w)$$

が成り立つ. 最後の等号は $\kappa(v,\ Ad_g(b)) = 0$ であることを用いた. これは $v \in Ad_g(\mathfrak{n})$, $Ad_g(b) \in Ad_g(\mathfrak{b})$ であることからしたがう. 最後に $v, v' \in Ad_g(\mathfrak{n})$ に対して $\omega_{(gb,Ad_{b^{-1}}(h+y))}(v, v')$ を考えると $Ad_g(\mathfrak{n}) = Ad_{gb}(\mathfrak{n})$ なので $\omega_{(gb,Ad_{b^{-1}}(h+y))}$ の定義から $\omega_{(gb,Ad_{b^{-1}}(h+y))}(v, v') = 0$ である. $\square$

$G \times^B (h + \mathfrak{n})$ の点 $p := [(g, h + y)]$ に対して $\omega_{(g,h+y)}$ は接空間 $T_p(G \times^B (h + \mathfrak{n}))$ 上の 2-形式になる. しかし補題 6.3.9 は $\omega_{(g,h+y)}$ が代表元 $(g, h + y)$ の取り方によらず, 点 p のみから決まっていることを主張している. したがって次の系を得る.

系 6.3.10 $\omega := \{\omega_{(g,h+y)}\}$ は $G \times^B (h + \mathfrak{n})$ 上の 2-形式を定める.

補題 6.3.11 ω は G-不変な非退化 2-形式である.

証明. 最初に G-不変性を証明する. $g^*\omega_{(g,h+y)} = \omega_{(1,h+y)}$ であることを示せば十分である. g_* を $g \in G$ が引き起こす $T_{(1,h+y)}$ から $T_{(g,h+y)}$ への写像とする. このとき $T_{(1,h+y)}$ の直和因子 $\mathfrak{n}$, $\mathfrak{n}_-$ はそれぞれ g_* によって $T_{(g,h+y)}$ の直和因子 $Ad_g(\mathfrak{n})$, $Ad_g(\mathfrak{n}_-)$ に移る. $w, w' \in \mathfrak{n}_-$ に対して

$$\omega_{(g,h+y)}(g_*\zeta_w, g_*\zeta_{w'}) = \omega_{(g,h+y)}(\zeta_{Ad_g(w)}, \zeta_{Ad_g(w')})$$
$$= \kappa(Ad_g(h+y), [Ad_g(w), Ad_g(w')]) = \kappa(h+y, [w, w']) = \omega_{(1,h+y)}(w, w')$$

が成り立つ. 一方で $v \in \mathfrak{n}$, $w \in \mathfrak{n}_-$ に対して

$$\omega_{(g,h+y)}(g_*v, g_*\zeta_w) = \omega_{(g,h+y)}(Ad_g(v), \zeta_{Ad_g(w)})$$

$$= \kappa(Ad_g v, Ad_g w) = \kappa(v, w) = \omega_{(1,h+y)}(v, \zeta_w)$$

である．このことから ω は G-不変である．次に ω が非退化なことを示そう．ω が G-不変であることがわかったので $\omega_{(1,h+y)}$ が非退化であることを示せばよい．これは $\omega_{(1,h+y)}(v, v') = 0$, $v, v' \in \mathfrak{n}$ であること，そしてキリング形式 κ が完全なペアリング $\mathfrak{n} \times \mathfrak{n}_- \to \mathbf{C}$ を与えることからわかる．□

命題 6.3.7 で見たように $\Pi_h \colon G \times^B (h + \mathfrak{n}) \to G \cdot (h + \mathcal{N}_h)$ は特異点解消であった．$[\mathfrak{z}_\mathfrak{g}(h), \mathfrak{z}_\mathfrak{g}(h)]$ の正則べき零元を z とする．このとき $G \cdot (h + \mathcal{N}_h) = \overline{G \cdot (h + z)}$ である．以後随伴軌道 $G \cdot (h + z)$ のことを O と書く．O 上のキリロフ–コスタント形式を ω_{KK} とする．ここで Π_h によって ω_{KK} を引き戻してできる $\Pi_h^{-1}(O)$ 上の 2-形式を (記号の濫用によって) $\Pi_h^*(\omega_{KK})$ と書くことにする．

系 6.3.12　2-形式 ω は $\Pi_h^*(\omega_{KK})$ の拡張になっている．特に ω はシンプレクティック形式である．

証明．　Π_h によって $\Pi_h^{-1}(O)$ は O と同型である．したがって Π_h は $[(g, h + y)] \in \Pi_h^{-1}(O)$ に対して接空間の間の同型射

$$d\Pi_h \colon T_{(g,h+y)} \to T_{Ad_g(h+y)} O$$

を引き起こす．$T_{Ad_g(h+y)} O$ を自然に $\mathfrak{g}$ の部分空間とみなすと

$$T_{Ad_g(h+y)} O = \{[w, Ad_g(h+y)] \mid w \in \mathfrak{g}\}$$

となる．一方, $w \in \mathfrak{g}$ に対してベクトル場 ζ_w を取ると, $d\Pi_h(\zeta_w) = [w, Ad_g(h+y)]$ が成り立つ．キリロフ–コスタント形式

$$(\omega_{KK})_{Ad_g(h+y)} \colon T_{Ad_g(h+y)} O \times T_{Ad_g(h+y)} O \to \mathbf{C}$$

は

$$(\omega_{KK})_{Ad_g(h+y)}([w, Ad_g(h+y)], [w', Ad_g(h+y)]) = \kappa(Ad_g(h+y), [w, w'])$$

によって定義されている．このことから

$$(\omega_{KK})_{Ad_g(h+y)}(d\Pi_h(\zeta_w), d\Pi_h(\zeta_{w'})) = \kappa(Ad_g(h+y), [w, w'])$$

である．補題 6.3.8 から右辺は $\omega_{(g,h+y)}(\zeta_w, \zeta_{w'})$ に等しい．したがって

$$\omega_{(g,h+y)}(\zeta_w,\zeta_{w'}) = (\omega_{KK})_{Ad_g(h+y)}(d\Pi_h(\zeta_w), d\Pi_h(\zeta_{w'}))$$

が成り立ち，$\Pi_h^{-1}(O)$ の上では ω と $\Pi_h^*(\omega_{KK})$ は等しい．ω_{KK} は d-閉であったから $\Pi_h^*(\omega_{KK})$ も d-閉であり，その拡張である ω も d-閉である．すでに ω が非退化であることは補題 6.3.11 でわかっているから ω はシンプレクティック形式である．□

　以上のようにして，各 $G \times^B (h+\mathfrak{n})$ 上にシンプレクティック形式が構成された．これらのシンプレクティック形式は合わさって，$\tilde{\mathfrak{g}}$ 上の相対的シンプレクティック形式 $\omega_{\tilde{\mathfrak{g}}}$ を定義する．

命題 6.3.13 $\mathfrak{g}$ 上には相対的シンプレクティック形式 $\omega_{\tilde{\mathfrak{g}}} \in \Gamma(\tilde{\mathfrak{g}}, \Omega^2_{\tilde{\mathfrak{g}}/\mathfrak{h}})$ が存在する．さらに $\omega_{\tilde{\mathfrak{g}}}$ を各ファイバー $G \times^B (h+\mathfrak{n})$ に制限したものは $\Pi_h^*(\omega_{KK})$ の拡張になっている．

6.4 べき零錐の同時特異点解消と周期写像

　この節では，G を連結複素単純代数群とする．つまり $\mathfrak{g}$ は単純と仮定する．前節で構成した $T^*(G/B)$ のシンプレクティック変形 $f\colon (\tilde{\mathfrak{g}}, \omega) \to \mathfrak{h}$ の周期写像

$$p\colon \mathfrak{h} \to H^2(T^*(G/B), \mathbf{C})$$

がどのような写像になるかを考えることにしよう．まず命題 3.3.1 から 3.3 節の条件 (i) は満たされる．さらに $\tilde{\mathfrak{g}}_0 = T^*(G/B)$ なので 3.3 節の条件 (ii) も満たされている．

　まず周期写像とは別に $\mathfrak{h}$ と $H^2(T^*(G/B), \mathbf{C})$ の間には自然な $\mathbf{C}$-線形同型射が存在することに注意する．実際 H の指標 $\chi\colon H \to \mathbf{C}^*$ は B の指標 $\chi_B\colon B \to \mathbf{C}^*$ に一意的に延長される．この χ_B から決まる B の 1 次表現を $\mathbf{C}(\chi_B)$ であらわす．χ に対して G/B 上の直線束 $L_\chi := G \times^B \mathbf{C}(\chi_B)$ を対応させることで同型射

$$\phi\colon \mathrm{Hom}_{alg.gp}(H, \mathbf{C}^*) \to \mathrm{Pic}(G/B) \cong H^2(G/B, \mathbf{Z})$$

を得る．$\chi\colon H \to \mathbf{C}^*$ はリー環の準同型 $\mathfrak{h} \to \mathbf{C}$ を引き起こすが，この対応によって自由加群 $\mathrm{Hom}_{alg.gp}(H, \mathbf{C}^*)$ は $\mathfrak{h}^*$ に埋め込まれる．とくに

$\mathrm{Hom}_{alg.gp}(H, \mathbf{C}^*) \otimes_{\mathbf{Z}} \mathbf{C} = \mathfrak{h}^*$ が成り立つ. したがって $\phi \otimes \mathbf{C}$ は同型射 $\mathfrak{h}^* \to H^2(G/B, \mathbf{C})$ を引き起こす. 一方, 射影 $pr \colon T^*(G/B) \to G/B$ による同型射 $pr^* \colon H^2(G/B, \mathbf{C}) \cong H^2(T^*(G/B), \mathbf{C})$ が存在するので $\phi \otimes \mathbf{C}$ は $\mathfrak{h}^*$ から $H^2(T^*(G/B), \mathbf{C})$ への同型射とみなすことができる. 最後に $\mathfrak{g}$ のキリング形式 κ によって $\mathfrak{h}$ と $\mathfrak{h}^*$ を同一視することによって同型射

$$\Phi \colon \mathfrak{h} \overset{\kappa}{\to} \mathfrak{h}^* \overset{\phi \otimes \mathbf{C}}{\to} H^2(T^*(G/B), \mathbf{C})$$

を得る.

このとき次が成り立つ:

命題 6.4.1 周期写像 p は零でない (複素) 定数倍を除いて Φ に一致する.

証明は 3 つの補題からなる.

補題 6.4.2 周期写像 p は **C**-線形写像である.

証明. $\omega|_{\tilde{\mathfrak{g}}_0}$ は $T^*(G/B)$ の標準的なシンプレクティック形式なので d-完全 2-形式である. したがって $[\omega|_{\tilde{\mathfrak{g}}_0}] \in H^2(T^*(G/B))$ は 0 である. すなわち $p(0) = 0$ である. p は正則写像なので p の線形性を示すためには p が $\mathbf{C}^*$-同変であることを示せばよい. ただし $\mathfrak{h}$, $H^2(T^*(G/B), \mathbf{C})$ には **C**-ベクトル空間としての自然な $\mathbf{C}^*$-作用を入れるものとする. $h \in \mathfrak{h}$ に対して $\omega_h := \omega|_{\tilde{\mathfrak{g}}_h}$ と置く. さらに C^∞-自明化 $\tilde{\mathfrak{g}} \cong T*(G/B) \times \mathfrak{h}$ によって $H^2(\tilde{\mathfrak{g}}_h, \mathbf{C})$ を $H^2(T^*(G/B), \mathbf{C})$ と同一視する. $t \in \mathbf{C}^*$ に対して $t[\omega_h] = [\omega_{th}] \in H^2(T^*(G/B), \mathbf{C})$ であることを示せばよい. $t \in \mathbf{C}^*$ の引き起こす同型射 $\tilde{\mathfrak{g}} \to \tilde{\mathfrak{g}}$ のことを ϕ_t と書く.

主張. $\phi_t^* \omega = t\omega$ が成り立つ.

証明. $\mathfrak{g}^*$ のリー-ポアソン構造を $\{\,,\,\}$, ポアソン 2-ベクトルを θ とする. $\mathfrak{g}^*$ をアファイン空間とみて f, g を $\mathfrak{g}^*$ 上の次数 d, e の斉次多項式とすると $\{f, g\}$ は次数 $d+e-1$ の斉次多項式になる. $\mathfrak{g}^*$ の t 倍写像を $t \colon \mathfrak{g}^* \to \mathfrak{g}^*$ であらわす. 上の事実は $t^*\theta = t^{-1}\theta$ を意味する (t は同型射なので 2-ベクトル θ の t による引き戻しは $t_*^{-1}\theta$ によって定義する). $\mathfrak{g}$ のキリング形式によって $\mathfrak{g}^*$ を $\mathfrak{g}$ と同一視する. これにより $\mathfrak{g}$ もポアソン構造を持つ. 対応するポアソン 2-ベクトルを記号の濫用により同じ θ であらわす. キリング形式による同一視は $\mathbf{C}^*$-同変なので $\mathfrak{g}$ 上でも $t^*\theta = t^{-1}\theta$ が成り立つ. $\mathfrak{g}^{\mathrm{reg}}$ 上のキリロフ-コスタント

形式 ω_{KK} に対して $\omega_{KK}(\theta) = 1$ が成り立つことに注意する. このことから $t^*\omega_{KK} = t\omega_{KK}$ がわかる. ω は $\pi\colon \tilde{\mathfrak{g}} \to \mathfrak{g}$ によって $\mathfrak{g}^{\mathrm{reg}}$ 上の ω_{KK} を引き戻して $\tilde{\mathfrak{g}}$ まで拡張したものである. π は $\mathbf{C}^*$-同変写像なので $\phi_t^*\omega = t\omega$ であることがわかる. $\square$

主張から同型射

$$\phi_{t^{-1}}^*\colon H^2(\tilde{\mathfrak{g}}_h, \mathbf{C}) \to H^2(\tilde{\mathfrak{g}}_{th}, \mathbf{C})$$

によって $[\omega_h]$ は $t^{-1}[\omega_{th}]$ に送られる. ここで $\phi_{t^{-1}}$ と最初に固定した $\tilde{\mathfrak{g}}$ の C^∞-自明化から決まる微分同相写像 $\beta_{th}\colon T^*(G/B) \to \tilde{\mathfrak{g}}_{th}$ の合成射

$$\gamma_h\colon T^*(G/B) \overset{\beta_{th}}{\to} \tilde{\mathfrak{g}}_{th} \overset{\phi_{t^{-1}}}{\to} \tilde{\mathfrak{g}}_h$$

を考える. 一方 $T^*(G/B)$ から $\tilde{\mathfrak{g}}_h$ へはやはり $\tilde{\mathfrak{g}}$ の C^∞-自明化から決まる微分同相写像

$$\beta_h\colon T^*(G/B) \to \tilde{\mathfrak{g}}_h$$

が存在する. しかし γ_h と β_h はホモトピー同値なので両者はコホモロジーのレベルでは同じ写像を与えることに注意する. 特に

$$\gamma_h^* = \beta_h^*\colon H^2(\tilde{\mathfrak{g}}_h, \mathbf{C}) \to H^2(T^*(G/B), \mathbf{C})$$

である. したがって

$$\beta_h^*([\omega_h]) = \gamma_h^*([\omega_h]) = \beta_{th}^* \circ \phi_{t^{-1}}^*([\omega_h]) = \beta_{th}^*(t^{-1}[\omega_{th}]) = t^{-1}\beta_{th}^*([\omega_{th}])$$

が成り立ち, $t\beta_h^*([\omega_h]) = \beta_{th}^*([\omega_{th}])$ であることがわかる. これが示したかったことである. 以上で周期写像 p が線形写像であることがわかった. $\square$

次に $H^2(T^*(G/B), \mathbf{C})$ に対してワイル群 W のモノドロミー作用を定義する. $\mathfrak{h}^{\mathrm{reg}}$ から基点 h_0 を一つ選ぶ. W の元 w は h_0 を $\mathfrak{h}^{\mathrm{reg}}$ の別の点 wh_0 に移す. 商写像 $\mathfrak{h} \to \mathfrak{h}/W$ に対して $\overline{h_0} = \overline{wh_0}$ である. $h_0 \in \mathfrak{h}^{\mathrm{reg}}$ なので $\pi_{h_0}\colon \tilde{\mathfrak{g}}_{h_0} \to \mathfrak{g}_{\overline{h_0}}$ は同型である. 同様に $\pi_{wh_0}\colon \tilde{\mathfrak{g}}_{wh_0} \to \mathfrak{g}_{\overline{wh_0}} = \mathfrak{g}_{\overline{h_0}}$ も同型である. 一方 C^∞-自明化 $\tilde{\mathfrak{g}} \cong T^*(G/B) \times \mathfrak{h}$ によって微分同相写像 $\beta_{h_0}\colon T^*(G/B) \to \tilde{\mathfrak{g}}_{h_0}$, $\beta_{wh_0}\colon T^*(G/B) \to \tilde{\mathfrak{g}}_{wh_0}$ が与えられている. したがって $T^*(G/B)$ の微分自己同相写像

$$m_w\colon T^*(G/B) \overset{\beta_{h_0}}{\to} \tilde{\mathfrak{g}}_{h_0} \overset{\pi_{h_0}}{\to} \mathfrak{g}_{\overline{h_0}} \overset{\pi_{wh_0}^{-1}}{\to} \tilde{\mathfrak{g}}_{wh_0} \overset{\beta_{wh_0}^{-1}}{\to} T^*(G/B)$$

が決まる. そこで $w \in W$ の $H^2(T^*(G/B), \mathbf{C})$ への作用を

$$m_{w^{-1}}^* : H^2(T^*(G/B), \mathbf{C}) \to H^2(T^*(G/B), \mathbf{C})$$

によって定義すると W は左から $H^2(T^*(G/B), \mathbf{C})$ に作用する. これを W の
モノドロミー作用と呼ぶ.

補題 6.4.3 $\Phi : \mathfrak{h} \to H^2(T^*(G/B), \mathbf{C})$ は W-同変写像である.

証明. モノドロミーを定義するところで使った射

$$\tilde{\mathfrak{g}}_{h_0} \overset{\pi_{h_0}}{\to} \mathfrak{g}_{\overline{h_0}} \overset{\pi_{wh_0}^{-1}}{\to} \tilde{\mathfrak{g}}_{wh_0}$$

をもう少し詳しく見てみよう. まず $\tilde{\mathfrak{g}}_{h_0} = G \times^B (h_0 + n(\mathfrak{b}))$ であり π_{h_0} は
$[g, h_0 + x] \in G \times^B (h_0 + n(\mathfrak{b}))$ に対して $Ad_g(h_0 + x) \in \mathfrak{g}$ を対応させる射で
あった. 一般に

$$\mathfrak{g}_{\overline{h_0}} = \{Ad_g(h_0 + x) \mid g \in G, \, x \in n(\mathfrak{b})\}$$

は有限個の随伴軌道の和集合であるが, $h_0 \in \mathfrak{h}^{\mathrm{reg}}$ なので h_0 を通る随伴軌道に
一致する: $\mathfrak{g}_{\overline{h_0}} = G \cdot h_0$. ここで

$$G_{h_0} := \{g \in G \mid Ad_g(h_0) = h_0\}$$

は G の極大トーラス H に一致する. したがって

$$G \cdot h_0 \cong G/G_{h_0} = G/H$$

が成り立つ. さらに π_{h_0} は同型射なので $\tau_{h_0} : \tilde{\mathfrak{g}}_{h_0} \cong G/H$ が成り立つ. 同じ
ことを $\pi_{wh_0} : \tilde{\mathfrak{g}}_{wh_0} \to \mathfrak{g}_{\overline{h_0}}$ に対して行う. やはり $G_{wh_0} = H$ なので同型射
$\tau_{wh_0} : \tilde{\mathfrak{g}}_{wh_0} \cong G/H$ を得る. τ_{h_0} では $\mathfrak{g}_{\overline{h_0}}$ を $G \cdot h_0$ とみなしているが, τ_{wh_0}
の方では $\mathfrak{g}_{\overline{h_0}}$ を $G \cdot wh_0$ とみなして同型を作っている違いがある. したがっ
て射

$$G/H \overset{\tau_{h_0}^{-1}}{\to} \tilde{\mathfrak{g}}_{h_0} \overset{\pi_{wh_0}^{-1} \circ \pi_{h_0}}{\to} \tilde{\mathfrak{g}}_{wh_0} \overset{\tau_{wh_0}}{\to} G/H$$

は $gH \to gw^{-1}H$ で与えられることがわかる. この射が G/H のピカール群に
どう作用するのかを計算しておこう. 指標 $\chi : H \to \mathbf{C}$ に対して $G \times^H \mathbf{C}(\chi)$ は
G/H 上の直線束になる. ここで $\mathbf{C}(\chi)$ は χ によって $\mathbf{C}$ を $\mathbf{C}^*$ の 1 次元表現と

みたものである. 写像 $G \times^H \mathbf{C}(\chi) \to G \times^H \mathbf{C}(w\chi)$ を $[g,x]_\chi \to [gw^{-1},x]_{w\chi}$ によって定義することができる. 実際これが代表元の取り方によらないことは, $t \in H$ に対して $[gt^{-1}, \chi(t)x]_\chi$ の行き先 $[gt^{-1}w^{-1}, \chi(t)x]_{w\chi}$ が $[gw^{-1},x]_{w\chi}$ と一致することを確かめればよい. ここで $t' := wt^{-1}w^{-1}$ と置くと

$$gt^{-1}w^{-1} = gw^{-1}(wt^{-1}w^{-1}) = gw^{-1}t',$$
$$\chi(t) = \chi(w^{-1}t'^{-1}w) = (w\chi)(t'^{-1})$$

なので

$$[gt^{-1}w^{-1}, \chi(t)x]_{w\chi} = [gw^{-1}t', \chi(t)x]_{w\chi} = [gw^{-1}t', (w\chi)(t'^{-1})x]_{w\chi} = [gw^{-1},x]_{w\chi}$$

である. これが示したかったことだった. 以上のことから直線束の可換図式

$$(6.6)$$

$$
\begin{array}{ccc}
G \times^H \mathbf{C}(\chi) & \longrightarrow & G \times^H \mathbf{C}(w\chi) \\
\downarrow & & \downarrow \\
G/H & \longrightarrow & G/H
\end{array}
$$

が存在することがわかった. ただし2段目の水平写像 $G/H \to G/H$ は $gH \to gw^{-1}H$ によって定義されている.

以上の準備の下で W の $H^2(T^*(G/B), \mathbf{C})$ に対するモノドロミー作用を計算する. 計算したいのは射

$$H^2(T^*(G/B)) \overset{\beta_{h_0}^*}{\leftarrow} H^2(\tilde{\mathfrak{g}}_{h_0}) \overset{(\pi_{wh_0}^{-1} \circ \pi_{h_0})^*}{\leftarrow} H^2(\tilde{\mathfrak{g}}_{wh_0}) \overset{(\beta_{wh_0}^{-1})^*}{\leftarrow} H^2(T^*(G/B))$$

であった. ここで $\beta_{h_0}^*$ は制限射を用いて

$$\beta_{h_0}^* : H^2(T^*(G/B)) \overset{\cong}{\Leftarrow} H^2(\tilde{\mathfrak{g}}) \overset{\cong}{\Rightarrow} H^2(\tilde{\mathfrak{g}}_{h_0})$$

と分解されることに注意する. そこで

$$H^2(\tilde{\mathfrak{g}}_{h_0}) \overset{(\pi_{wh_0}^{-1} \circ \pi_{h_0})^*}{\leftarrow} H^2(\tilde{\mathfrak{g}}_{wh_0})$$

を

$$H^2(\tilde{\mathfrak{g}}_{h_0}) \overset{\tau_{h_0}^*}{\leftarrow} H^2(G/H) \overset{w^{-1}}{\to} H^2(G/H) \overset{\tau_{wh_0}^*}{\to} H^2(\tilde{\mathfrak{g}}_{wh_0})$$

と分解して射

$$H^2(\tilde{\mathfrak{g}}) \overset{\cong}{\to} H^2(\tilde{\mathfrak{g}}_{h_0}) \overset{(\tau_{h_0}^{-1})^*}{\to} H^2(G/H) \overset{w^{-1}}{\to} H^2(G/H) \overset{\tau_{wh_0}^*}{\leftarrow} H^2(\tilde{\mathfrak{g}}_{wh_0}) \overset{\cong}{\Leftarrow} H^2(\tilde{\mathfrak{g}})$$

を考える. $\chi \in \mathrm{Hom}_{alg.gp}(H, \mathbf{C}^*)$ に対して G/B 上の直線束 $G \times^B \mathbf{C}(\chi_B)$ を射影 $G \times^B \mathfrak{b} \to G/B$ で引き戻したものを $\mathcal{L}_\chi$ と置く. また同じ直線束を射影 $G \times^B n(\mathfrak{b}) \to G/B$ で引き戻したものを L_χ と置く. すなわち

$$\mathcal{L}_\chi := G \times^B (\mathfrak{b} \times \mathbf{C}(\chi_B)),$$
$$L_\chi := G \times^B (n(\mathfrak{b}) \times \mathbf{C}(\chi_B))$$

である. $\mathcal{L}_\chi$, L_χ から決まるコホモロジー類を $[\mathcal{L}_\chi] \in H^2(\tilde{\mathfrak{g}})$, $[L_\chi] \in H^2(T^*(G/B))$ とする. このとき上の図式において次の対応を得る.

$$[\mathcal{L}_\chi] \to [\mathcal{L}_\chi|_{\tilde{\mathfrak{g}}_{h_0}}] \to [G \times^H \mathbf{C}(\chi)] \to [G \times^H \mathbf{C}(w\chi)] \leftarrow [\mathcal{L}_{w\chi}|_{\tilde{\mathfrak{g}}_{wh_0}}] \leftarrow [\mathcal{L}_{w\chi}].$$

したがって

$$m_{w^{-1}}^*([L_\chi]) = [L_{w\chi}]$$

が成り立つ. これは射

$$\mathfrak{h}^* \to H^2(T^*(G/B)), \ \chi \to [L_\chi]$$

が W-同変であることを意味する. キリング形式による同一視 $\mathfrak{h} \to \mathfrak{h}^*$ は W-同変なので Φ は W-同変である. $\square$

系 6.4.4 周期写像 p はある定数 $c \in \mathbf{C}$ を用いて $p = c\Phi$ と書ける.

証明. 周期写像の定義から p は W-同変である. $\mathfrak{g}$ は単純なので $\mathfrak{h}$ は W-表現として既約である. シューアの補題より p と Φ は定数倍を除いて一致する. $\square$

定数 c が 0 でないことを言うには周期写像 p が零写像でないことを示せばよい.

補題 6.4.5 p は零写像ではない.

証明. ボレル部分代数 $\mathfrak{b}$ から単純ルートの集合 Δ が決まる. $\alpha \in \Delta$ を1つ選び $\mathfrak{g}$ の α-固有空間を $\mathfrak{g}_\alpha$, $-\alpha$-固有空間を $\mathfrak{g}_{-\alpha}$ とする. この時

$$\mathfrak{g}_\alpha \oplus \mathfrak{g}_{-\alpha} \oplus [\mathfrak{g}_\alpha, \mathfrak{g}_{-\alpha}]$$

は $\mathfrak{g}$ のリー部分代数で $sl(2)$ と同型になる. $\mathfrak{h}$ の零でない元 t_α を用いて

$$[\mathfrak{g}_\alpha, \mathfrak{g}_{-\alpha}] = \mathbf{C}t_\alpha$$

と書ける.

$\mathfrak{g}$ のキリング形式 κ をこの $sl(2)$ に制限すると $sl(2)$ 上の $SL(2)$-不変な非零対称形式が決まる. $sl(2)$ 上の $SL(2)$-不変対称形式は定数倍を除いてただ一つなので $\kappa|_{sl(2)}$ は $sl(2)$ のキリング形式 $\bar{\kappa}$ の (零でない) 定数倍に一致する. リー環の埋め込み $sl(2) \to \mathfrak{g}$ に対応してリー群の準同型射 $SL(2, \mathbf{C}) \to G$ を得る. このとき B の逆像 B' は $SL(2, \mathbf{C})$ のボレル部分群 B' になる. B' のリー環を $\mathfrak{b}'$ とすると $\mathfrak{b}' = \mathbf{C}t_\alpha \oplus \mathfrak{g}_\alpha$ である. このとき

$$f_\alpha : G \times^B (\mathbf{C}t_\alpha \oplus n(\mathfrak{b})) \to \mathbf{C}t_\alpha$$

は $\tilde{\mathfrak{g}} \to \mathfrak{h}$ を $\mathbf{C}t_\alpha \subset \mathfrak{h}$ の上に制限したものなので $T^*(G/B)$ のシンプレクティック変形を与える. 同様にして

$$\bar{f}_\alpha : SL(2, \mathbf{C}) \times^{B'} (\mathbf{C}t_\alpha \oplus n(\mathbf{b}')) \to \mathbf{C}t_\alpha$$

は $T^*(SL(2, \mathbf{C})/B')$ のシンプレクティック変形を与える. 以後, 簡単のため

$$\tilde{\mathfrak{g}}\mathbf{C}t_\alpha := G \times^B (\mathbf{C}t_\alpha \oplus n(\mathfrak{b})),$$
$$\tilde{sl}(2) := SL(2, \mathbf{C}) \times^{B'} (\mathbf{C}t_\alpha \oplus n(\mathbf{b}'))$$

と置くことにする. 両者の間には自然な埋め込み写像

$$\tilde{sl}(2) \to \tilde{\mathfrak{g}}\mathbf{C}t_\alpha$$

が存在して次の図式は可換である.

$$\begin{array}{ccc} \tilde{sl}(2) & \longrightarrow & \tilde{\mathfrak{g}}\mathbf{C}t_\alpha \\ \bar{s}\downarrow & & s\downarrow \\ sl(2) & \longrightarrow & \mathfrak{g} \end{array} \qquad (6.7)$$

ただし垂直方向の射は 2 つともスプリンガー写像と呼ばれるもので $[g, x] \to Ad_g(x)$ によって定義されている. $\tilde{\mathfrak{g}}\mathbf{C}t_\alpha$ 上の f_α-相対シンプレクティック形式 ω_{f_α} をこの写像で引き戻したものは $\tilde{sl}(2)$ 上の $\bar{f}_\alpha$-相対シンプレクティック形式 $\omega_{\bar{f}_\alpha}$ に 0 でない定数を掛けたものに一致する.

これは次のようにして確かめることができる. $\tilde{\mathfrak{g}}\mathbf{C}t_\alpha$ 上の自然な G-作用によって $x \in \mathfrak{g}$ から $\tilde{\mathfrak{g}}\mathbf{C}t_\alpha$ 上のベクトル場 ζ_x が決まる. 同様に $\tilde{sl}(2)$ 上の $SL(2)$-作

用から $x \in sl(2)$ に対して $\tilde{sl}(2)$ 上のベクトル場 $\bar{\zeta}_x$ が決まる. 特に $p \in sl(2)$, $x \in sl(2) \subset \mathfrak{g}$ に対しては $(\zeta_x)_p = (\bar{\zeta}_x)_p$ であることに注意する. 一方 $x, y \in sl(2) \subset \mathfrak{g}$ に対して

$$(\omega_{f_\alpha})_p((\zeta_x)_p, (\zeta_y)_p) = \kappa(s(p), [x, y]),$$
$$(\omega_{\bar{f}_\alpha})_p((\bar{\zeta}_x)_p, (\bar{\zeta}_y)_p) = \bar{\kappa}(\bar{s}(p), [x, y])$$

である. 証明のはじめで注意したようにある定数 $c \neq 0$ を用いて $\kappa|_{sl(2)} = c\bar{\kappa}$ と書ける. 可換図式から $\bar{s}(p) = s(p) \in sl(2)$ なので,

$$(\omega_{f_\alpha})_p((\zeta_x)_p, (\zeta_y)_p) = c(\omega_{\bar{f}_\alpha})_p((\bar{\zeta}_x)_p, (\bar{\zeta}_y)_p)$$

が成り立つ.

さて $\lambda \in \mathbf{C} - \{0\}$ を固定する. $f_\alpha \colon \tilde{\mathfrak{g}}_{\mathbf{C}t_\alpha} \to \mathbf{C}t_\alpha$ に対して

$$\tilde{\mathfrak{g}}_{\lambda t_\alpha} := f_\alpha^{-1}(\lambda t_\alpha)$$

と置く. 同様に $\bar{f}_\alpha \colon \tilde{sl}(2) \to \mathbf{C}t_\alpha$ に対して

$$\tilde{sl}(2)_{\lambda t_\alpha} := \bar{f}_\alpha^{-1}(\lambda t_\alpha)$$

と置く. このとき $\bar{s}(\tilde{sl}(2)_{\lambda t_\alpha})$ は λt_α を含む $SL(2)$-随伴軌道 $SL(2) \cdot \lambda t_\alpha$ に一致する. さらに

$$\bar{s}|_{\tilde{sl}(2)_{\lambda t_\alpha}} \colon \tilde{sl}(2)_{\lambda t_\alpha} \to SL(2) \cdot \lambda t_\alpha$$

は同型である. ここで $p \in \tilde{sl}(2)_{\lambda t_\alpha}$ と仮定する. $\bar{s}(p) \in SL(2) \cdot \lambda t_\alpha$ に対して $SL(2)$ の作用から決まる接空間の写像

$$sl(2) \to T_{\bar{s}(p)} SL(2) \cdot \lambda t_\alpha$$

は全射である. したがって $\tilde{sl}(2)_{\lambda t_\alpha}$ の p における任意の接ベクトルも $(\zeta_x)_p$ $(x \in sl(2))$ の形をしている. このことと先ほどの等式から $\omega_{f_\alpha}|_{\tilde{\mathfrak{g}}_{\lambda t_\alpha}}$ を $\tilde{sl}(2)_{\lambda t_\alpha}$ に引き戻したものは $c\omega_{\bar{f}_\alpha}|_{\tilde{sl}(2)_{\lambda t_\alpha}}$ に一致する. $\lambda \in \mathbf{C} - \{0\}$ は任意に取れたので ω_{f_α} の $\tilde{sl}(2)$ への引き戻しはザリスキー開集合上で $c\omega_{\bar{f}_\alpha}$ に一致する. したがってすべての点で一致する.

以上の考察から f_α に対する周期写像 p_α と $\bar{f}_\alpha$ に対する周期写像 $\bar{p}_\alpha$ の間には次の可換図式が存在する.

$$\mathbf{C}t_\alpha \xrightarrow{\;p_\alpha\;} H^2(T^*(G/B))$$

$$id \downarrow \qquad\qquad\qquad res \downarrow \qquad\qquad (6.8)$$

$$\mathbf{C}t_\alpha \xrightarrow{\;c\bar{p}_\alpha\;} H^2(T^*(SL(2,\mathbf{C})/B'))$$

もともとの周期写像 p が零でないことを言うには p_α が零でないことをいえば十分であり, p_α が零でないことを示すには $\bar{p}_\alpha$ が零でないことを言えば十分である. 結局, 補題 6.4.5 を示すには $\mathfrak{g} = sl(2)$ のときを考えれば十分である. この場合次の例が示すように周期写像は 0 でない. □

例 6.4.6 $\mathfrak{g} = sl(2)$, $\mathfrak{b}$ を $sl(2)$ に含まれる上半三角行列全体からなるボレル部分代数, $\mathfrak{h}$ を $sl(2)$ に含まれる対角行列全体からなるカルタン部分代数とする. ここで

$$e = \begin{pmatrix} 0 & 1 \\ 0 & 0 \end{pmatrix},$$

$$f = \begin{pmatrix} 0 & 0 \\ 1 & 0 \end{pmatrix},$$

$$h = \begin{pmatrix} 1 & 0 \\ 0 & -1 \end{pmatrix}$$

と置く. さらに $\{e, f, h\}$ に対する $sl(2)^*$ の双対基底を $\{e^*, f^*, h^*\}$ とする. キリング形式による同一視 $\mathfrak{g} \cong \mathfrak{g}^*$ はこれらの基底を用いると

$$e \to 4f^*, \quad f \to 4e^*, \quad h \to 8h^*$$

で与えられる. 特に $\mathfrak{h}$ と $\mathfrak{h}^*$ の間の同一視は $h \to 8h^*$ で与えられている. $\mathfrak{h}^*$ の中には $\mathfrak{g}$ のルート $h^*, -h^*$ が含まれている. 特に h^* に対応する $\mathfrak{h}$ の元は $1/8 \cdot h$ である. ここでは $f\colon \tilde{\mathfrak{g}} \to \mathfrak{h}$ の相対シンプレクティック形式 ω を $1/8 \cdot h$ 上のファイバー $\tilde{\mathfrak{g}}_{1/8 \cdot h}$ に制限した $\omega_{1/8 \cdot h}$ を考え $[\omega_{1/8 \cdot h}] \in H^2(\tilde{\mathfrak{g}}_{1/8 \cdot h})$ が何になるかを計算する. 可換図式

$$\begin{array}{ccc} \tilde{\mathfrak{g}} & \xrightarrow{\;\pi\;} & \mathfrak{g} \\ f \downarrow & & q \downarrow \\ \mathfrak{h} & \longrightarrow & \mathfrak{h}/W \end{array} \qquad (6.9)$$

において $W = \mathbf{Z}/2\mathbf{Z}$ で射 $\mathfrak{h} \to \mathfrak{h}/W = \mathbf{C}$ は $h \to \det(h)$ によって与えられる. したがって可換図式から射

$$\tilde{\mathfrak{g}}_{1/8 \cdot h} \to \mathfrak{g}_{-1/64}$$

が存在する. $\mathfrak{g}_{-1/64}$ は随伴軌道 $SL(2) \cdot (1/8 \cdot h)$ に一致して, この射は同型射である. $\mathfrak{g}^*$ の元を $xe^* + yf^* + zh^*$ とあらわして $\mathbf{C}^3$ と同一視する. この時キリング形式による同型射 $\mathfrak{g} \to \mathfrak{g}^*$ は同型射

$$\mathfrak{g}_{-1/64} \cong \{(x, y, z) \in \mathbf{C}^3 \mid z^2 + 4xy = 1\}$$

を誘導する. $\mathfrak{g}^*$ 上にはリー環 $\mathfrak{g}$ から定まる自然なポアソン構造が存在する.

$$\{x, y\} = z, \ \{z, x\} = 2x, \ \{z, y\} = -2y$$

なのでポアソン 2-形式は

$$\theta = z\frac{\partial}{\partial x} \wedge \frac{\partial}{\partial y} + 2x\frac{\partial}{\partial z} \wedge \frac{\partial}{\partial x} - 2y\frac{\partial}{\partial z} \wedge \frac{\partial}{\partial y}$$

で与えられる. $\mathfrak{g}^* \cong \mathfrak{g} \to \mathfrak{h}/W$ によって $\mathfrak{g}^*$ は $\mathfrak{h}/W$ をパラメーター空間とする代数曲面族とみなせる. このとき $\theta \in \Gamma(\mathfrak{g}^*, \wedge^2 \Theta_{\mathfrak{g}^*/(\mathfrak{h}/W)})$ であり, θ は $\mathfrak{g}^* \to \mathfrak{h}/W$ の各ファイバーの 2-ベクトル場を定める. それらは, 原点上のファイバー以外では非退化である. 特に

$$\mathfrak{g}^*_{-1/64} = \{(x, y, z) \in \mathbf{C}^3 \mid z^2 + 4xy = 1\}$$

上で θ は同一視

$$\Omega^1_{\mathfrak{g}^*_{-1/64}} \cong \Theta_{\mathfrak{g}^*_{-1/64}}$$

を与え, さらに両辺の 2 回の交代積 (exterior power) を取ることにより同型

$$\Omega^2_{\mathfrak{g}^*_{-1/64}} \cong \wedge^2 \Theta_{\mathfrak{g}^*_{-1/64}}$$

が決まる. このとき θ に対応する 2-形式 $\omega_{-1/64}$ は

$$\omega_{-1/64} = \frac{dx \wedge dy}{z} = -\frac{dx \wedge dz}{2x} = \frac{dy \wedge dz}{2y}$$

で与えられる. $\mathfrak{g}^*_{-1/64}$ 上では x, y, z が同時に消えることはないのでこの 2-形式は至る所消えない. 問題は $[\omega_{-1/64}] \in H^2(\mathfrak{g}^*_{-1/64})$ が何になるかであった. そのためには $\omega_{-1/64}$ を $\mathfrak{g}^*_{-1/64}$ の適当な 2-サイクルで積分すればよい. まず

変数変換

$$x = 1/2(x' + iy'), \ y = 1/2(x' - iy'), \ z = z'$$

をして

$$\mathfrak{g}^*_{-1/64} = \{(x', y', z') \in \mathbf{C}^3 \mid x'^2 + y'^2 + z'^2 = 1\}$$

とみなす. このとき

$$\omega_{-1/64} = -\frac{i}{2} \cdot \frac{dx' \wedge dy'}{z'}$$

である. また

$$S^2 := \{(x', y', z') \in \mathbf{R}^3 \mid x'^2 + y'^2 + z'^2 = 1\}$$

は $\mathfrak{g}^*_{-1/64}$ の中の実 2 次元コンパクト部分多様体である. S^2 に適当な向きを与えて積分

$$\int_{S^2} \omega_{-1/64}$$

を計算すると $-2\pi i$ であることがわかる. $H^2(\mathfrak{g}^*_{-1/64}) = \mathbf{C}$ なので, これによってコホモロジー類 $[\omega_{-1/64}]$ は完全に決定される. 特に $[\omega_{-1/64}] \neq 0$ である.

第7章
べき零軌道閉包のシンプレクティック特異点解消

この章では，複素半単純リー環のべき零軌道閉包の射影的なシンプレクティック特異点解消が，スプリンガー特異点解消に一致するという，B. Fu [Fu] の結果を証明する (定理 7.2.1)．ここで紹介する証明は，複素射影接触多様体を用いるもので，[Na 2] にしたがった．

7.1 複素射影接触多様体

2.2 節で，複素多様体 M の接触構造について説明したが，もう一度簡単に復習しておく．$\dim M = 2n - 1$ の複素多様体 M 上の接触構造とは，正則ベクトル束の完全系列

$$0 \to F \to \Theta_M \xrightarrow{\theta} L \to 0$$

で次の性質を持つもののことである：

(i) L は直線束，F は階数 $2n - 2$ のベクトル束．

(ii)

$$F \times F \to L, \quad (x, y) \to \theta([x, y])$$

は非退化な反対称形式．ここで $[x, y]$ はベクトル場 x, y の括弧積である．

L のことを接触直線束と呼ぶ．さらに $\theta \in \Gamma(M, \Omega_M \otimes L)$ を接触 1-形式と呼んだ．M の複素多様体としての自己同型 φ が与えられると，接束 Θ_M の自己同型射で φ と可換なものが自然に誘導される：

$$
\begin{array}{ccc}
\Theta_M & \xrightarrow{\tilde{\varphi}} & \Theta_M \\
\downarrow & & \downarrow \\
M & \xrightarrow{\varphi} & M
\end{array}
\tag{7.1}
$$

直線束 L の (φ と可換な) 自己同型射 ψ で，次の図式を可換にするものが存在

するとき，φ を (M,θ) の**接触自己同型射**と呼ぶ.

$$
\begin{array}{ccc}
\Theta_M & \xrightarrow{\ \tilde{\varphi}\ } & \Theta_M \\
\theta \downarrow & & \downarrow \theta \\
L & \xrightarrow{\ \psi\ } & L
\end{array}
\tag{7.2}
$$

ψ は存在すれば一意的である.

ここで M の自明な無限小 1 次変形 $M \times S_1$ を考え，$\varphi\colon M \times S_1 \to M \times S_1$ を S_1-自己同型射で，$\varphi|_{M \times \{0\}} = id_M$ となるものとする. φ は $\Theta_{M \times S_1/S_1}$ の自己同型射 $\tilde{\varphi}$ を自然に誘導して，次の図式は可換である:

$$
\begin{array}{ccc}
\Theta_{M \times S_1/S_1} & \xrightarrow{\ \tilde{\varphi}\ } & \Theta_{M \times S_1/S_1} \\
\downarrow & & \downarrow \\
M \times S_1 & \xrightarrow{\ \varphi\ } & M \times S_1
\end{array}
\tag{7.3}
$$

$p\colon M \times S_1 \to M$ を第 1 成分への射影として，$L_1 := p^*L$ と置く. $\Theta_{M \times S_1/S_1} = p^*\Theta_M$ である. $\Theta \xrightarrow{\theta} L$ を p で引き戻した射のことを $\Theta_{M \times S_1/S_1} \xrightarrow{\theta_1} L_1$ と書こう. 直線束 L_1 の (φ と可換な) 自己同型射 ψ で $\psi|_{M \times \{0\}} = id_L$ を満たし，次の図式を可換にするようなものが存在するとき，φ を (M,θ) の**無限小接触自己同型射**と呼ぶ.

$$
\begin{array}{ccc}
\Theta_{M \times S_1/S_1} & \xrightarrow{\ \tilde{\varphi}\ } & \Theta_{M \times S_1/S_1} \\
\theta_1 \downarrow & & \downarrow \theta_1 \\
L_1 & \xrightarrow{\ \psi\ } & L_1
\end{array}
\tag{7.4}
$$

(M,θ) の無限小接触自己同型射全体のなす群を $\mathrm{Aut}((M \times S_1, \theta_1), id|_M)$ であらわす.

命題 7.1.1　$\mathrm{Aut}((M \times S_1, \theta_1), id|_M) \cong H^0(M, L)$.

証明.　$H^0(M, \Theta_M)$ の元 v は 命題 3.1.1 より，$M \times S_1$ の S_1-自己同型射 φ_v を定める. もし，$\varphi_v \in \mathrm{Aut}((M \times S_1, \theta_1), id|_M)$ であれば，φ_v と可換な $\Theta_{M \times S_1/S_1}$ の自己同型射 $\tilde{\varphi}_v$ と，やはり φ_v と可換な L_1 の自己同型射 ψ が存在して，すぐ上で述べたような可換図式が存在する. ここで M の開被覆 $M = \cup U_i$ を $L|_{U_i}$ が自明になるように取り，$L|_{U_i} \cong \mathcal{O}_{U_i}$ とみなす. このと

き，$\psi|_{U_i \times S_1} : \mathcal{O}_{U_i \times S_1} \to \mathcal{O}_{U_i \times S_1}$ は，

$$\psi|_{U_i \times S_1} = 1 + \epsilon(-v + f_i), \ f_i \in \Gamma(U_i, \mathcal{O}_M)$$

の形で書ける．ここで v は微分作用素とみている．また $\theta_i := \theta|_{U_i}$ と置くと，

$$\theta_1|_{U_i \times S_1} = \theta_i + \epsilon \cdot 0$$

である．したがって $\tilde{\varphi}_i := \tilde{\varphi}|_{\Theta_{U_i \times S_1}}$ と置くと，可換図式

$$\begin{array}{ccc} \Theta_{U_i \times S_1/S_1} & \xrightarrow{\ \tilde{\varphi}_i\ } & \Theta_{U_i \times S_1/S_1} \\ \theta_i \downarrow & & \theta_i \downarrow \\ \mathcal{O}_{U_1 \times S_1} & \xrightarrow{1 + \epsilon(-v + f_i)} & \mathcal{O}_{U_1 \times S_1} \end{array} \qquad (7.5)$$

を得る．ここで，

$$\theta_i \circ \tilde{\varphi}_i = (1 - \epsilon v)(\theta_i + \epsilon L_v \theta_i) = \theta_i + \epsilon(-v\theta_i + L_v \theta_i)$$

が成り立つ．一方，

$$(1 + \epsilon(-v + f_i)) \circ \theta_i = \theta_i + \epsilon(-v\theta_i + f_i\theta_i)$$

であるから，

$$L_v \theta_i = f_i \theta_i$$

が成り立つ．もし別の $f_i' \in \Gamma(U_i, \mathcal{O}_M)$ に対して，$L_v \theta_i = f_i'\theta_i$ が成り立ったとすると，f_i のかわりに f_i' を使って，上と同様の可換図式が作れるが，図式を可換にするような f_i はただ一つだから，$f_i' = f_i$ が成り立つ．

逆に，$v \in H^0(M, \Theta_M)$ と各 U_i に対してある $f_i \in \mathcal{O}_{U_i}$ が存在して $L_v \theta_i = f_i \theta_i$ であったとする．上で注意したように，このような f_i は v に対して一意的に決まる．したがって $\mathcal{O}_{U_i \times S_1} \overset{1 + \epsilon(-v + f_i)}{\to} \mathcal{O}_{U_i \times S_1}$ は φ_v と可換な L_1 の同型射 ψ を定義して，$\varphi_v \in \mathrm{Aut}((M \times S_1, \theta_1), id|_M)$ となる．

M の開集合 U で $L|_U \cong \mathcal{O}_U$ となるものに対して，

$$\mathcal{T}(U) := \{ v \in \Theta_U \mid L_v \theta_U = f_U \theta_U, \ \exists f_U \in \Gamma(U, \mathcal{O}) \}$$

と置くことにより，Θ_M の部分層が決まる．ただし，$\theta_U := \theta|_U$ である．$\mathcal{T}$ は **C**-加群の層ではあるが，$\mathcal{O}_M$-加群の層ではないことに注意する．このとき，同型射

$$H^0(M, \mathcal{T}) \to \mathrm{Aut}((M \times S_1, \theta_1),\, id|_M), \quad v \to \varphi_v$$

が存在する．最後に $\theta: \Theta_M \to L$ は，**C**-加群の層としての同型射 $\mathcal{T} \to L$ を誘導することを示そう．そうすれば，$H^0(M, \mathcal{T}) \cong H^0(M, L)$ となり，命題の主張がしたがう．そのためには，**C**-準同型 $s: L \to \Theta_M$ で $\theta \circ s = id, s(L) = \mathcal{T}$ となるものを作ればよい．$L|_U$ が自明になるような開集合 $U \subset M$ に対して，$h \in \Gamma(U, L)$ を取り，$v \in \Gamma(U, \Theta_M)$ で，

- $L_v \theta_U = f_U \theta_U,\ \exists f_U \in \Gamma(U, \mathcal{O}_U)$
- $v \rfloor \theta_U = h$

を満たすものが一意的に存在することを示そう．この v を $s(h)$ と置けばよい．まず $v \rfloor \theta_U = h$ となる v を1つ取る．このとき 1-形式 $L_v \theta_U$ を $\mathrm{Hom}(\Theta_U, \mathcal{O}_U)$ の元とみる．完全系列

$$0 \to F \to \Theta_U \overset{\theta_U}{\to} \mathcal{O}_U \to 0$$

を考え，射 $\mathrm{Hom}(\Theta_U, \mathcal{O}_U) \to \mathrm{Hom}(F, \mathcal{O}_U)$ による $L_v \theta_U$ の像を $L_v \theta_U|_F$ と書く．次に $v_0 \in \Gamma(U, F)$ によるリー微分を考えてみよう．$v_0 \rfloor \theta_U = 0$ なので

$$L_{v_0} \theta_U = d(v_0 \rfloor \theta_U) + v_0 \rfloor d\theta_U = v_0 \rfloor d\theta_U$$

である．特に $L_{v_0} \theta_U|_F = v_0 \rfloor d\theta_U|_F$ である．ここで，$x, y \in F$ に対して

$$d\theta_U(x, y) = x(\theta_U(y)) - y(\theta_U(x)) - \theta_U([x, y]) = -\theta_U([x, y])$$

であることに注意しよう．したがって

$$v_0 \rfloor d\theta_U|_F(\cdot) = -\theta_U([v_0, \cdot]) \in \mathrm{Hom}(F, \mathcal{O}_U)$$

である．接触構造の定義から，$\mathrm{Hom}(F, \mathcal{O}_U)$ のどの元も，適当な v_0 を用いて，$\theta_U([v_0, \cdot])$ の形に書ける．特に，$L_v \theta_U|_F(\cdot) = \theta_U([v_0, \cdot])$ となる v_0 が存在する．この v_0 に対して

$$L_{v+v_0} \theta_U|_F = 0$$

が成り立つ．したがって

$$L_{v+v_0} \theta_U = f_U \theta_U,\ \exists f_U \in \Gamma(U, \mathcal{O}_U)$$

である．いっぽう，$v_0 \rfloor \theta_U = 0$ なので，$v + v_0 \rfloor \theta_U = h$ である．この $v + v_0$

が求めるべき元である. 一意性は次のようにする. もし v, v' がともに 2 条件
を満たしていたとする. このとき $w := v - v'$ と置くと $w \rfloor \theta_U = 0$ なので,
$w \in F$ であり, $L_w \theta_U$ は θ_U の正則関数倍になっている. 特に $L_w \theta_U|_F = 0$
である. 一方,

$$L_w \theta_U = d(w \rfloor \theta_U) + w \rfloor d\theta_U = w \rfloor d\theta_U,$$

$$w \rfloor d(\theta_U)|_F(\cdot) = -\theta_U([w, \cdot]) \in \mathrm{Hom}(F, \mathcal{O}_U)$$

なので $w = 0$ でなければならない. $\square$

複素多様体 M の余接束 T^*M は標準的なシンプレクティック形式 ω を持つ.
この ω から $\mathbf{P}(T^*M)$ 上には $\mathcal{O}_{\mathbf{P}(T^*M)}(1)$ を接触直線束に持つような接触 1-形
式 θ_0 が定まる. θ_0 のことを標準的な接触 1-形式と呼ぶことにする. 射影接触
多様体 (Z, L) の構造に関しては, Kebekus, Peternell, Sommese, Wisniewski
による次の構造定理がある.

定理 7.1.2 ([KPSW], Theorem 1.1, Proposition 2.14) (Z, L) を射影
接触多様体と接触直線束の組とする. $b_2(Z) > 1$ で, K_Z はネフではない
と仮定する. このとき, ある非特異射影多様体 M が存在して, $(Z, L) \cong$
$(\mathbf{P}(T^*M), \mathcal{O}_{\mathbf{P}(T^*M)}(1))$ が成り立つ. さらにこの同型射によって, Z の接
触 1-形式は, $\mathbf{P}(T^*M)$ の標準的な接触 1-形式 θ_0 に一致する.

7.2 べき零軌道に付随する接触多様体

複素半単純リー環 $\mathfrak{g}$ のべき零軌道 O を取り, その閉包を $\bar{O}$ とする. $\mathfrak{g}$ は
単純リー環の直和 $\bigoplus_{1 \le i \le r} \mathfrak{g}_i$ と書け, O は $\mathfrak{g}_i$ のべき零軌道 O_i を用いて,
$O = O_1 \times \cdots \times O_r$ と書ける. このとき, もし $O_{i_0} = \{0\}$ となるような i_0 が存
在すれば, $\mathfrak{g}$ の代わりに, $\bigoplus_{i \ne i_0} \mathfrak{g}_i$ を考えることにより, 最初から $O_i \ne \{0\}, \forall i$
と仮定しておく. $\mathfrak{g}$ にはスカラー倍によって $\mathbf{C}^*$ が作用しており, O と $\bar{O}$ は
この作用で保たれる. そこで $\mathbf{P}(\bar{O}) := \bar{O} - \{0\}/\mathbf{C}^*$ と置く. $\mathbf{P}(\bar{O})$ は射影空
間 $\mathbf{P}(\mathfrak{g})$ $(:= \mathfrak{g} - \{0\}/\mathbf{C}^*)$ に埋め込まれた射影多様体である.

$\bar{O}$ の正規化 $\tilde{O}$ はキリロフ–コスタント形式 ω によってシンプレクティック
特異点になる. さらに $\bar{O}$ の $\mathbf{C}^*$-作用は, $\tilde{O}$ の $\mathbf{C}^*$-作用を誘導して, ω のウエ
イトは 1 となる. このことから $(\tilde{O}, \omega)$ は錐的シンプレクティック多様体にな

る.ここで

$$\pi\colon Y \to \bar{O}$$

を非特異代数多様体 Y から $\bar{O}$ への射影的双有理射とする.π は $Y \to \tilde{O} \to \bar{O}$ と分解するが,Y は $\tilde{O}$ のシンプレクティック特異点解消を与えていると仮定する.命題 4.1.15 より,$\tilde{O}$ の $\mathbf{C}^*$-作用は,Y 上にまで延長して,その結果 π は $\mathbf{C}^*$-同変な射になる.この章の目標は次の定理を証明することである.

定理 7.2.1 ([Fu], Main Theorem) 複素半単純リー環 $\mathfrak{g}$ の随伴群 G の適当な放物型部分群 P が存在して,π はスプリンガー特異点解消 $\mu\colon T^*(G/P) \to \bar{O}$ に一致する.

正規化写像 $\tau\colon \tilde{O} \to \bar{O}$ の構造をもう少し詳しく見てみよう.まず $\bar{O}$ の関数環を $R = \bigoplus_{i\geq 0} R_i$,$\tilde{O}$ の関数環を $S := \bigoplus_{i\in\mathbf{Z}} S_i$ と置く.このとき $S_i = 0$,$i < 0$ であり,$S_0 = \mathbf{C}$ である.なぜなら,S の斉次元 $x \in S_k$ を取ると x は R 上整なので,

$$x^n + a_{n-1}x^{n-1} + \cdots + a_1 x + a_0 = 0$$

となるような $a_i \in R$ が存在する.このとき $a_i \in R_{(n-i)k}$ と仮定してよい.もし $k < 0$ であれば,a_i の次数は負になってしまい,$a_i = 0$ である.つまり $x^n = 0$ であり,R が整域なので $x = 0$ がわかる.もし $k = 0$ ならば,$a_i \in R_0$,すなわち $a_i \in \mathbf{C}$ である.このことより,$x \in \mathbf{C}$ である.以上のことから,$\tilde{O}$ の $\mathbf{C}^*$-固定点は,S の極大イデアル $\oplus_{i>0}S_i$ に対応する点 $\tilde{0}$ のみである.このことは,$\tau^{-1}(0) = \{\tilde{0}\}$ となることを示している.実際,$\tau^{-1}(0)$ は有限個の点からなるので,$\tau^{-1}(0)$ の各点は $\mathbf{C}^*$-固定点でなければならないからである.R は $\mathbf{C}$ 上 R_1 で生成されているが,S は S_1 で生成されているとは限らないことに注意しておく.ここで,$\mathbf{P}(\tilde{O}) := \tilde{O} - \{0\}/\mathbf{C}^*$ と置くと,$\mathbf{P}(\bar{O})$ の正規化は $\mathbf{P}(\tilde{O})$ に他ならない.

さて,もとの話に戻って,$Z := Y - \pi^{-1}(0)/\mathbf{C}^*$ と置く.次の命題で説明するように,Z は代数多様体になり,π は射

$$\bar{\pi}\colon Z \to \mathbf{P}(\bar{O})$$

を誘導する.

命題 7.2.2 $\bar{\pi}: Z \to \mathbf{P}(\bar{O})$ は $\mathbf{P}(\tilde{O})$ を経由して，$\mathbf{P}(\tilde{O})$ の射影的なクレパント特異点解消を与える.

証明. $L \in \mathrm{Pic}(Y)$ を π-豊富な直線束で $\pi^*\pi_* L \to L$ が全射になるようなものとする. 必要なら L を何乗かして L は $\mathbf{C}^*$-線形化を持つとしてよい (cf. [C-G], Theorem 5.1.9). $\bar{O}$ の関数環 $\mathbf{C}[\bar{O}]$ は次数付き環であり，$\Gamma(Y, L)$ は次数付き $\mathbf{C}[\bar{O}]$-加群である. したがって $\Gamma(Y, L)$ から $\mathbf{P}(\bar{O})$ 上の連接層 $\widetilde{\Gamma(Y, L)}$ が決まる. 自然数 n を十分大きく取れば，$\widetilde{\Gamma(Y, L)} \otimes \mathcal{O}_{\mathbf{P}(\bar{O})}(n)$ は大域切断で生成される. 次数付き $\mathbf{C}[\bar{O}]$-加群 $\mathbf{C}[\bar{O}][1]$ を $\mathbf{C}[\bar{O}][1]_i := \mathbf{C}[\bar{O}]_{i+1}$ で定義する. このとき $\mathcal{O}_{\mathbf{P}(\bar{O})}(1) = \widetilde{\mathbf{C}[\bar{O}][1]}$ であることに注意する. $\mathbf{C}[\bar{O}][1]$ は $\bar{O}$ 上の $\mathbf{C}^*$-線形化された自明束 M を定義する. このとき L を $L \otimes \pi^* M^{\otimes n}$ で置き換えることにより，最初から $\widetilde{\Gamma(Y, L)}$ は大域切断で生成されていると仮定してよい.

主張. $Y - \pi^{-1}(0)$ の任意の点 y に対して $s(y) \neq 0$ となるような $\mathbf{C}^*$-不変な切断 $s \in \Gamma(Y - \pi^{-1}(0), L)$ が取れる.

証明. $\mathcal{F} := \pi_* L|_{\bar{O} - \{0\}}$ と置く. さらに，自然な射影 $\bar{O} - \{0\} \to \mathbf{P}(\bar{O})$ を p であらわす. このとき

$$\widetilde{\Gamma(Y, L)} = p_*^{\mathbf{C}^*} \mathcal{F}$$

である. ここで自然な準同型

$$p^* p_*^{\mathbf{C}^*} \mathcal{F} \to \mathcal{F}$$

は全射になる. なぜなら，$R := \mathbf{C}[\bar{O}]$ と置くと R は次数付き環である: $R = \bigoplus_{i \geq 0} R_i$. $R_0 = \mathbf{C}$ であり，R は $\mathbf{C}$-代数として，R_1 で生成されている. したがって，$f \in R_1$, $f \neq 0$ に対して

$$(\Gamma(Y, L)_f)_0 \otimes_{(R_f)_0} R_f \to \Gamma(Y, L)_f$$

が全射であることをチェックすればよい. $\Gamma(Y, L)_f$ の斉次元は，ある正の整数 d, e に対して $\frac{m_d}{f^e}$, $m_d \in \Gamma(Y, L)_d$ という形をしているが

$$\frac{m_d}{f^d} \otimes f^{d-e} \to \frac{m_d}{f^e}$$

となるので，全射性がチェックできた.

次に，$x := \pi(y)$ と置く．$x \in \bar{O} - \{0\}$ であり，さらに $\bar{x} := p(x) \in \mathbf{P}(\bar{O})$ と置く．上で示した全射性から，

$$p_*^{\mathbf{C}^*} \mathcal{F} \otimes_{\mathcal{O}_{\mathbf{P}(\bar{O})}} k(\bar{x}) = p_*^{\mathbf{C}^*} \mathcal{F} \otimes_{\mathcal{O}_{\mathbf{P}(\bar{O})}} k(\bar{x}) \otimes_{k(\bar{x})} k(x) \to \mathcal{F} \otimes_{\mathcal{O}_{\bar{O}-\{0\}}} k(x)$$

は全射である．仮定から $p_*^{\mathbf{C}^*} \mathcal{F}$ は大域切断で定義された．したがって，任意の元 $\alpha \in \mathcal{F} \otimes k(x)$ に対して，適当な大域切断 $s \colon \mathcal{O}_{\mathbf{P}(\bar{O})} \to p_*^{\mathbf{C}^*} \mathcal{F}$ を取ると，合成射

$$\mathcal{O}_{\mathbf{P}(\bar{O})} \xrightarrow{s} p_*^{\mathbf{C}^*} \mathcal{F} \to \mathcal{F} \otimes k(x)$$

によって $1 \in \mathcal{O}_{\mathbf{P}(\bar{O})}$ は α に送られる．一方，$\pi^* \pi_* L \to L$ は全射であったから，

$$(\pi_* L \otimes k(x)) \otimes_{k(x)} \mathcal{O}_{\pi^{-1}(x)} \to L \otimes_{\mathcal{O}_Y} \mathcal{O}_{\pi^{-1}(x)}$$

は全射である．したがって

$$(\pi_* L \otimes k(x)) \otimes_{k(x)} k(y) \to L \otimes_{\mathcal{O}_Y} k(y)$$

も全射である．今 $(\pi_* L \otimes k(x)) \otimes_{k(x)} k(y) = \pi_* L \otimes k(x)$ の元 α をこの全射での像が零にならないように取る．このとき，上で作った s が求めるものである．ただし，$\widetilde{\Gamma(Y, L)}$ の大域切断を $\Gamma(Y - \pi^{-1}(0), L)$ の $\mathbf{C}^*$-不変な元と同一視している．□

ここで，$x := \pi(y)$ に対して $\mathbf{C}^*$-不変な切断 $t \in \Gamma(\bar{O}, M)$ を $t(x) \neq 0$ となるように取る．このとき，$\pi^*(t)$ は $\pi^* M$ の切断で $\pi^* t(y) \neq 0$ である．$\pi^* t$ を $Y - \pi^{-1}(0)$ 上に制限して $p^* t \in \Gamma(Y - \pi^{-1}(0), \pi^* M)$ とみなす．このとき $s \otimes \pi^* t$ は $\Gamma(Y - \pi^{-1}(0), L \otimes \pi^* M)$ の $\mathbf{C}^*$-不変な元で，$Y - \pi^{-1}(0)$ から $s \otimes \pi^* t$ の零点を除いた開集合 $(Y - \pi^{-1}(0))_{s \otimes \pi^* t}$ はアファイン多様体になる．作り方から $y \in (Y - \pi^{-1}(0))_{s \otimes \pi^* t}$ である．$y \in Y - \pi^{-1}(0)$ を通る $\mathbf{C}^*$-軌道は $Y - \pi^{-1}(0)$ の中で閉集合である．さらに，y の固定化部分群は自明である．実際，y の $\mathbf{C}^*$-軌道 O_y と，x の $\mathbf{C}^*$-軌道 O_x を考える．このとき 2つの全射 $\gamma_x \colon \mathbf{C}^* \to O_x, (t \to t \cdot x)$，$\gamma_y \colon \mathbf{C}^* \to O_y \ (t \to t \cdot y)$ が存在して，γ_x は

$$\mathbf{C}^* \xrightarrow{\gamma_y} O_y \to O_x$$

と分解する. $\bar{O}$ はアファイン空間 $\mathfrak{g}$ に埋め込まれていて, $\mathfrak{g}$ の $\mathbf{C}^*$-作用はアファイン空間の各座標にウエイト 1 で作用している. したがって γ_x は同型射である. このことから, γ_y も同型射であることがわかる. 以上の考察から, $Y - \pi^{-1}(0)$ 上の $L \otimes \pi^* M$-安定点全体は $Y - \pi^{-1}(0)$ 自身に一致する. したがって GIT より, $Z := Y - \pi^{-1}(0)/\mathbf{C}^*$ に代数多様体の構造を入れることができる.

Z の構造をより具体的に記述することができる. そのために $m \geq 0$ に対して $A_m := \Gamma(Y, (L \otimes \pi^* M)^{\otimes m})$ と置く. A_m は次数付き $\mathbf{C}[\bar{O}]$-加群である. A_0 は $\bar{O}$ の正規化 $\tilde{O}$ の関数環 $\mathbf{C}[\tilde{O}]$ に等しい. $\widetilde{A_m}$ を A_m から決まる $\mathbf{P}(\bar{O})$ 上の連接層とする. このとき

$$Z = \mathrm{Proj}_{\mathbf{P}(\bar{O})}\left(\bigoplus \widetilde{A_m}\right)$$

である. 特に π は射影的な射である. π は O の上では同型なので, π は双有理射である. 次に Z が非特異であることを見よう. これは, $Y - \pi^{-1}(0)$ の各点の固定化部分群が自明なことからほぼ明らかであるが, 丁寧に見てみよう. 可換図式

$$
\begin{array}{ccc}
Y - \pi^{-1}(0) & \longrightarrow & Y - \pi^{-1}(0)/\mathbf{C}^* \\
\downarrow & & \downarrow \\
\bar{O} - \{0\} & \longrightarrow & \bar{O} - \{0\}/\mathbf{C}^*
\end{array}
\qquad (7.6)
$$

に着目する. $\mathfrak{g}$ をアファイン空間 $\mathbf{C}^n$ とみなして, その座標を $(z_1, \ldots, z_n)$ とする. $\bar{O} - \{0\}$ 上の点 $x := (z_1(x), \ldots, z_n(x))$ を固定する. ある i に対して $z_i(x) \neq 0$ である. そこで

$$U_x := \bar{O} \cap \{(z_1, \ldots, z_n) \in \mathbf{C}^n \mid z_i = z_i(x)\}$$

と置く. U_x は写像 $\bar{O} - \{0\} \to \mathbf{P}(\bar{O})$ によって, $\mathbf{P}(\bar{O})$ のザリスキー開集合と同型になる. 写像

$$\sigma_{U_x} : \mathbf{C}^* \times U_x \to \bar{O} - \{0\}, \quad (t, x') \to t \cdot x'$$

は開埋め込みである. $V_x := \pi^{-1}(U_x)$ と置く. V_x の点 y' を取り, $x' := \pi(y')$ と置く. $O_{x'}, O_{y'}$ を各々, x', y' の $\mathbf{C}^*$-軌道とする. このとき 2 つの全射 $\gamma_{x'} : \mathbf{C}^* \to O_{x'}, (t \to t \cdot x'), \gamma_{y'} : \mathbf{C}^* \to O_{y'} (t \to t \cdot y')$ が存在して, $\gamma_{x'}$ は

$$\mathbf{C}^* \overset{\gamma_{y'}}{\to} O_{y'} \to O_{x'}$$

と分解する．z_j の $\mathbf{C}^*$ に関するウエイトは全て 1 なので，$\gamma_{x'}$ は同型射である．したがって $\gamma_{y'}$ も同型射であり，$O_{y'} \cong O_{x'}$ である．$T_{y'}V_x$ を $y' \in V_{x'}$ におけるザリスキー接空間，$T_{y'}O_{y'}$ を $y' \in O_{y'}$ における接空間とする．このとき

$$T_{y'}V_x \cap T_{y'}O_{y'} = \{0\}$$

である．なぜなら，同型射 $O_{y'} \to O_{x'}$ は接空間の同型射 $T_{y'}O_{y'} \to T_{x'}O_{x'}$ を誘導する．この同型射によって $T_{y'}V_x \cap T_{y'}O_{y'}$ は $T_{x'}U_x \cap T_{x'}O_{x'}$ の中にうつる．ところが $T_{x'}U_x \cap T_{x'}O_{x'} = \{0\}$ なので，$T_{y'}V_x \cap T_{y'}O_{y'} = \{0\}$ である．

次に，写像

$$\sigma_{V_x} : \mathbf{C}^* \times V_x \to Y - \pi^{-1}(0)$$

を考える．この写像は $(t, y') \in \mathbf{C}^* \times V_x$ に対して，接空間の間の写像

$$T_{(t,y')}(\mathbf{C}^* \times V_x) \to T_{t \cdot y'}Y$$

を誘導する．V_x が y' において非特異であり，この接空間の間の写像は同型であることを示そう．まず単射性を示す．$T_{(t,y')}(\mathbf{C}^* \times \{y'\})$ を $T_t\mathbf{C}^*$ と同一視し，$T_{(t,y')}(\{t\} \times V_x)$ を $T_{y'}V_x$ と同一視することにより，$T_{(t,y')}(\mathbf{C}^* \times V_x) = T_t\mathbf{C}^* \oplus T_{y'}V_x$ である．$(\alpha, \beta) \in T_t\mathbf{C}^* \oplus T_{y'}V_x$ がこの写像で 0 に送られたとする．写像 σ_{V_x} は同型射 $\mathbf{C}^* \times \{y'\} \to O_{y'}$, $\{t\} \times V_x \to t \cdot V_x$ を誘導する．したがって $(\alpha, 0)$ は $T_{t \cdot y'}O_{y'}$ の元に送られ，$(0, \beta)$ は $T_{t \cdot y'}(t \cdot V_x)$ の元に送られる．$T_{y'}V_x \cap T_{y'}O_{y'} = \{0\}$ なので，$\mathbf{C}^*$-作用を用いると，$T_{t \cdot y'}V_x \cap T_{t \cdot y'}O_{y'} = \{0\}$ であることがわかる．このことから $\alpha = \beta = 0$ がわかり，単射性が示された．ここで，$\dim Y = \dim V_x + 1$ であり，Y は非特異であることに注意する．もし V_x が y' で特異点を持ったとすると，$\dim T_{y'}V_x > \dim V_x$ が成り立つ．しかし，このとき $\dim T_{(t,y')}(\mathbf{C}^* \times V_x) > \dim T_{t \cdot y'}Y$ となり，接空間の間の写像が単射であることに矛盾する．したがって，V_x は y' で非特異であり，考えている写像は同型である．

最後に σ_{V_x} が開埋め込みであることを示そう．すでに接空間の間の写像は同

型であることがわかっているので，σ_{V_x} が単射であることを示せば十分である．$\mathbf{C}^* \times V_x$ の 2 点 (t_1, y_1), (t_2, y_2) が σ_{V_x} で同じ点にうつったとする．このとき，可換図式

$$
\begin{array}{ccc}
\mathbf{C}^* \times V_x & \xrightarrow{\ \sigma_{V_x}\ } & Y - \pi^{-1}(0) \\
{\scriptstyle id \times \pi|_{V_x}} \downarrow & & \downarrow {\scriptstyle \pi} \\
\mathbf{C}^* \times U_x & \xrightarrow{\ \sigma_{U_x}\ } & \bar{O} - \{0\}
\end{array}
\tag{7.7}
$$

において，σ_{U_x} は開埋め込みなので，

$$(t_1, \pi(y_1)) = (t_2, \pi(y_2)) \in \mathbf{C}^* \times U_x$$

である．特に $t_1 = t_2$ である．したがって $t_1 \cdot y_1 = t_1 \cdot y_2$ である．両辺に左から t_1^{-1} を施すと $y_1 = y_2$ がわかる．

以上の考察から，可換図式

$$
\begin{array}{ccc}
Y - \pi^{-1}(0) & \longrightarrow & Y - \pi^{-1}(0)/\mathbf{C}^* \\
\downarrow & & \downarrow \\
\bar{O} - \{0\} & \longrightarrow & \bar{O} - \{0\}/\mathbf{C}^*
\end{array}
\tag{7.8}
$$

は局所的には，

$$
\begin{array}{ccc}
\mathbf{C}^* \times V_x & \xrightarrow{\ pr_2\ } & V_x \\
{\scriptstyle id \times \pi|_{V_x}} \downarrow & & \downarrow {\scriptstyle \pi|_{V_x}} \\
\mathbf{C}^* \times U_x & \xrightarrow{\ pr_2\ } & U_x
\end{array}
\tag{7.9}
$$

と同一視できる．第 1 列目と第 2 列目の垂直写像は，ともに射影的な双有理写像である．$V_x \to U_x$ のスタイン分解を $V_x \to \tilde{U}_x \to U_x$ とすると，$\mathbf{C}^* \times V_x \to \mathbf{C}^* \times \tilde{U}_x \to \mathbf{C}^* \times U_x$ が第 1 列目の写像のスタイン分解になっている．仮定から $\mathbf{C}^* \times V_x \to \mathbf{C}^* \times \tilde{U}_x$ はクレパント特異点解消である．このことから $V_x \to \tilde{U}_x$ もクレパント特異点解消である．最終的に，$Z \to \mathbf{P}(\bar{O})$ のスタイン分解 $Z \to \mathbf{P}(\tilde{O})$ はクレパント特異点解消であることがわかる．$\square$

実は，Z には自然な接触構造が入る．このことを以下で説明しよう．まず $\bar{\pi}$ のスタイン分解によって得られるクレパント特異点解消を $\tilde{\pi}$ であらわす：

$$Z \xrightarrow{\ \tilde{\pi}\ } \mathbf{P}(\tilde{O}) \xrightarrow{\ \bar{r}\ } \mathbf{P}(\bar{O}).$$

さらに，$\mathbf{P}(\bar{O})$ 上のトートロジカル直線束 $\mathcal{O}_{\mathbf{P}(\bar{O})}(1)$ を $\bar{\pi}$ により $\mathbf{P}(\tilde{O})$ まで引き戻してできる直線束を $\mathcal{O}_{\mathbf{P}(\tilde{O})}(1)$ であらわすことにする．べき零軌道自体の射影化を $\mathbf{P}(O)$ とする．すなわち $\mathbf{P}(O) := O/\mathbf{C}^*$ である．$\mathbf{P}(O)$ は $\mathbf{P}(\tilde{O})$ に開集合として埋め込まれている．この埋め込み写像を j であらわすことにする．まず $O \to \mathbf{P}(O)$ は $\mathbf{P}(O)$ 上の $\mathbf{C}^*$-束 $(\mathcal{O}_{\mathbf{P}(O)}(-1))^{\times}$ に他ならない．O 上のキリロフ–コスタント形式 ω は O の $\mathbf{C}^*$-作用に関してウエイト 1 である．ここで命題 2.2.4 を用いると，$\mathbf{P}(O)$ 上に接触 1-形式

$$\theta \in \Gamma(\mathbf{P}(O), \Omega^1_{\mathbf{P}(O)} \otimes \mathcal{O}_{\mathbf{P}(O)}(1))$$

が決まる．このとき

$$\theta \in \Gamma(\mathbf{P}(\tilde{O}), j_*(\Omega^1_{\mathbf{P}(O)} \otimes \mathcal{O}_{\mathbf{P}(O)}(1)) = \Gamma(\mathbf{P}(\tilde{O}), j_*(\Omega^1_{\mathbf{P}(O)}) \otimes \mathcal{O}_{\mathbf{P}(\tilde{O})}(1))$$

$$= \Gamma(\mathbf{P}(\tilde{O}), \tilde{\pi}_*\Omega^1_Z \otimes \mathcal{O}_{\mathbf{P}(\tilde{O})}(1)) = \Gamma(Z, \Omega^1_Z \otimes \tilde{\pi}^*\mathcal{O}_{\mathbf{P}(\tilde{O})}(1))$$

である．最後から 2 番目の等式では $\tilde{\pi}_*\Omega^1_Z \cong j_*\Omega^1_{\mathbf{P}(O)}$ であることを用いた．この同型を見るには，まず $\tilde{O} - O$ が $\tilde{O}$ の余次元 2 以上の閉集合なので，$\mathbf{P}(\tilde{O}) - \mathbf{P}(O)$ も $\mathbf{P}(\tilde{O})$ の中で余次元 2 以上である．そこで，j を

$$\mathbf{P}(O) \to \mathbf{P}(\tilde{O})_{\mathrm{reg}} \overset{j_{\mathrm{reg}}}{\to} \mathbf{P}(\tilde{O})$$

と分解すると，$j_*\Omega^1_{\mathbf{P}(O)} = (j_{\mathrm{reg}})_*\Omega^1_{\mathbf{P}(\tilde{O})_{\mathrm{reg}}}$ がわかる．最後に，$\mathbf{P}(\tilde{O})$ は高々有理ゴーレンスタイン特異点しか持たないことから $\tilde{\pi}_*\Omega^1_Z \cong (j_{\mathrm{reg}})_*\Omega^1_{\mathbf{P}(\tilde{O})_{\mathrm{reg}}}$ が言える (cf. [G-K-K])．

さて，上の等式で θ から定まる $\Gamma(Z, \Omega^1_Z \otimes \tilde{\pi}^*\mathcal{O}_{\mathbf{P}(\tilde{O})}(1))$ の元を $\tilde{\pi}^*\theta$ と書く．このとき，$\tilde{\pi}^*\theta$ が Z の接触 1-形式であることを示そう．θ は $\mathbf{P}(O)$ の接触 1-形式であったから，$(d\theta)^{n-1} \wedge \theta$ は $\Omega^{2n-1}_{\mathbf{P}(O)} \otimes \mathcal{O}_{\mathbf{P}(O)}(n)$ の至るところ消えない切断を与える (cf. 命題 2.2.1)．このとき

$$(d\theta)^{n-1} \wedge \theta \in \Gamma(\mathbf{P}(\tilde{O}), j_*(\Omega^{2n-1}_{\mathbf{P}(O)} \otimes \mathcal{O}_{\mathbf{P}(O)}(n)))$$

$$= \Gamma(\mathbf{P}(\tilde{P}), \omega_{\mathbf{P}(\tilde{O})} \otimes \mathcal{O}_{\mathbf{P}(\tilde{O})}(n))$$

であり，$(d\theta)^{n-1} \wedge \theta$ は $\omega_{\mathbf{P}(\tilde{O})} \otimes \mathcal{O}_{\mathbf{P}(\tilde{O})}(n)$ の至る所消えない切断ともみなせる．いっぽう，$d(\tilde{\pi}^*\theta)^{n-1} \wedge \tilde{\pi}^*\theta$ は $\omega_Z \otimes \tilde{\pi}^*\mathcal{O}_{\mathbf{P}(\tilde{O})}(n))$ の大域切断である．ここで，$\tilde{\pi}$ はクレパント時点解消なので，$\omega_Z = \tilde{\pi}^*\omega_{\mathbf{P}(\tilde{O})}$ が成り立つ．した

がって

$$d(\tilde{\pi}^*\theta)^{n-1} \wedge \tilde{\pi}^*\theta \in \Gamma(Z, \tilde{\pi}^*(\omega_{\mathbf{P}(\bar{O})} \otimes \mathcal{O}_{\mathbf{P}(\bar{O})}(n)))$$

である。これは，$(d\theta)^{n-1} \wedge \theta$ を $\tilde{\pi}$ で引き戻したものにほかならない。$(d\theta)^{n-1} \wedge \theta$ がいたるところ消えない切断なので，$d(\tilde{\pi}^*\theta)^{n-1} \wedge \tilde{\pi}^*\theta$ もいたるところ消えない切断である。このことから，$\tilde{\pi}^*\theta$ は Z の接触 1-形式である。ここまでの結果をまとめると，次の命題になる。

命題 7.2.3 非特異射影多様体 Z は，$\pi^*\mathcal{O}_{\mathbf{P}(\bar{O})}(1)$ を接触直線束とするような接触構造を持つ。

ここで $b_2(Z) > 1$ と仮定しよう。$\dim Z = 2n - 1$ とすると，$K_Z = \tilde{\pi}^*\mathcal{O}_{\mathbf{P}(\bar{O})}(-n)$ なので K_Z はネフではない。したがって，定理 7.1.2 より，$Z = \mathbf{P}(T^*M)$ で，Z の接触構造は T^*M の標準的なシンプレクティックから決まる接触構造 θ_0 とみなせる。まず M に関しては，次のことがわかる。

補題 7.2.4 $H^1(M, \mathcal{O}_M) = 0$.

証明. $\dim O > 2$ である。なぜなら，$\dim O = 2$ となる複素半単純リー環のべき零軌道は，$sl(2)$ の極小べき零軌道だけなので，この場合は，$\mathbf{P}(\bar{O}) = \mathbf{P}^1$ となり，$Z = \mathbf{P}^1$ である。今，$b_2(Z) > 1$ と仮定しているので，この場合は除外してよい。$\tilde{O}$ はシンプレクティック特異点を持っているので，$\tilde{O}$ はコーエン–マコーレー概型である。したがって，局所コホモロジーの完全系列

$$H^1(\tilde{O}, \mathcal{O}) \to H^1(\tilde{O} - \{\tilde{0}\}, \mathcal{O}) \to H^2_{\{\tilde{0}\}}(\tilde{O}, \mathcal{O})$$

において，第3項は消えている。また，$\tilde{O}$ はアフィンなので，第1項も消えている。このことから，$H^1(\tilde{O} - \{\tilde{0}\}, \mathcal{O}) = 0$ である。$\mathbf{P}(\tilde{O}) = \tilde{O} - \{\tilde{0}\}/\mathbf{C}^*$ なので

$$H^1(\mathbf{P}(\tilde{O}), \mathcal{O}_{\mathbf{P}(\tilde{O})}) = H^1(\tilde{O} - \tilde{0}, \mathcal{O})^{\mathbf{C}^*} = 0$$

であることがしたがう。$\mathbf{P}(\tilde{O})$ は有理特異点しか持たないので，$\mathbf{P}(\tilde{O})$ の特異点解消 Z に対しても，$H^1(Z, \mathcal{O}_Z) = 0$ が成り立つ。Z は M 上の $\mathbf{P}^{n-1}$-束なので，$H^1(M, \mathcal{O}_M) = 0$ が成り立つ。$\square$

命題 7.2.5 ある複素半単純リー群 G' とその放物型部分群 P' が存在して，$M \cong G'/P'$ が成り立つ．

証明. Z の接触直線束 L は $\mathcal{O}_{\mathbf{P}(\bar{O})}(1)$ を $\bar{\pi}$ で引き戻したものなので，大域切断で生成されている．したがって，$\mathcal{O}_{\mathbf{P}(T^*M)}(1)$ は大域切断で生成されている．つまり，

$$H^0(\mathbf{P}(T^*M), \mathcal{O}_{\mathbf{P}(T^*M)}(1)) \otimes \mathcal{O}_{\mathbf{P}(T^*M)} \overset{\beta}{\to} \mathcal{O}_{\mathbf{P}(T^*M)}(1)$$

は全射である．ここで，自然な写像

$$H^0(M, \Theta_M) \otimes \mathcal{O}_M \overset{\alpha}{\to} \Theta_M$$

を考えよう．写像 α を射影 $p: \mathbf{P}(T^*M) \to M$ で引き戻した写像を $p^*\alpha$ とする．$p_*\mathcal{O}_{\mathbf{P}(T^*M)}(1) = \Theta_M$ なので，$p^*\alpha$ は β を下に示すように分解する：

$$\beta: H^0(\mathbf{P}(T^*M), \mathcal{O}_{\mathbf{P}(T^*M)}(1)) \otimes \mathcal{O}_{\mathbf{P}(T^*M)} \overset{p^*\alpha}{\to} p^*\Theta_M \to \mathcal{O}_{\mathbf{P}(T^*M)}(1).$$

M の点 x に対して，β を $p^{-1}(x) \cong \mathbf{P}^{n-1}$ に制限する：

$$\beta(x): H^0(\mathbf{P}(T^*M), \mathcal{O}_{\mathbf{P}(T^*M)}(1)) \otimes \mathcal{O}_{\mathbf{P}^{n-1}} \overset{p^*\alpha(x)}{\to} \mathcal{O}_{\mathbf{P}^{n-1}}^{\oplus n} \to \mathcal{O}_{\mathbf{P}^{n-1}}(1).$$

β が全射なので，$\beta(x)$ も全射である．いっぽう $\beta(x)$ は両辺の大域切断の間の射

$$\Gamma(\beta(x)): H^0(\mathbf{P}(T^*M), \mathcal{O}_{\mathbf{P}(T^*M)}(1)) \to H^0(\mathbf{P}^{n-1}, \mathcal{O}_{\mathbf{P}^{n-1}}(1))$$

を誘導する．$V := \mathrm{Im}(\Gamma(\beta(x)))$ と置くと，$\beta(x)$ は

$$H^0(\mathbf{P}(T^*M), \mathcal{O}_{\mathbf{P}(T^*M)}(1)) \otimes \mathcal{O}_{\mathbf{P}^{n-1}} \to V \otimes \mathcal{O}_{\mathbf{P}^{n-1}} \to \mathcal{O}_{\mathbf{P}^{n-1}}(1)$$

と分解する．もし，$V \subsetneq H^0(\mathbf{P}^{n-1}, \mathcal{O}_{\mathbf{P}^{n-1}}(1))$ であれば，$V \otimes \mathcal{O}_{\mathbf{P}^{n-1}} \to \mathcal{O}_{\mathbf{P}^{n-1}}(1)$ は全射にならないので，$\Gamma(\beta(x))$ は全射でなければならない．したがって

$$\Gamma(p^*\alpha(x)): H^0(\mathbf{P}(T^*M), \mathcal{O}_{\mathbf{P}(T^*M)}(1)) \to H^0(\mathbf{P}^{n-1}, \mathcal{O}_{\mathbf{P}^{n-1}}^{\oplus n})$$

も全射である．$\Gamma(p^*\alpha(x))$ は，

$$H^0(M, \Theta_M) \otimes k(x) \overset{\alpha(x)}{\to} \Theta_M \otimes k(x)$$

に他ならないので，α は中山の補題より全射である．

ここで $\mathrm{Aut}(M)$ を M の自己同型群として，G' を $\mathrm{Aut}(M)$ の id_M を含む連結成分とする．G' は複素トーラス T を連結線形代数群 L によって拡大したものである：

$$1 \to L \to G' \to T \to 1.$$

もし，$\dim T > 0$ であれば，$\dim \mathrm{Alb}(M) > 0$ が成り立つ．しかし，補題 7.2.4 より，$h^1(M, \mathcal{O}_M) = 0$ なので，これは矛盾である．したがって $G' = L$ である．さて，α は全射なので，G' は M に推移的に作用する．M の点 x を 1 つ取り，G'_x を G' の中での x の固定化部分群とすると，$M \cong G'/G'_x$ である．さらに，M は射影的なので，G'_x は G' の放物型部分群である．G'_x は G' の (可解) 根基 $r(G')$ を含んでいる．すなわち，$r(G')$ は全ての G'_x に含まれることになり，$r(G')$ は M に自明に作用する．しかし，G' は $\mathrm{Aut}(M)$ の連結成分であったから，M には効果的に作用している．したがって，$r(G') = \{1\}$ であり，G' は半単純である．$\square$

$G' := \mathrm{Aut}(M)^0$, G を $\mathfrak{g}$ の随伴群とする．このとき，次が成り立つ：

命題 7.2.6 G は G' の閉部分群で，$P := P' \cap G$ と置くと，$M \cong G/P$ が成り立つ．

証明． G は随伴作用で $\bar{O}$ に作用する．この G-作用は，Y の G-作用に延長される．$0 \in \bar{O}$ は G-作用で固定されるので，Y 上に延長された G-作用は，$Y - \pi^{-1}(0)$ の G-作用を引き起こす．随伴作用は $\mathbf{C}^*$ のスカラー作用と可換なので，G は $Z := Y - \pi^{-1}(0)/\mathbf{C}^*$ に作用する．

この作用は効果的である．実際，G は，$0 \in \bar{O}$ を固定するので，接空間 $T_0 \bar{O}$ に作用する．ここで $T_0 \bar{O} = \mathfrak{g}$ である．なぜなら，もし，$T_0 \bar{O} \subsetneq \mathfrak{g}$ とすると，$T_0 \bar{O}$ は $\mathfrak{g}$ の部分 G-表現である．いっぽう，G-表現 $\mathfrak{g}$ の部分表現は，$\mathfrak{g}$ の直和因子 $\mathfrak{g}_i$ の何個かの直和になっているはずであるが，この節の最初で仮定したように，$T_0 \bar{O}$ はそのような形をしていない．したがって，$T_0 \bar{O}$ は G の随伴表現に他ならない．随伴表現は忠実なので，G は $T_0 \bar{O}$ に効果的に作用する．とくに，$\bar{O}$ にも効果的に作用している．$G \xrightarrow{Ad} \mathrm{GL}(\mathfrak{g})$ に対して，$\mathrm{Im}(Ad)$ は定数倍写像を id 以外に含まないことから，G は $\mathbf{P}(\bar{O})$ にも効果的に作用している．このことから，G が Z 上効果的に作用していることがわかる．

Y 上にはキリロフ–コスタント形式 ω_{KK} の引き戻しとして，シンプレクティック形式 $\omega := \pi^* \omega_{KK}$ がのっている．G は ω を不変にするので，G は Z の接触自己同型として作用している．つまり，同一視 $Z = \mathbf{P}(T^*M)$ の下で，G は $\mathbf{P}(T^*M)$ の標準的な接触構造 θ_0 を保つように作用する．ここで，$\mathrm{Aut}(\mathbf{P}(T^*M), \theta_0)$ を $(\mathbf{P}(T^*M), \theta_0)$ の接触自己同型群とする．命題 7.1.1 より，

$$T_{[id]} \mathrm{Aut}(\mathbf{P}(T^*M), \theta_0) = H^0(\mathbf{P}(T^*M), \mathcal{O}_{\mathbf{P}(T^*M)}(1))$$

である．右辺は，$H^0(M, \Theta_M)$ に等しい．さらに，M の自己同型射は，自然に $\mathbf{P}(T^*M)$ の自己同型射を誘導して，その射は，接触構造 θ_0 を保つことがわかる．$T_{[id]} \mathrm{Aut}(M) = H^0(M, \Theta_M)$ なので，$\mathrm{Aut}(\mathbf{P}(T^*M), \theta_0)$ の $[id]$ を含む連結成分は，$\mathrm{Aut}(M)^0$ に等しいことがわかる：

$$\mathrm{Aut}(\mathbf{P}(T^*M), \theta_0)^0 = \mathrm{Aut}(M)^0.$$

$G \subset \mathrm{Aut}(\mathbf{P}(T^*M), \theta_0)^0$ なので，$G \subset \mathrm{Aut}(M)^0 \, (= G')$ であることがわかる．

次に，G も M に推移的に作用することを示そう．G は $\mathbf{P}(O)$ に作用しているので，射 $\mathfrak{g} \to H^0(\mathbf{P}(O), \Theta_{\mathbf{P}(O)})$ が存在する．$\mathbf{P}(O)$ は接触構造 $\Theta_{\mathbf{P}(O)} \overset{\theta}{\to} \mathcal{O}_{\mathbf{P}(O)}(1)$ を持つので，射 $\theta|_{\mathfrak{g}} \colon \mathfrak{g} \to H^0(\mathbf{P}(O), \mathcal{O}_{\mathbf{P}(O)}(1))$ を得る．一方，埋め込み $O \subset \mathfrak{g}$ から自然な射 $\mathrm{res} \colon H^0(\mathbf{P}(\mathfrak{g}), \mathcal{O}_{\mathbf{P}(\mathfrak{g})}(1)) \to H^0(\mathbf{P}(O), \mathcal{O}_{\mathbf{P}(O)}(1))$ を得る．キリング形式で $\mathfrak{g}$ と $\mathfrak{g}^*$ を同一視すると，

$$H^0(\mathbf{P}(\mathfrak{g}), \mathcal{O}_{\mathbf{P}(\mathfrak{g})}(1)) = H^0(\mathbf{P}(\mathfrak{g}^*), \mathcal{O}_{\mathbf{P}(\mathfrak{g}^*)}(1)) = \mathfrak{g}$$

なので，射 $\mathrm{res} \colon \mathfrak{g} \to H^0(\mathbf{P}(O), \mathcal{O}_{\mathbf{P}(O)}(1))$ を得たことになる．このとき $\theta|_{\mathfrak{g}} = -\mathrm{res}$ となる．このことは次のようにしてわかる．ω_{KK} を O のキリロフ–コスタント形式，ζ を O の $\mathbf{C}^*$-作用を生成しているベクトル場とする．$p \colon O \to \mathbf{P}(O)$ を自然な射影とすると，定義から $p^*\theta = \omega_{KK}(\zeta, \cdot)$ である．$x \in O$ に対して，$\bar{x} := p(x)$ と置く．接空間 $T_x O$ を $\mathfrak{g}$ の部分空間とみなすと，$\zeta_x = x$ である．ζ は O のベクトル場なので，ある $a_x \in \mathfrak{g}$ を用いて，$\zeta_x = [a_x, x]$ と書ける．また $v \in \mathfrak{g}$ が O の上に定めるベクトル場を η_v とすると，$(\eta_v)_x = [v, x]$ である．このことから

$$\theta|_{\mathfrak{g}}(v)|_{\bar{x}} = (\omega_{KK})_x(\zeta_x, \eta_v) = (\omega_{KK})_x([a_x, x], [v, x])$$

$$= \kappa(x, [a_x, v]) = -\kappa([a_x, x], v) = -\kappa(x, v)$$

が成り立つ. これは, $\theta|_{\mathfrak{g}} = -\operatorname{res}$ を意味する. 次の可換図式を考える.

$$
\begin{array}{ccccc}
\mathfrak{g} & \xrightarrow{j_{\mathbf{P}(T^*M)}} & H^0(\mathbf{P}(T^*M), \Theta_{\mathbf{P}(T^*M)}) & \xrightarrow{\theta_0} & H^0(\mathbf{P}(T^*M), \mathcal{O}_{\mathbf{P}(T^*M)}(1)) \\
& & \iota_\Theta \downarrow & & \cong id \downarrow \\
& & H^0(\mathbf{P}(T^*M), \tilde{\pi}^*\Theta_{\mathbf{P}(\tilde{O})}) & \longrightarrow & H^0(\mathbf{P}(T^*M), \tilde{\pi}^*\mathcal{O}_{\mathbf{P}(\tilde{O})}(1)) \\
& & (\tilde{\pi}^*)_\Theta \uparrow & & \cong (\tilde{\pi}^*)_{\mathcal{O}(1)} \uparrow \\
& & H^0(\mathbf{P}(\tilde{O}), \Theta_{\mathbf{P}(\tilde{O})}) & \longrightarrow & H^0(\mathbf{P}(\tilde{O}), \mathcal{O}_{\mathbf{P}(\tilde{O})}(1)) \\
& & = \uparrow & & = \uparrow \\
& & H^0(\mathbf{P}(O), \Theta_{\mathbf{P}(O)}) & \xrightarrow{\theta} & H^0(\mathbf{P}(O), \mathcal{O}_{\mathbf{P}(O)}(1)) \\
& & j_{\mathbf{P}(O)} \uparrow & & -\operatorname{res} \uparrow \\
& & \mathfrak{g} & \xrightarrow{=} & H^0(\mathbf{P}(\mathfrak{g}), \mathcal{O}_{\mathbf{P}(\mathfrak{g})}(1))
\end{array}
$$

$$\tag{7.10}$$

第1行目の右端の項 $H^0(\mathbf{P}(T^*M), \mathcal{O}_{\mathbf{P}(T^*M)}(1))$ は $H^0(M, \Theta_M)$ に他ならない. したがって,

$$\theta_0 \circ j_{\mathbf{P}(T^*M)} \colon \mathfrak{g} \to H^0(M, \Theta_M)$$

は $G \subset \operatorname{Aut}(M)^0$ から誘導された射に他ならない. 第4行目と第5行目の可換性は, すぐ上で示した通りである. $\tilde{\pi}$ は G-同変なので

$$\operatorname{Im}(\iota_\Theta \circ j_{\mathbf{P}(T^*M)}) = \operatorname{Im}((\tilde{\pi}^*)_\Theta \circ j_{\mathbf{P}(O)})$$

であることに注意する. この可換図式から, 合成射

$$\mathfrak{g} = H^0(\mathbf{P}(\mathfrak{g}), \mathcal{O}_{\mathbf{P}(\mathfrak{g})}(1)) \xrightarrow{-\operatorname{res}} H^0(\mathbf{P}(O), \mathcal{O}_{\mathbf{P}(O)}(1))$$

$$= H^0(\mathbf{P}(\tilde{O}), \mathcal{O}_{\mathbf{P}(\tilde{O})}(1)) = H^0(\mathbf{P}(T^*M), \mathcal{O}_{\mathbf{P}(T^*M)}(1)) \cong H^0(M, \Theta_M)$$

は, 先に作った群の埋め込み $G \subset \operatorname{Aut}(M)^0$ から誘導される射と一致する. そこで, この射によって, $\mathfrak{g}$ を $H^0(\mathbf{P}(T^*M), \mathcal{O}_{\mathbf{P}(T^*M)}(1))$ の部分空間とみなす. $\mathfrak{g}$ は $\mathcal{O}_{\mathbf{P}(\mathfrak{g})}(1)$ を生成するので, $\mathfrak{g}$ は $\mathcal{O}_{\mathbf{P}(T^*M)}(1)$ も生成する. すなわち,

$$\mathfrak{g} \otimes \mathcal{O}_{\mathbf{P}(T^*M)} \to \mathcal{O}_{\mathbf{P}(T^*M)}(1)$$

は全射である．このとき，命題 7.2.5 の証明とまったく同じ議論から，

$$\mathfrak{g} \otimes \mathcal{O}_M \to \Theta_M$$

が全射であることがしたがう．これは，G の M への作用が推移的であることを意味する．

　今，M の点 x を取り，G' に関する x の固定部分群を P' とすると，$P := P' \cap G$ は，G に関する x の固定化部分群であり，$M \cong G/P$ が成り立つ．□

　以上の議論から $Z = \mathbf{P}(T^*(G/P))$ の形であることがわかった．そこで $\bar{\pi}$ が具体的にどのような射になるかを考えよう．$T^*(G/P)$ は G/P 上のベクトル束として $G \times^P (\mathfrak{g}/\mathfrak{p})^*$ と同型であった．このとき，スプリンガー写像

$$\mu \colon G \times^P (\mathfrak{g}/\mathfrak{p})^* \to \mathfrak{g}^*$$

を $\mu([g, x]) := Ad^*_{g^{-1}}(x)$ によって定義する．G は $G \times^P (\mathfrak{g}/\mathfrak{p})^*$ に左から $g \cdot [h, x] := [gh, x]$ によって作用する．この作用は，G/P への G-作用から自然に誘導される $T^*(G/P)$ への G-作用に他ならない．一方，$\mathfrak{g}^*$ には，余随伴作用 $g \cdot x := Ad^*_{g^{-1}}(x)$ によって左から作用する．μ は G-同変な生成的有限写像 (generically finite morphism) になる．スプリンガー写像の像 $\mathrm{Im}(\mu)$ は $\mathfrak{g}*$ のある余随伴軌道 O' の閉包 $\bar{O}'$ に一致する．$T^*(G/P)$ は G/P 上のベクトル束として自然な $\mathbf{C}^*$-作用を持ち，$\mathfrak{g}^*$ もスカラー $\mathbf{C}^*$-作用を持っている．これらの $\mathbf{C}^*$-作用に関して μ はやはり同変的である．G-作用と $\mathbf{C}^*$-作用は可換なので，μ は G-同変な生成的有限射

$$\bar{\mu} \colon \mathbf{P}(T^*(G/P)) \to \mathbf{P}(\mathfrak{g}^*)$$

を誘導する．さらに $\mathrm{Im}(\bar{\mu}) = \mathbf{P}(\bar{O}')$ であることにも注意する．以後，$\bar{\mu}$ のことを射影化されたスプリンガー写像と呼ぶことにしよう．$\bar{P}(O')$ は O' のキリロフ－コスタント形式から誘導される接触構造 θ' を持ち，接触直線束は $\mathcal{O}_{\mathbf{P}(O')}(1)$ である．$\bar{\mu}^* \mathcal{O}_{\mathbf{P}(\bar{O}')}(1) = \mathcal{O}_{\mathbf{P}(T^*(G/P))}(1)$ であり，$\bar{\mu}^* \theta'$ は $\mathbf{P}(T^*(G/P))$ の標準的な接触構造 θ_0 に一致する．

　一方，最初に与えたべき零軌道 O も，キリング形式による同一視 $\mathfrak{g} \cong \mathfrak{g}^*$ によって，$\mathfrak{g}^*$ の余随伴軌道とみなすことにする．このとき $\bar{\pi}$ は $\mathbf{P}(T^*(G/P))$ から $\mathfrak{g}^*$ への射とみることができる．

命題 7.2.7 余随伴軌道 O' は O に一致する. さらに G-同変な線形同型写像 $\varphi^*: \mathfrak{g}^* \to \mathfrak{g}^*$ で $\varphi^*(O) = O$ となるものが存在して, 次の図式は可換になる.

$$
\begin{array}{ccc}
Z & \xrightarrow{\ id\ } & Z \\
{\scriptstyle\bar{\pi}}\downarrow & & {\scriptstyle\bar{\mu}}\downarrow \\
\mathbf{P}(\mathfrak{g}^*) & \xrightarrow{\ P(\varphi^*)\ } & \mathbf{P}(\mathfrak{g}^*)
\end{array}
\tag{7.11}
$$

証明. $\bar{\pi}^* \mathcal{O}_{\mathbf{P}(\mathfrak{g}^*)}(1) = \mathcal{O}_{\mathbf{P}(T^*(G/P))}(1)$, $\bar{\mu}^* \mathcal{O}_{\mathbf{P}(\mathfrak{g}^*)}(1) = \mathcal{O}_{\mathbf{P}(T^*(G/P))}(1)$ なので $\bar{\pi}$ も $\bar{\mu}$ も $|\mathcal{O}_{\mathbf{P}(T^*(G/P))}(1)|$ の線形部分系で定義されている. 問題なのは, 同じ線形部分系で定義されているかどうかである.

そこで, 次のような一般的設定を考える. Z を複素射影多様体で, 接触構造

$$
0 \to F \to \Theta_Z \xrightarrow{\eta} L \to 0
$$

を持つものとする. 複素半単純リー群 G が Z に効果的に, 接触同型として作用しているものとする. $\mathfrak{g} \subset H^0(Z, \Theta_Z)$ を G から決まる Z の無限小接触自己同型の空間とする. 合成射 $\mathfrak{g} \to H^0(Z, \Theta_Z) \xrightarrow{\eta} H^0(Z, L)$ の像を V と置く. このとき, 次の補題が成り立つ.

補題 7.2.8 $O \subset \mathfrak{g}^*$ を $\mathfrak{g}^*$ の余随伴軌道で, $\mathfrak{g}^*$ のスカラー $\mathbf{C}^*$-作用で保たれるものとする.

$$
f: Z \to \mathbf{P}(\bar{O})
$$

を G-同変な全射で, 生成的有限射なものとする. さらに $L = f^* \mathcal{O}_{\mathbf{P}(\bar{O})}(1)$ で, η は $\mathbf{P}(O)$ の接触構造の f による引き戻しと一致すると仮定する. このとき,

$$
f: Z \to \mathbf{P}(\bar{O}) \subset \mathbf{P}(\mathfrak{g}^*)
$$

は, $V \subset H^0(Z, L)$ から決まる射である.

補題の証明. 射

$$
f^*: \mathfrak{g} = H^0(\mathbf{P}(\mathfrak{g}^*), \mathcal{O}_{\mathbf{P}(\mathfrak{g}^*)}(1)) \to H^0(Z, L)
$$

の像 $\mathrm{Im}(f^*)$ が V と一致することを示せばよい. そのために, $Z_0 := f^{-1}(\mathbf{P}(O))$, $f_0 := f|_{Z_0}$ と置いて, 次の可換図式を考える.

$$
\begin{array}{ccccc}
\mathfrak{g} & \xrightarrow{\ j_Z\ } & H^0(Z,\Theta_Z) & \xrightarrow{\ \eta\ } & H^0(Z,L) \\
& & \downarrow{\iota_\Theta} & & \cong\downarrow{\iota_L} \\
& & H^0(Z_0,f_0^*\Theta_{\mathbf{P}(O)}) & \longrightarrow & H^0(Z_0,f_0^*\mathcal{O}_{\mathbf{P}(O)}(1)) \\
& & \uparrow{(f_0^*)_\Theta} & & \uparrow{(f_0^*)_{\mathcal{O}(1)}} \\
& & H^0(\mathbf{P}(O),\Theta_{\mathbf{P}(O)}) & \xrightarrow{\ \bar{\eta}\ } & H^0(\mathbf{P}(O),\mathcal{O}_{\mathbf{P}(O)}(1)) \\
& & \uparrow{j_{\mathbf{P}(O)}} & & \uparrow{-\,\mathrm{res}} \\
& & \mathfrak{g} & \xrightarrow{\ =\ } & H^0(\mathbf{P}(\mathfrak{g}^*),\mathcal{O}_{\mathbf{P}(\mathfrak{g}^*)}(1))
\end{array}
\tag{7.12}
$$

第3行目と第4行目の部分の可換性は，命題 7.2.6 の証明中で示した．$j_Z\colon \mathfrak{g}\to H^0(Z,\Theta_Z)$ は G の Z への作用から導かれる射である．同様に，$j_{\mathbf{P}(O)}$ は，G の $\mathbf{P}(O)$ への作用から誘導される射である．$\eta,\bar{\eta}$ は各々 Z, $\mathbf{P}(O)$ の接触構造である．可換図式の垂直写像は全て単射である．特に ι_L は同型射になる．なぜなら，f のスタイン分解

$$
Z \xrightarrow{h} W \xrightarrow{\tau} \mathbf{P}(\bar{O})
$$

を取り，$W_0 := \tau^{-1}(\mathbf{P}(O))$ と置くと f_0 は

$$
Z_0 \xrightarrow{h_0} W_0 \xrightarrow{\tau|_{W_0}} \mathbf{P}(O)
$$

と分解して，これは f_0 のスタイン分解を与える．

$$
\mathrm{Codim}_{\mathbf{P}(\bar{O})}(\mathbf{P}(\bar{O}) - \mathbf{P}(O)) \geq 2
$$

なので，

$$
\mathrm{Codim}_W(W - W_0) \geq 2
$$

である．W は正規多様体なので，

$$
H^0(Z,L) = H^0(W,\tau^*\mathcal{O}_{\mathbf{P}(\bar{O})}(1)) = H^0(W_0,\tau_0^*\mathcal{O}_{\mathbf{P}(O)}(1)) = H^0(Z_0,f_0^*\mathcal{O}_{\mathbf{P}(O)}(1))
$$

が成り立つ．したがって ι_L は同型である．第4行目の等号は，$H^0(\mathbf{P}(\mathfrak{g}^*),\mathcal{O}_{\mathbf{P}(\mathfrak{g}^*)}(1))$ を自然に $\mathfrak{g}$ と同一視したものである．また $f^* = \iota_L^{-1} \circ (f_0^*)_{\mathcal{O}(1)} \circ \mathrm{res}$ であり，$V = \mathrm{Im}(\eta \circ j_Z)$ が成り立つ．一方，f は G-同変なので，

$$
\mathrm{Im}(\iota_\Theta \circ j_Z) = \mathrm{Im}((f_0^*)_\Theta \circ j_{\mathbf{P}(O)})
$$

である. この事実と上の可換図式を組み合わせると

$$\text{Im}(\eta \circ j_Z) = \text{Im}(\iota_L^{-1} \circ (f_0^*)_{\mathcal{O}(1)} \circ (-\text{res}))$$

を得る. 左辺は V に等しい. いっぽう, 右辺は $\text{Im}(\iota_L^{-1} \circ (f_0^*)_{\mathcal{O}(1)} \circ \text{res})$ に等しいが, これは $\text{Im}(f^*)$ に他ならない. これが示したいことであった. $\square$

さて, もとの状況 $Z = \mathbf{P}(T^*(G/P))$ の場合を考えよう. $L :=$ $\mathcal{O}_{\mathbf{P}(T^*(G/P))}(1)$ と置くと, $\bar{\pi}$ と $\bar{\mu}$ はともに補題 7.2.8 の f の条件を満足している. G は (Z, L) に接触同型として作用しているので, L は自然に G-線形化されている. このとき, 次の2つの写像は G-同変である:

$$\bar{\pi}^*: \mathfrak{g} = H^0(\mathbf{P}(\mathfrak{g}^*), \mathcal{O}_{\mathbf{P}(\mathfrak{g}^*)}(1)) \to H^0(Z, L),$$
$$\bar{\mu}^*: \mathfrak{g} = H^0(\mathbf{P}(\mathfrak{g}^*), \mathcal{O}_{\mathbf{P}(\mathfrak{g}^*)}(1)) \to H^0(Z, L).$$

補題 7.2.8 で証明したように, $\text{Im}(\bar{\pi}^*) = V$, $\text{Im}(\bar{\mu}^*) = V$ である. したがって, 合成射

$$\varphi: \mathfrak{g} \overset{\bar{\mu}^*}{\to} V \overset{(\bar{\pi}^*)^{-1}}{\to} \mathfrak{g}$$

は G-同変な線形同型射である. この写像の双対を $\varphi^*: \mathfrak{g}^* \to \mathfrak{g}^*$ とすると, 可換図式

$$
\begin{array}{ccc}
Z & \overset{id}{\longrightarrow} & Z \\
\bar{\pi} \downarrow & & \bar{\mu} \downarrow \\
\mathbf{P}(\mathfrak{g}^*) & \overset{P(\varphi^*)}{\longrightarrow} & \mathbf{P}(\mathfrak{g}^*).
\end{array}
\tag{7.13}
$$

が存在する. さらに, $P(\varphi^*)(O) = O'$ が成り立つ. G は半単純なので, φ は $\mathfrak{g}$ の各単純成分上では (零でない) 定数写像になっているので, $O' = O$ である. $\square$

注意. (1) $\varphi^*(\bar{O}) = \bar{O}$ なので, π を $\varphi^* \circ \pi$ で置き換えると, $\overline{\varphi^* \circ \pi}$ と $\bar{\mu}$ は全く同じ射とみなすことができる. φ が $\mathfrak{g}$ の各単純成分の上では定数倍写像であることから G-同変な射 $\varphi^*|_{\bar{O}}: \bar{O} \to \bar{O}$ は Y の G-同変な同型射 φ_Y^* に持ち上がる. このとき, φ_Y^* によって, $\pi: Y \to \bar{O}$ と, $\varphi^* \circ \pi: Y \to \bar{O}$ は同じシンプレクティック特異点解消とみなすことができる. 以後, $\bar{\pi} = \bar{\mu}$ と仮定して議論を進めることにする.

(2) $\bar{\mu}$ が双有理写像であることから, スプリンガー写像 μ も双有理写像になる.

7.3　シンプレクティック特異点解消 ($b_2(Z) > 1$)

Z は射影的多様体なので，GAGA によって $\mathrm{Pic}(Z) \cong \mathrm{Pic}(Z^{an})$ である．Z のネロン–セベリ群 $\mathrm{NS}(Z)$ を $\mathrm{Im}[\mathrm{Pic}(Z^{an}) \overset{c_1}{\to} H^2(Z^{an}, \mathbf{Z})]$ として定義する．$\mathrm{NS}(Z) \otimes_{\mathbf{Z}} \mathbf{R}$ の中で，豊富な直線束 L の類 $[L]$ 全体が生成する凸錐のことを Z の**豊富錐** (アンプルコーン) と呼び，$\mathrm{Amp}(Z)$ で表す．豊富錐 $\mathrm{Amp}(Z)$ の閉包 $\overline{\mathrm{Amp}(Z)}$ を**ネフ錐**と呼ぶ．Z の直線束 L で，Z 上の任意の曲線 C との交点数 $(L.C)$ が非負であるようなものを**ネフ直線束**と呼ぶ．ネフ錐 $\overline{\mathrm{Amp}(Z)}$ はネフ直線束の類全体が生成する凸錐に一致する．今，$H^2(Z, \mathcal{O}_Z) = 0$ なので，ネロン–セベリ群 $\mathrm{NS}(Z)$ は $H^2(Z^{an}, \mathbf{Z})$ に一致する．

$b_2(Z) > 1$ の仮定のもと，π と μ を比較しよう．そのために，まず次の補題を示す．

補題 7.3.1　有理的射影等質空間 G/P の余接束 $T^*(G/P)$ の射影化 $\mathbf{P}(T^*(G/P))$ を Z とする．$p \colon Z \to G/P$ を自然な射影，$L := \mathcal{O}_{\mathbf{P}(T^*(G/P))}(1)$ と置く．G/P が射影空間でなければ，Z のネフ錐 $\overline{\mathrm{Amp}(Z)}$ は $[L]$ と $p^*\overline{\mathrm{Amp}(G/P)}$ で生成される閉凸錐である．

証明.　まず L は大域切断で生成された直線束なので，ネフである．したがって，$b_2(G/P) = 1$ で L が豊富でない場合には，補題は正しい．次に $b_2(G/P) > 1$ の場合を考える．$\overline{\mathrm{Amp}(G/P)}$ は単体凸錐で，余次元 1 の面 $\mathcal{F}$ は，P を含む G の放物型部分群 $\bar{P}$ に関する射影 $G/P \to G/\bar{P}$ に対応している．$\bar{p} \colon Z \to G/\bar{P}$ を，p とこの射の合成とする．$\bar{\mu} \colon Z \to \mathbf{P}(\bar{O})$ を射影化されたスプリンガー写像とする．このとき，$\bar{p}$ と $\bar{\mu}$ から 射 $\phi \colon Z \to G/\bar{P} \times \mathbf{P}(\bar{O})$ が定まる．L が豊富でなければ，ϕ によって Z の上の曲線が少なくとも 1 つは点につぶれることを示そう．射影 $G/P \to G/\bar{P}$ のファイバーの 1 つを F とし，F に含まれる非特異有理曲線 C を取る．このときベクトル束の全射

$$\Theta_{G/P}|_C \to N_{C/(G/\bar{P})}, \quad N_{C/(G/\bar{P})} \to N_{F/(G/\bar{P})}|_C$$

が存在する．$N_{F/(G/\bar{P})}|_C \cong \mathcal{O}_C^{\oplus m}, \, \exists m > 0$ なので，ベクトル束の全射 $\Theta_{G/P}|_C \to \mathcal{O}_C^{\oplus m}$ が存在する．$\Theta_{G/P}|_C$ は大域切断で生成されるので，

$$\Theta_{G/P}|_C \cong \oplus \mathcal{O}_{\mathbf{P}^1}(a_i), \, a_i \geq 0$$

と書けるが，このことから，ある i_0 に対して $a_{i_0} = 0$ である．このとき，$\Theta_{G/P}|_C \to \mathcal{O}_{\mathbf{P}^1}$ を i_0 番目の直和因子への射影とすると，この全射は，$\mathbf{P}(T^*(G/P)|_C) \to C$ の切断 D を決める．この D に対して，$(L.D) = 0$ となる．したがって D は ϕ によって1点につぶれる．$\tilde{\mathcal{F}}$ を $[L]$ と $p^*\mathcal{F}$ で張られる凸錐とする．上の議論は，$\tilde{\mathcal{F}}$ が $\overline{\mathrm{Amp}(Z)}$ の余次元1の面であることを示している．最後に，L が豊富な場合を考えよう．この場合は，森の結果 [Mori] より，G/P は射影空間になり，$[L]$ は $\overline{\mathrm{Amp}(Z)}$ の内点である．□

さて，$Z = \mathbf{P}(T^*(G/P))$ において，G/P は射影空間ではないと仮定する．$(G/P = \mathbf{P}^n$ の場合は，後で扱う．）Y 上の π-豊富な $\mathbf{C}^*$-線形化直線束 $\mathcal{L}$ を，命題 7.2.2 の証明中の主張を満たすように取ると，$\mathcal{L}|_{Y-\pi^{-1}(0)}$ は Z 上の $\bar{\pi}$-豊富な直線束 $\bar{\mathcal{L}}$ の引き戻し $q^*\bar{\mathcal{L}}$ になる．補題 7.3.1 より，$\bar{\mathcal{L}} \cong L^{\otimes m} \otimes p^*F$ (F は G/P 上の豊富な直線束，$m \geq 0$) と書いている．$\mathcal{O}_{\mathbf{P}(\bar{O})}(1)$ に対応して $\bar{O}$ 上の $\mathbf{C}^*$-線形化直線束が決まるが，これを $\mathcal{O}_{\bar{O}}(1)$ と書くことにする．このとき $\mathcal{L} \otimes \pi^*\mathcal{O}_{\bar{O}}(-m)$ はやはり π-豊富な $\mathbf{C}^*$-線形化直線束である．さらに，定義の仕方から，

$$\mathcal{L} \otimes \pi^*\mathcal{O}_{\bar{O}}(-m)|_{Y-\pi^{-1}(0)} = q^*(p^*F)$$

である．したがって，最初から，$\bar{\mathcal{L}} = p^*F$ (F は G/P 上の豊富な直線束) であるとしてよい．

π と μ は $\bar{O} - \{0\}$ 上では一致している．なぜなら，$\bar{\pi}^*\mathcal{O}_{\mathbf{P}(\bar{O})}(-1) = \mathcal{O}_{\mathbf{P}(T^*(G/P))}(-1)$ なので，

$$T^*(G/P) - \{0\text{-切断}\} = Z \times_{\mathbf{P}(\bar{O})} (\bar{O} - \{0\})$$

である．可換図式

$$
\begin{array}{ccc}
Y - \pi^{-1}(0) & \xrightarrow{\ q\ } & Z \\
\pi \downarrow & & \bar{\pi} \downarrow \\
\bar{O} - \{0\} & \longrightarrow & \mathbf{P}(\bar{O})
\end{array}
\tag{7.14}
$$

により，$\bar{O} - \{0\}$ 上の射 $Y - \pi^{-1}(0) \to T^*(G/P) - \{0\text{-切断}\}$ が存在する．$Y - \pi^{-1}(0)$ も $T^*(G/P) - \{0\text{-切断}\}$ も $\bar{O} - \{0\}$ のクレパント特異点解消なので，この射は同型射である．結局，次の可換図式が得られたことになる．

$$Y \xleftarrow{\quad j \quad} T^*(G/P) - \{0-\text{切断}\} \xrightarrow{\quad j' \quad} T^*(G/P)$$
$$\pi \downarrow \qquad\qquad \downarrow \qquad\qquad \mu \downarrow \qquad\qquad (7.15)$$
$$\bar{O} \longleftarrow \qquad \bar{O} - \{0\} \qquad \longrightarrow \qquad \bar{O}$$

$\dim O = 2$ となるのは，O が $sl(2)$ の極小べき零軌道になるときだけであり，π は $Y = T^*\mathbf{P}^1$ の零切断を 1 点につぶしたものである．特に $b_2(Z) = 1$ となる．今，$b_2(Z) > 1$ と仮定していた．したがって $\dim O \geq 4$ である．このとき $\mathrm{Codim}_Y \pi^{-1}(0) \geq 2$, $\mathrm{Codim}_{T^*(G/P)} \mu^{-1}(0) \geq 2$ が成り立つことに注意する．特に，双有理写像 $Y -- \to T^*(G/P)$ は余次元 1 で同型である．$q \colon T^*(G/P) - \{0-\text{切断}\} \to Z$ を商写像とすると，$\bar{\mathcal{L}}$ の定義から，$j_* q^* \bar{\mathcal{L}} = \mathcal{L}$ である．一方，$\tilde{p} \colon T^*(G/P) \to G/P$ を自然な射影とすると，$j'_* q^* \bar{\mathcal{L}} = \tilde{p}^* F$ である．$\mathcal{L}$ は定義から π-豊富な直線束である．$\tilde{p}^* F$ は $\mathcal{L}$ の双有理写像 $Y -- \to T^*(G/P)$ による固有変換であるが，F が G/P 上の豊富直線束であることから，$\tilde{p}^* F$ は μ-豊富な直線束である．したがって，この双有理写像は同型射であり，$\pi = \mu$ である．

次に $G/P = \mathbf{P}^n$ の場合を考えよう．このとき $G = PGL(n+1)$ であり，$Z = \mathbf{P}(T^*\mathbf{P}^n)$ は $\mathbf{P}^n \times \mathbf{P}^n$ の中の $(1,1)$-型超曲面である．2 つの射影 $p_i \colon \mathbf{P}^n \times \mathbf{P}^n \to \mathbf{P}^n$ $(i = 1, 2)$ は相異なる 2 つの同一視 $Z \cong \mathbf{P}(T^*\mathbf{P}^n)$ を与える．この現象により，Z から Y を復元する方法は，ちょうど 2 通りあり，各々 $\bar{O}$ のスプリンガー特異点解消になっている：

$$T^*(G/P') \xrightarrow{\mu'} \bar{O} \xleftarrow{\mu} T^*(G/P).$$

したがって，$\pi = \mu$ または $\pi = \mu'$ である．この図式は向井フロップと呼ばれている．

上の議論から，π はいずれの場合も，スプリンガー特異点解消と一致することがわかり，定理 7.2.1 が示せた．

7.4　シンプレクティック特異点解消 $(b_2(Z) = 1)$

この節では，$b_2(Z) = 1$ となるのは，O が $sl(2)$ の極小べき零軌道のときだけであることを示そう．もし，これが言えれば，$\bar{O}$ のシンプレクティック特異点解消は，スプリンガー特異点解消 $T^*\mathbf{P}^1 \to \bar{O}$ に一致するので，定理 7.2.1

は正しい.

以後, $b_2(Z) = 1$ と仮定して話を進める. $\tau \colon \tilde{O} \to \bar{O}$ を正規化写像とする. 7.2 節の最初で注意したように, $\tau^{-1}(0)$ は 1 点 $\tilde{0}$ のみからなる. $\bar{O}$ への $\mathbf{C}^*$-作用は, $\tilde{O}$ への作用に持ち上がる. もし $\mathbf{P}(\tilde{O})$ が特異点を持ったとすると, $\tilde{\pi} \colon Z \to \mathbf{P}(\tilde{O})$ に対して $\mathrm{Exc}(\tilde{\pi}) \neq \emptyset$ である. これは, $b_2(Z) > 1$ を意味するので, $\mathbf{P}(\tilde{O})$ は非特異である. すなわち, $Z = \mathbf{P}(Y) = \mathbf{P}(\tilde{O})$ が成り立つ. もし, $\tilde{O}$ 自身が非特異であったとする. このとき, O のキリロフ–コスタント形式は, 接空間 $T_{\tilde{0}}\tilde{O}$ 上にウエイト 1 のシンプレクティック形式 ω を決める. $\dim O = 2n$ として, $\tilde{0}$ の近傍で, 局所座標系 $(z_1, \ldots, z_{2n})$ で $wt(z_i) > 0$ となるものを取る. このとき

$$\wedge^n \omega = a \, dz_1 \wedge \cdots \wedge dz_{2n}, \quad a \in \mathbf{C} - \{0\}$$

とあらわすことができる. このとき $wt(\wedge^n \omega) \geq 2n$ であり, $wt(\omega) \geq 2$ となり, 矛盾. したがって, $\tilde{O}$ は特異点を持つ. このとき $\tilde{O}$ の特異点は $\tilde{0}$ のみである. なぜなら, もし, $\dim \mathrm{Sing}(\tilde{O}) > 0$ とすると, $\tilde{O}$ はシンプレクティック特異点を持つので, $\dim \mathrm{Sing}(\tilde{O}) \geq 2$ である. これは, $\mathbf{P}(\tilde{O})$ も特異点を持つことを意味するので矛盾である. ここで $\dim O = 2$ とすると, O は $sl(2)$ の極小べき零軌道になるので, $\dim O \geq 4$ と仮定しよう. $\tilde{O}$ は $\tilde{0}$ で孤立特異点を持ち, $\pi \colon Y \xrightarrow{\pi^n} \tilde{O} \xrightarrow{\tau} \bar{O}$ をスタイン分解とすると, π^n は $\tilde{O}$ のシンプレクティック特異点解消になっている. このとき $\dim \tilde{O} \geq 4$ なので, $\mathrm{Codim}_Y \pi^{-1}(0) \geq 2$ である. ここで, L を Y の π-豊富な $\mathbf{C}^*$-線形化直線束で, 命題 7.2.2 の証明中の主張を満たすようなものとする. このとき $L|_{Y - \pi^{-1}(0)}$ は $\mathbf{P}(Y)$ 上の直線束にまで降下する. すなわち, $q \colon Y - \pi^{-1}(0) \to \mathbf{P}(Y)$ を商写像とすると, ある $\tilde{\pi}$-豊富直線束 M が存在して $L|_{Y - \pi^{-1}(0)} = q^* M$ と書ける. 一方, $\mathcal{O}_{\mathbf{P}(\tilde{O})}(1)$ を $\mathbf{P}(\tilde{O}) \to \mathbf{P}(\bar{O})$ による $\mathcal{O}_{\mathbf{P}(\bar{O})}(1)$ の引き戻しとする. $Z = \mathbf{P}(Y) = \mathbf{P}(\tilde{O})$ なので, Z 上に 2 つの直線束 $M, \mathcal{O}_{\mathbf{P}(\tilde{O})}(1)$ が得られたことになる. $\mathrm{Codim}_Y \pi^{-1}(\tilde{0}) \geq 2$ なので制限射 $H^2(Y, \mathbf{Q}) \to H^2(Y - \pi^{-1}(0), \mathbf{Q})$ は同型射である. ここで, 合成射

$$\bar{q}^* \colon H^2(\mathbf{P}(Y), \mathbf{Q}) \xrightarrow{q^*} H^2(Y - \pi^{-1}(0), \mathbf{Q}) \cong H^2(Y, \mathbf{Q})$$

を考え, $\bar{q}^*([M])$ と $\bar{q}^*([\mathcal{O}_{\mathbf{P}(\tilde{O})}(1)])$ を考える. 定義から, $\bar{q}^*([M]) = [L]$ であ

る．$\tilde{O}$ は $\tilde{0}$ で特異点を持っているので，$\dim \pi^{-1}(0) > 0$ であることに注意する．$\pi^{-1}(0)$ に含まれる曲線 C を取ると，$(L.C) > 0$ である．一方，$\mathcal{O}_{\mathbf{P}(\tilde{O})}(1)$ を $\tilde{O} - \{\tilde{0}\} \to \mathbf{P}(\tilde{O})$ によって引き戻し，$j : \tilde{O} - \{\tilde{0}\} \to \tilde{O}$ による順像を取ると，$\tilde{O}$ 上の直線束になる．この直線束を $\pi^n : Y \to \tilde{O}$ で引き戻すと Y 上の直線束が得られる．この直線束のコホモロジー類が $\bar{q}^*([\mathcal{O}_{\mathbf{P}(\tilde{O})}(1)])$ に他ならない．したがって $\bar{q}^*([\mathcal{O}_{\mathbf{P}(\tilde{O})}(1)]) = 0$ である．一方，$\mathcal{O}_{\mathbf{P}(\tilde{O})}(1)$ は $\mathbf{P}(\tilde{O})$ 上の豊富束なので，$H^2(Z, \mathbf{Q})$ の元として $[\mathcal{O}_{\mathbf{P}(\tilde{O})}(1)] \neq 0$ である．したがって $[M]$ と $[\mathcal{O}_{\mathbf{P}(\tilde{O})}(1)]$ は $H^2(Z, \mathbf{Q})$ の中で1次独立である．これは，$b_2(Z) > 1$ を意味する．

第8章

べき零軌道閉包の特徴付け

複素半単純リー環の正規なべき零軌道閉包を，錐的シンプレクティック多様体の中で特徴付ける.

8.1 錐的シンプレクティック多様体とリヒャネロウィッツ–ポアソン複体

(X, ω) を錐的シンプレクティック多様体 (定義 4.1.13 参照) として，$R = \bigoplus_{i \geq 0} R_i$ を X の座標環とする. 次の定理を証明するのが，本章の目標である.

定理 8.1.1 X の座標環 R が $\mathbf{C}$ 上 R_1 で生成されているとする. このとき，(X, ω) は次のいずれかの錐的シンプレクティック多様体と同型である.

(i) $(\mathbf{C}^{2d}, \omega_{st})$, $\omega_{st} = \sum_{1 \leq i \leq d} dz_i \wedge dz_{i+d}$,

(ii) $(\bar{O}, \omega_{KK})$, ここで O は複素半単純リー環 $\mathfrak{g}$ のべき零軌道であり，ω_{KK} はキリロフ–コスタント形式である.

逆に，O を複素半単純リー環 $\mathfrak{g}$ のべき零軌道で，閉包 $\bar{O}$ が正規多様体であるようなものとすると，$(\bar{O}, \omega_{KK})$ は座標環 R が $\mathbf{C}$ 上 R_1 で生成されるような錐的シンプレクティック多様体である.

4.1 節で説明したように，X には ω から決まるポアソン構造

$$\{ , \} : \mathcal{O}_X \times \mathcal{O}_X \to \mathcal{O}_X$$

が入っている. 大域切断を取ると，

$$\{ , \} : R \times R \to R$$

は，R にポアソン $\mathbf{C}$-代数の構造を与えている. さらに ω は X の $\mathbf{C}^*$-作用に関して斉次であったから，そのウエイトを l とすると，$\{R_i, R_j\} \subset R_{i+j-l}$ で

ある. 命題 4.1.14 から $l > 0$ である.

命題 8.1.2　$l = 1$ または $l = 2$ である. さらに, $l = 2$ のとき, (X, ω) は $(\mathbf{C}^{2d}, \omega_{st})$ と同型である.

　証明.　$l > 2$ とすると, $\{R_1, R_1\} = 0$ であり, R が R_1 で生成されることから, $\{R, R\} = 0$ となる. これは, R のポアソン積が自明であることを意味する. このとき, X のポアソン積も自明になり, ポアソン積がシンプレクティック形式 ω から決まっていることに反する. したがって $l = 1$ または, $l = 2$ である. $l = 2$ としよう. このとき, ポアソン積 $R_1 \times R_1 \to R_0 = \mathbf{C}$ は, R_1 の反対称形式を決める. この反対称形式が退化形式であったと仮定する. すると, ある零でない元 $x_1 \in R_1$ に対して, $\{x_1, R_1\} = 0$ となる. R は R_1 で生成されるから, $\{x_1, R\} = 0$ である. X の非特異部分を X_{reg} とすると, X は正規多様体なので, $\mathrm{Codim}_X(X - X_{\mathrm{reg}}) \geq 2$ である. このことから, $X_{\mathrm{reg}} \cap \{x_1 = 0\} \neq \emptyset$ であり, $x_1 = 0$ は X_{reg} 上の零でない有効因子 D を決める. D の一般的な点 a を取ると, D_{red} は, a の近傍で非特異である. X_{reg}^{an} の点 a のまわりでの座標近傍を U とし, $\{z_1, \ldots, z_{2d}\}$ を局所座標系で, $x_1 = z_1^m \ (m > 0)$ となるようなものとする. X のポアソン構造は, U において非退化である. ところが

$$\{x_1, \cdot\}_U = \{z_1^m, \cdot\}_U = m z_1^{m-1} \{z_1, \cdot\}_U = 0$$

となるので, $\{z_1, \cdot\}_U = 0$ である. これは, ポアソン構造が U 上非退化であることに矛盾する. 以上のことから, 反対称形式 $R_1 \times R_1 \to \mathbf{C}$ は非退化である. 反対称形式は, アフィン空間 $\mathbf{C}^{2d} := \mathrm{Spec}(\mathrm{Sym}^{\cdot}(R_1))$ に非退化なポアソン構造を定め, X は $\mathbf{C}^{2d}$ のポアソン部分概型になる. ところが, このとき, 命題 2.1.10 から $X = \mathbf{C}^{2d}$ である. $\square$

　以後, $l = 1$ と仮定する. X の非特異部分を X_{reg} とする. $\Theta_{X_{\mathrm{reg}}}$ を X_{reg} の接束とし, X_{reg} のポアソン括弧積を用いて, リヒャネロウィッツ–ポアソン複体

$$0 \to \Theta_{X_{\mathrm{reg}}} \xrightarrow{\delta_1} \wedge^2 \Theta_{X_{\mathrm{reg}}} \xrightarrow{\delta_2} \cdots$$

を

$$\delta_p(f)(dx_1 \wedge \cdots \wedge dx_{p+1})$$

$$= \sum (-1)^{i+1} \{x_i, f(dx_1 \wedge \cdots \wedge \hat{dx_i} \wedge \cdots \wedge dx_{p+1})\}$$

$$+ \sum (-1)^{j+k} f(d\{x_j, x_k\} \wedge dx_1 \wedge \cdots \wedge \hat{dx_j} \wedge \cdots \wedge \hat{dx_k} \wedge \cdots \wedge dx_{p+1})$$

によって定義する (2.1 節参照). リヒャネロウィッツ–ポアソン複体において, $\wedge^p \Theta_{X_{\mathrm{reg}}}$ は p 次部分に置くものとする.

ポアソン括弧積 $\{ , \} \colon R_1 \times R_1 \to R_1$ によって, R_1 はリー環になる. これを $\mathfrak{g}$ と書く. R は $\mathbf{C}$ 上 R_1 で生成されているので, 環の全射準同型

$$\bigoplus_{i \geq 0} \mathrm{Sym}^i(R^1) \to R$$

が存在する. この全射準同型は, $\mathbf{C}^*$-同変な閉埋入

$$X \to \mathfrak{g}^*$$

を定義する.

ここで, 一般の複素リー環 $\mathfrak{g}$ の随伴群 G を $GL(\mathfrak{g})$ の中で,

$$\{\exp(\mathrm{ad}\, v)\}_{v \in \mathfrak{g}}$$

で生成される複素部分リー群として定義する. 一般に, G は $GL(\mathfrak{g})$ の閉部分群にはならない. さらに, G のリー環 $\mathrm{Lie}(G)$ は, 随伴表現 $ad\colon \mathfrak{g} \to \mathrm{End}(\mathfrak{g})$ が忠実なとき, すなわち, $\mathfrak{g}$ の中心が自明なときに限って $\mathfrak{g}$ に一致する.

命題 8.1.3 $\mathrm{Aut}^{\mathbf{C}^*}(X, \omega)$ を (X, ω) の $\mathbf{C}^*$-同変自己同型群とする. このとき, $\mathrm{Aut}^{\mathbf{C}^*}(X, \omega)$ の id_X を含む連結成分は, $\mathfrak{g}$ の随伴群 G に一致する. さらに, $\mathfrak{g}$ の中心は自明であり, $\mathfrak{g}$ は線形代数群 $\mathrm{Aut}^{\mathbf{C}^*}(X, \omega)$ のリー環に一致する.

証明. $(\wedge^{\geq 1} \Theta_{X_{\mathrm{reg}}}, \delta)$ を X_{reg} に対するリヒャネロウィッツ–ポアソン複体とする. 1 次元代数トーラス $\mathbf{C}^*$ が $\Gamma(X_{\mathrm{reg}}, \wedge^p \Theta_{X_{\mathrm{reg}}})$ には自然に作用しており, これによって $\Gamma(X_{\mathrm{reg}}, \wedge^p \Theta_{X_{\mathrm{reg}}})$ は次数付き加群になっている:

$$\Gamma(X_{\mathrm{reg}}, \wedge^p \Theta_{X_{\mathrm{reg}}}) = \bigoplus_{n \in \mathbf{Z}} \Gamma(X_{\mathrm{reg}}, \wedge^p \Theta_{X_{\mathrm{reg}}})(n).$$

シンプレクティック形式 ω のウエイトは 1 なので, コバウンダリー写像 δ_p の

次数は -1 である. したがって, 次のような複体を得る:

$$(*) \quad \Gamma(X_{\mathrm{reg}}, \Theta_{X_{\mathrm{reg}}})(0) \xrightarrow{\delta_1} \Gamma(X_{\mathrm{reg}}, \wedge^2\Theta_{X_{\mathrm{reg}}})(-1) \xrightarrow{\delta_2} \cdots$$

この複体において,

$$\mathrm{Ker}(\delta_1) = T_{[id]}\,\mathrm{Aut}^{\mathbf{C}^*}(X, \omega)$$

である. 実際, $\mathrm{Ker}(\delta_1)$ の元は, X_{reg} の $\mathbf{C}^*$-同変な無限小自己同型で, ポアソン構造を保つものに対応している (命題 3.2.4, (2)). ところが, $\Gamma(X_{\mathrm{reg}}, \Theta_{X_{\mathrm{reg}}})$ の元は, $\Gamma(X, \Theta_X)$ の元に一意的に延長される. なぜなら $\Theta_X := \underline{\mathrm{Hom}}(\Omega^1_X, \mathcal{O}_X)$ は X 上の反射的 $\mathcal{O}_X$-加群 (reflexive $\mathcal{O}_X$-module) であるからである. 命題 2.1.6 より, $(\wedge^{\geq 1}\Theta_{X_{\mathrm{reg}}}, \delta)$ はドラーム複体 $(\Omega^{\geq 1}_{X_{\mathrm{reg}}}, d)$ と同一視できる. 1 次元代数トーラス $\mathbf{C}^*$ は $\Gamma(X_{\mathrm{reg}}, \Omega^p_{X_{\mathrm{reg}}})$ にも作用しているので, $\Gamma(X_{\mathrm{reg}}, \Omega^p_{X_{\mathrm{reg}}})$ は次数付き加群になる:

$$\Gamma(X_{\mathrm{reg}}, \Omega^p_{X_{\mathrm{reg}}}) = \bigoplus_{n \in \mathbf{Z}} \Gamma(X_{\mathrm{reg}}, \Omega^p_{X_{\mathrm{reg}}})(n).$$

したがって, 次の複体を得る:

$$(**) \quad \Gamma(X_{\mathrm{reg}}, \Omega^1_{X_{\mathrm{reg}}})(1) \xrightarrow{d_1} \Gamma(X_{\mathrm{reg}}, \Omega^2_{X_{\mathrm{reg}}})(1) \xrightarrow{d_2} \cdots$$

シンプレクティック形式 ω のウエイトが 1 なので, この複体は, 上で作った複体 $(*)$ と同一視される. $\mathrm{Ker}(d_1)$ が何になるかを考えよう. 外微分 $d: \Gamma(X_{\mathrm{reg}}, \mathcal{O}_{X_{\mathrm{reg}}})(1) \to \Gamma(X_{\mathrm{reg}}, \Omega^1_{X_{\mathrm{reg}}})(1)$ は単射になる. $\mathrm{Ker}(d_1) = \mathrm{Im}(d)$ であることを示そう. X への $\mathbf{C}^*$-作用により X_{reg} 上にベクトル場 ζ が決まる. 微分形式 $v \in \Gamma(X_{\mathrm{reg}}, \Omega^1_{X_{\mathrm{reg}}})(1)$ の ζ によるリー微分は v である: $L_\zeta v = v$. もし v が d-閉であれば, カルタンの関係式

$$L_\zeta v = d(\zeta \rfloor v) + \zeta \rfloor dv$$

より $v = d(\zeta \rfloor v)$ が成り立つ. したがって, $\mathrm{Ker}(d_1) = \mathrm{Im}(d)$ である. 一方,

$$\Gamma(X_{\mathrm{reg}}, \mathcal{O}_{X_{\mathrm{reg}}})(1) = \Gamma(X, \mathcal{O}_X)(1) = R_1 = \mathfrak{g}$$

であることに注意する. 複体 $(*)$ と複体 $(**)$ の同一視により, 可換図式

$$0 \longrightarrow \mathrm{Ker}(\delta_1) \longrightarrow \Gamma(X_{\mathrm{reg}}, \Theta_{X_{\mathrm{reg}}})(0) \xrightarrow{\ \delta_1\ } \Gamma(X_{\mathrm{reg}}, \wedge^2\Theta_{X_{\mathrm{reg}}})(-1)$$

$$\cong \ \cdot\lrcorner\omega\Big\downarrow \qquad\qquad \cong \ \cdot\lrcorner\omega\Big\downarrow \qquad\qquad\qquad \cong\Big\downarrow$$

$$0 \longrightarrow \mathrm{Ker}(d_1) \longrightarrow \Gamma(X_{\mathrm{reg}}, \Omega^1_{X_{\mathrm{reg}}})(1) \xrightarrow{\ d_1\ } \quad \Gamma(X_{\mathrm{reg}}, \Omega^2_{X_{\mathrm{reg}}})(1)$$

$$(8.1)$$

を得る. ここで,

$$\mathrm{Ker}(d_1) = \{df \mid f \in R_1\}$$

なので,

$$\mathrm{Ker}(\delta_1) = \{H_f \mid f \in R_1\}$$

となることがわかる. $f\,(\neq 0) \in R_1$ に対して, $df \neq 0$ なので

$$H_f = \{f, \cdot\}\colon R \to R$$

は零写像ではない. さらに

$$H_f|_{R_1}\colon R_1 \to R_1$$

も零写像ではない. なぜなら, もし, この写像が零であれば, R が $\mathbf{C}$ 上 R_1 で生成されることから, H_f 自身も零になってしまうからである. $H_f|_{R_1}$ は

$$[f, \cdot]\colon \mathfrak{g} \to \mathfrak{g}$$

に他ならないので,

$$ad\colon \mathfrak{g} \to \mathrm{End}(\mathfrak{g})$$

は単射である. つまり, $\mathfrak{g}$ の中心は自明である.

随伴群 G は定義より $GL(\mathfrak{g})$ の複素リー部分群である. 一方, $\mathrm{Aut}^{\mathbf{C}^*}(X, \omega)$ も $GL(\mathfrak{g})$ の閉部分群である. 実際, $\mathrm{Aut}^{\mathbf{C}^*}(X, \omega)$ の元は, 次数付き $\mathbf{C}$-代数 R の自己同型を決める. 特にこの自己同型から R_1 の $\mathbf{C}$-線形自己同型射が決まる. これにより, 準同型射 $\mathrm{Aut}^{\mathbf{C}^*}(X, \omega) \to GL(\mathfrak{g})$ が定義される. R は R_1 で生成されるので, R_1 の自己同型射から, R の自己同型は完全に決まってしまう. したがって, この準同型射は単射である.

定義より, G の 1 における接空間は, $ad(\mathfrak{g})\,(\subset \mathrm{End}(\mathfrak{g}))$ に一致する. 一方, $\mathrm{Aut}^{\mathbf{C}^*}(X, \omega)$ の $[id_X]$ における接空間は, 上で見たように, $ad(\mathfrak{g})$ である. こ

のことから，$\mathrm{Aut}^{\mathbf{C}^*}(X, \omega)$ の $[id_X]$ を含む連結成分は，$\mathfrak{g}$ の随伴群 G に一致する．$\square$

命題 8.1.4　錐的シンプレクティック多様体 (X, ω) は，$\mathfrak{g}^*$ の余随伴軌道の閉包 $(\bar{O}, \omega_{KK})$ に一致する．

　証明.　G は $\mathrm{Aut}^{\mathbf{C}^*}(X, \omega)$ の単位元を含む連結成分であったから，G の $\mathfrak{g}^*$ への余随伴作用は X への作用を引き起こす．埋め込み写像 $\mu\colon X \to \mathfrak{g}^*$ を X_{reg} に制限したものは，G-作用に関するモーメント写像になっている．なぜなら，G は X_{reg} に作用するので，射 $\mathfrak{g} \to \Gamma(X_{\mathrm{reg}}, \Theta_{X_{\mathrm{reg}}})$ が決まる．この射による $f \in \mathfrak{g}$ の行先を ζ_f と書くことにする．このとき，$\alpha \in X_{\mathrm{reg}}$ に対して，

$$(\zeta_f)(\alpha) = \langle \alpha, [f, \cdot] \rangle$$

が成り立つ．ここで，$(\zeta_f)(\alpha)$ は接空間 $T_\alpha X$ の元であるが，$T_\alpha X \subset T_\alpha \mathfrak{g}^* = \mathfrak{g}^*$ によって，$\mathfrak{g}^*$ の元と見ている．一方，f に付随するハミルトンベクトル場 H_f に対して，

$$H_f(\alpha) = \langle \alpha, [df_\alpha, \cdot] \rangle$$

であった (例 2.1.11, 命題 2.1.15 の証明を参照せよ)．今，f は $\mathfrak{g}^*$ 上の線形関数なので，df_α は f 自身に一致する．このことから，$H_f = \zeta_f$ となることがわかり，射 $\mathfrak{g} \to \Gamma(X_{\mathrm{reg}}, \Theta_{X_{\mathrm{reg}}})$ は

$$\mathfrak{g} \xrightarrow{\mu^*} \Gamma(X_{\mathrm{reg}}, \mathcal{O}_{X_{\mathrm{reg}}}) \xrightarrow{H} \Gamma(X_{\mathrm{reg}}, \Theta_{X_{\mathrm{reg}}})$$

と分解する．ここで，μ^* は $\mu\colon X \to \mathfrak{g}^*$ によって，$\mathfrak{g}^*$ 上の線形関数を X にまで引き戻す射を表し，H は $f \in \Gamma(X_{\mathrm{reg}}, \mathcal{O}_{X_{\mathrm{reg}}})$ に対してハミルトンベクトル場 H_f を対応させる射である．

　さて，$\alpha \in X_{\mathrm{reg}}$ に対して，$f_1, \ldots, f_r \in \mathfrak{g}$ を $df_1, \ldots, df_r$ が $\Omega_X^1 \otimes k(\alpha)$ を生成するように取る．ω は，α で非退化であったから，ハミルトンベクトル場 $H_{f_1}, \ldots, H_{f_r}$ は $\Theta_X \otimes k(\alpha)$ を生成する．これは，合成射

$$\mathfrak{g} \to \Gamma(X, \Theta_X) \to \Theta_X \otimes k(\alpha)$$

が全射であることを意味する．したがって，α を含む G-軌道は，X の稠密な開集合になっている．X の G-軌道の中で稠密な開集合になっているものは，た

だ一つなので，これを O と置くと，$X = \bar{O}$ である．埋め込み射 $\mu\colon X \to \mathfrak{g}^*$ はポアソン写像なので，$(X, \omega) \cong (\bar{O}, \omega_{KK})$ である．□

8.2 リー環の半単純性

この節では，$\mathfrak{g}$ が半単純であることを示す．この部分が，定理 8.1.1 の核心部である．G は前節と同じものとして，U を G のべき単根基とし，$\mathfrak{n}$ を U のリー環とする．命題 8.1.3 から $\mathfrak{g}$ の中心は自明なので，$\mathfrak{n}$ は $\mathfrak{g}$ のべき零根基である．$\mathfrak{n} \neq 0$ と仮定する．$\mathfrak{n}$ はべき零リー環なので，$\mathfrak{n}$ の中心 $z(\mathfrak{n})$ も自明ではない．さらに $z(\mathfrak{n})$ は $\mathfrak{g}$ のイデアルになっている．これを見るには，$y \in \mathfrak{g}$，$z \in z(\mathfrak{n})$ に対して $[y, z] \in z(\mathfrak{n})$ を示せばよい．つまり，$\mathfrak{n}$ の任意の元 x に対して，$[x, [y, z]] = 0$ がいえればよい．ここで，ヤコビの恒等式

$$[x, [y, z]] + [y, [z, x]] + [z, [x, y]] = 0$$

を考えると，左側の第 2 項は，$[z, x] = 0$ なので 0 である．次に，$\mathfrak{n}$ は $\mathfrak{g}$ のイデアルなので，$[x, y] \in \mathfrak{n}$ である．したがって，$[z, [x, y]] = 0$ となり，第 3 項も消える．したがって $[x, [y, z]] = 0$ がわかる．

命題 8.2.1 $\mathfrak{g}$ を中心が自明な複素リー環で，随伴群 G が線形代数群であるようなものとする．さらに，$\mathfrak{n} \neq 0$ であると仮定する．O を $\mathfrak{g}^*$ の余随伴軌道で次の性質を持つものとする．

(i) $\mathfrak{g}^*$ へのスカラー $\mathbf{C}^*$-作用で，$\bar{O}$ は保たれる．

(ii) $T_0\bar{O} = \mathfrak{g}^*$，ただし，$T_0\bar{O}$ は $0 \in \bar{O}$ における接空間．

このとき，$\bar{O} - O$ は無限個の余随伴軌道を含む．

注意． 命題 8.2.1 から，$\bar{O}$ がたとえ正規代数多様体であっても，$(\bar{O}, \omega_{KK})$ はシンプレクティック代数多様体ではない．なぜなら，$(\bar{O}, \omega_{KK})$ がシンプレクティック代数多様体だとすると，定理 4.1.4 より $\bar{O}$ の部分ポアソン概型は有限個しかない．一方，命題 8.2.1 により，$\bar{O} - O$ は無限個の余随伴軌道を含んでいる．特にそれらの閉包は，系 2.1.14 から $\bar{O}$ の部分ポアソン概型になっている．これは矛盾である．

証明． モストウの結果 [Mo] ([Ho], VIII, Theorems 3.5, 4.3 も参照) から，G は，簡約部分群 L とべき単根基 U の半直積になっている．特に，$\mathfrak{l}$ を L のリー環とすると，直和分解

$$\mathfrak{g} = \mathfrak{l} \oplus \mathfrak{n}$$

が存在する. O の元 ϕ を取る. 定義から, ϕ は $\mathfrak{g}$ 上の線形関数であり, $z(\mathfrak{n})$ に制限しても零にならない. なぜなら, もし $\phi|_{z(\mathfrak{n})} = 0$ なら, $O \subset (\mathfrak{g}/z(\mathfrak{n}))^*$ となり, (ii) の仮定に反するからである. ここで随伴群 G は $GL(\mathfrak{g})$ の中で $\exp(ad\,v)$ $(v \in \mathfrak{g})$ の形の元で生成されていたことに注意する. もし $v \in z(\mathfrak{n})$ であれば, $(ad\,v)^2 = 0$ なので, $\exp(ad\,v) = id + ad\,v$ となる. したがって, $Z(U)$ を U の中心の単位元を含む連結成分とすると, $Z(U) = 1 + ad\,z(\mathfrak{n})$ と書くことができる. 仮定から $ad\colon \mathfrak{g} \to \mathrm{End}(\mathfrak{g})$ は単射であったから, $z(\mathfrak{n})$ と $ad\,z(\mathfrak{n})$ を同一視することにすると, $Z(U) = 1 + z(\mathfrak{n})$ と書け, 群演算は, $(1+v)(1+v') = 1 + (v+v')$, $v, v' \in z(\mathfrak{n})$ で与えられる. ここで $z(\mathfrak{n})$ の元 v を1つ固定して, $Ad^*_{1+v}\phi \in \mathfrak{g}^*$ を考える. $(1+v)^{-1} = 1 - v$ なので, 随伴作用

$$Ad_{(1+v)^{-1}}\colon \mathfrak{l} \oplus \mathfrak{n} \to \mathfrak{l} \oplus \mathfrak{n}$$

は,

$$x \oplus y \to x \oplus (-[v,x] + y)$$

で与えられる. ここで, $(ad\,v)(y) = 0$ であることを使った. そこで,

$$(*) \quad Ad^*_{1+v}(\phi)(x \oplus y) = \phi(Ad_{(1+v)^{-1}}(x \oplus y)) = \phi(x \oplus y) - \bar{\phi}([v,x])$$

となる. ここで $[v,x] \in z(\mathfrak{n})$ なので, $\phi([v,x]) = \bar{\phi}([v,x])$ であることに注意する.

$z(\mathfrak{n})$ は, リー括弧積によって, $\mathfrak{l}$-加群とみなせるので, 既約 $\mathfrak{l}$-加群の直和に分解する:

$$z(\mathfrak{n}) = \oplus V_i.$$

簡約リー代数 $\mathfrak{l}$ は半単純成分と中心の直和 $\mathfrak{l} = [\mathfrak{l},\mathfrak{l}] + z(\mathfrak{l})$ で表せることに注意する. もし $[\mathfrak{l},\mathfrak{l}] \neq 0$ であれば, 上の既約分解は $[\mathfrak{l},\mathfrak{l}]$-加群としての既約分解に一致する. 実際, $z(\mathfrak{l})$ は可換リー代数なので, $z(\mathfrak{n})$ は $z(\mathfrak{l})$ のウエイト空間に分解する: $z(\mathfrak{n}) = \oplus V_\alpha$. 半単純成分 $[\mathfrak{l},\mathfrak{l}]$ は各 V_α に作用するので, V_α は既約 $[\mathfrak{l},\mathfrak{l}]$-加群の直和に分解する. これらの直和因子は, $z(\mathfrak{n})$ で保たれるので, 既約 $\mathfrak{l}$-加群でもある.

$\dim V_i = 1$ となるような V_i が存在したとする. もちろん, $[\mathfrak{g}, V_i] \subset V_i$ なので, V_i は $\mathfrak{g}$ のイデアルである. 仮定 (i) より,

$$\bar{O} = \operatorname{Spec} R, \quad R = \bigoplus_{i \geq 0} R_i$$

と書ける. 仮定 (ii) より, $R_1 = \mathfrak{g}$ である. $x \in V_i$ を V_i の生成元とすると, x は R のポアソンイデアル I を生成している. なぜなら, $h \cdot x \in (x)$, $h \in R$ に対して, $\{hx, R\} \subset x\{h, R\} + h\{x, R\}$ であるが, $\{x, R_1\} \subset R_1$ であることと, R が R_1 で生成されていることから, $\{x, R\} \subset xR$ となる. 結局 $\{hx, R\} \subset xR$ であることがわかる. したがって, $Y := \operatorname{Spec}(R/I)$ は $\bar{O}$ の余次元 1 のポアソン部分概型になる. また, 任意の $v \in \mathfrak{g} \ (= R_1)$ に対して, $[v, xR] \subset xR$ なので, $\exp(ad\,v)$ は Y に作用する. すなわち, Y は G-作用で安定である. したがって, Y はいくつかの余随伴軌道の和集合になっている. 一方, $\dim Y$ は奇数で, 余随伴軌道の次元は偶数なので, Y は無限個の余随伴軌道を含んでいることになる.

これから以降は, すべての V_i に対して, $\dim V_i > 1$ と仮定する. この場合 $[\mathfrak{l}, \mathfrak{l}] \neq 0$ である. $\bar{\phi} \neq 0$ なので, $\phi|_{V_i} \neq 0$ となる i が存在する. このような V_i を 1 つ取る. 半単純リー環 $[\mathfrak{l}, \mathfrak{l}]$ のカルタン部分代数 $\mathfrak{h}$ を固定して, 付随するルート系を Φ とする. Φ の単純ルート系 Δ を取り, $[\mathfrak{l}, \mathfrak{l}]$ のルート分解を考える. このとき,

$$\mathfrak{n}^+ := \bigoplus_{\alpha \in \Phi^+} [\mathfrak{l}, \mathfrak{l}]_\alpha$$

と定義する. $v_0 \in V_i$ を既約 $[\mathfrak{l}, \mathfrak{l}]$-加群の最高ウエイトベクトルとする. このとき, $[v_0, \mathfrak{n}^+] = 0$ が成り立つ. 特に $\phi([v_0, \mathfrak{n}^+]) = 0$ である. さらに, ϕ を適当な $Ad_g^*(\phi) \ (g \in L)$ で置き換えることにより, $\phi(v_0) = 0$ と仮定してよい. 実際, もし $Ad_g^*(\phi)(v_0) = 0$ がすべての $g \in L$ について成り立てば, ϕ は V_i の中で, $Ad_g(v_0)$ すべてで張られた部分空間の上で 0 になっている. ところが, このような部分空間は, V_i の部分 L-表現なので, V_i 自身に一致する. これは $\phi|_{V_i} = 0$ を意味するので矛盾である. v_0 は自明ではない既約 $[\mathfrak{l}, \mathfrak{l}]$-加群の最高ウエイトベクトルなので, ある $h \in \mathfrak{h}$ に対して $[v_0, h] = \alpha v_0 \ (\alpha \neq 0)$ と書ける. $\phi(v_0) \neq 0$ であったから, このような h に対して, $\bar{\phi}([v_0, h]) \neq 0$

であることがわかる.

さて, $\bar{\phi}_{v_0} := \bar{\phi}([v_0, \cdot])|_{[\mathfrak{l}, \mathfrak{l}]}$ と置く. 定義から $\bar{\phi}_{v_0} \in [\mathfrak{l}, \mathfrak{l}]^*$ である. キリング形式によって $[\mathfrak{l}, \mathfrak{l}]^*$ は $[\mathfrak{l}, \mathfrak{l}]$ と同一視される. 上で見たように, $\bar{\phi}_{v_0}(\mathfrak{n}^+) = 0$, $\bar{\phi}_{v_0}(h) \neq 0$ である. このことは, $\bar{\phi}_{v_0}$ を $[\mathfrak{l}, \mathfrak{l}]$ の元と見たときに, べき零元ではないことを意味する.

このような v_0 と ϕ に対して, $Ad^*_{1+t^{-1}v_0}(t\phi)$ $(t \in \mathbf{C}^*)$ を考える. $(*)$ の v, ϕ のところに, $t^{-1}v_0, t\phi$ を代入すれば,

$$Ad^*_{1+t^{-1}v_0}(t\phi)(x \oplus y) = t\phi(x \oplus y) - \bar{\phi}([v_0, x])$$

が成り立つ. したがって,

$$\lim_{t \to 0} Ad^*_{1+t^{-1}v_0}(t\phi)(x \oplus y) = -\bar{\phi}([v_0, x])$$

である. 定義から $Ad^*_{1+t^{-1}v_0}(t\phi) \in O$ であったから, $\lim_{t \to 0} Ad^*_{1+t^{-1}v_0}(t\phi) \in \bar{O}$ である. 上の等式からわかるように, $\lim_{t \to 0} Ad^*_{1+t^{-1}v_0}(t\phi)|_{\mathfrak{n}} = 0$ である. したがって $\lim_{t \to 0} Ad^*_{1+t^{-1}v_0}(t\phi)$ は $(\mathfrak{g}/\mathfrak{n})^* = \mathfrak{l}^*$ の元とみなせる. さらに,

$$\lim_{t \to 0} Ad^*_{1+t^{-1}v_0}(t\phi)|_{[\mathfrak{l}, \mathfrak{l}]} = -\bar{\phi}_{v_0}$$

である. $-\bar{\phi}_{v_0}$ はすでに見たように, $[\mathfrak{l}, \mathfrak{l}]$ の元とみたとき, べき零元ではない.

直和分解 $\mathfrak{l} = [\mathfrak{l}, \mathfrak{l}] \oplus z(\mathfrak{l})$ から, L-同変な直和分解 $\mathfrak{l}^* = [\mathfrak{l}, \mathfrak{l}]^* \oplus z(\mathfrak{l})^*$ を得る. ここで L は $z(\mathfrak{l})^*$ には自明に作用している. したがって, $\mathfrak{l}^*$ の余随伴軌道は, $[\mathfrak{l}, \mathfrak{l}]^*$ の余随伴軌道と $z(\mathfrak{l})^*$ の元の組である. 今考えているケースでは

$$\bar{\phi}([v_0, \cdot]) = \bar{\phi}_{v_0} \oplus \bar{\phi}([v_0, \cdot])|_{z(\mathfrak{l})}$$

と書くことができる. $\lambda\phi$ $(\lambda \in \mathbf{C}^*)$ に対して同じことをすると, $\lambda\bar{\phi}([v_0, \cdot]) \in \bar{O}$ であり,

$$\lambda\bar{\phi}([v_0, \cdot]) = \lambda\bar{\phi}_{v_0} \oplus \lambda\bar{\phi}([v_0, \cdot])|_{z(\mathfrak{l})}$$

となる. $\bar{\phi}_{v_0}$ がべき零元でないことから, $\lambda\bar{\phi}_{v_0}$ $(\lambda \in \mathbf{C}^*)$ は $[\mathfrak{l}, \mathfrak{l}]^*$ の相異なる余随伴軌道に含まれることがわかる. したがって, $\lambda\bar{\phi}([v_0, \cdot])$ $(\lambda \in \mathbf{C}^*)$ も $\mathfrak{l}^*$ の相異なる余随伴軌道に含まれることになる. したがって $\bar{O} - O$ は無限個の余随伴軌道を含むことがわかった. $\square$

定理 8.1.1 の証明. (X, ω) を定理の仮定を満たす錐的シンプレクティック多様体とする. $l := wt(\omega)$ と置くと, 命題 8.1.2 より, $l = 1$ または $l = 2$ である. さらに, $l = 2$ であれば, 定理の (i) のケースになる. $l = 1$ とすると, 命題 8.1.4 から, (X, ω) はある複素リー環 $\mathfrak{g}$ の余随伴軌道の閉包とキリロフ–コスタント形式の組 $(\bar{O}, \omega_{KK})$ になる. さらに $\mathfrak{g}$ は自明な中心を持つ. $\mathfrak{g}$ が半単純でないとすると, べき零根基 $\mathfrak{n}$ は零でなくなる. このとき, 命題 8.2.1 とその注意から, $(\bar{O}, \omega_{KK})$ はシンプレクティック代数多様体にはなり得ない. したがって, $\mathfrak{g}$ は半単純である. このとき, $\mathfrak{g}^*$ と $\mathfrak{g}$ はキリング形式によって G-多様体として同型になる. 余随伴軌道 O は $\mathfrak{g}^*$ のスカラー $\mathbf{C}^*$-作用で保たれるので, 対応する随伴軌道はべき零軌道である. したがって, 定理の (ii) のケースになる. □

参 考 文 献

[Be] Beauville, A.: Symplectic singularities, Invent. Math. **139** (2000), 541–549

[B-B] Białynicki-Birula, A.: Some theorems on actions of algebraic groups, Ann. of Math. **98** (1973), 480–497

[B-M] Bierstone, E., Milman, P.: Canonical desingularization in characteristic zero by blowing up the maximum strata of a local invariant, Invent. Math. **128** (1997), 207–302

[Bo] Borel, A.: Linear algebraic groups, second enlarged edition, Graduate Texts in Mathematics, **126**, Springer-Verlag, New York-Heidelberg, 1991

[C-G] Chriss, N., Ginzburg, V.: Representation theory and complex geometry, Birkhauser Boston, Inc., Boston, MA, 1997. x+495 pp.

[C-M] Collingwood, D., McGovern, W.: Nilpotent orbits in semisimple Lie algebras, Van Nostrand Reinhold Math. Series, 1993

[De 1] Deligne, P.: Théorie de Hodge II, Publ. Math. I.H.E.S. **40** (1971), 5–58

[De 2] Deligne, P.: Théorie de Hodge III, Publ. Math. I.H.E.S. **44** (1974), 5–77

[E-V] Encinas, S., Villamayor, O.: A course on constructive desingularization and equivariance, Progr. in Math. **181** (2000), 147–227

[Fr] Friedman, R.: Global smoothings of varieties with normal crossings, Ann. Math. **118** (1983), 75–114

[Fu] Fu, B.: Symplectic resolutions for nilpotent orbits, Invent. Math. **151** (2003), 167–186

[G-K-K] Greb, D., Kebekus, S., Kovacs, S.: Extension theorems for differential forms and Bogomolov-Sommese vanishing on log canonical varieties, Compos. Math. **146** (2010), 193–219

[Gro] Grothendieck, A.: Sur les faisceaux algébriques et les faisceaux analytiques cohérents, Expose 2, Séminarire H. Cartan, **9** (1956/57)

[Ha] Hartshorne, R.: Algebraic geometry, Graduate Texts in Mathematics, **52**, Springer-Verlag, New York-Heidelberg, 1977, xvi+496 pp.

[Hi] Hinich, V.: On the singularities of nilpotent orbits, Israel J. Math. **73** (1991), no. 3, 297–308

[Hiro] Hironaka, H.: Resolution of singularities of an algebraic variety over a field of characteristic zero, Ann. of Math. **79** (1964), 109–326

[Ho] Hochschild, G.P.: Basic theory of algebraic groups and Lie algebras, Graduate Texts in Math. **75**, Springer, 1981

[Hu] Humphreys, J.: Introduction to Lie algebras and representation theory, Graduate Texts in Mathematics, **9**, Springer-Verlag, New York-Berlin, 1972, xii+169 pp.

[Ka] Kaledin, D.: Symplectic singularities from the Poisson point of view, J. Reine Angew. Math. **600** (2006), 135–160

[KMM] Kawamata, Y., Matsuda, K., Matsuki, K.: Introduction to the minimal model problem, Adv. Stud. Pure Math. **10** (1985), 283–360

[KPSW] Kebekus, S., Peternell, T., Sommese, A., Wisniewski, J.: Projective contact manifolds, Invent. Math. **142** (2000), 1–15

[Lo] Looijenga, E.: Isolated singular points on complete intersections, London Mathematical Society Lecture Note Series **77**, Cambridge University Press, Cambridge, 1984, xi+200 pp.

[Mat] 松島与三: 多様体入門, (1965), 裳華房

[Mo] Mostow, G. D.: Fully reducible subgroups of algebraic groups, Amer. J. Math. **78** (1956), 200–221

[Mori] Mori, S.: Projective manifolds with ample tangent bundles, Ann. of Math. **110** (1979), 593–606

[Muk] 向井茂: モジュライ理論 1, 2, 岩波講座 現代数学の展開 (2000), 岩波書店

[MFK] Mumford, D., Fogarty, J., Kirwan, F.: Geometric Invariant theory, 3rd enlarged edition (1994), Ergebnisse der Mathematik und ihrer Grenzgebiete **34**, Springer-Verlag

[Na 1] Namikawa, Y.: Deformation theory of singular symplectic n-folds, Math. Ann. **319** (2001), 597–623

[Na 2] Namikawa, Y.: On the structure of homogeneous symplectic varieties of complete intersection, Invent. Math. **193** (2013), 159–185

[Pa] Panyushev, D. I.: Rationality of singularities and the Gorenstein property of nilpotent orbits, Funct. Anal. Appl. **25** (1991), 225–226

[P-S] Peters, C., Steenbrink, J.: Mixed Hodge structures, Ergebnisse der Mathematik und ihrer Grenzgebiete **52**, Springer-Verlag, 2008

[Ri]　Richardson, R. W.: Conjugacy classes in parabolic subgroups of semisimple algebraic groups, Bull. London Math. Soc. **6** (1974), 21–24

[Se]　Serre, J.-P.: Géométrie Algébrique et Géométrie Analytique, Ann. Inst. Fourier, **6** (1956), 1–42

[Slo 1]　Slodowy, P.: Four lectures on simple groups and singularities, Communications of the Mathematical Institute (Mathematical Institute, Rijksuniversiteit Utrecht 11, Utrecht, 1980)

[V]　Villamayor, O.: Constructiveness of Hironaka's resolution, Ann. Sci. École Norm. Sup. **22** (1989), 1–32

索　引

著者略歴

並河良典
なみ　かわ　よし　のり

1986 年　京都大学理学部卒業
1991 年　博士（理学）（京都大学）
2005 年　大阪大学大学院理学研究科教授
2008 年　京都大学大学院理学研究科教授
2020 年　京都大学数理解析研究所教授

ライブラリ数理科学のための数学とその展開＝AL2

複素代数多様体
—正則シンプレクティック構造からの視点—

2021 年 3 月 25 日 ©　　　　　　　　初　版　発　行
2022 年 4 月 25 日　　　　　　　　　初版第2刷発行

著　者　並河良典　　　　　　発行者　森平敏孝
　　　　　　　　　　　　　　印刷者　大道成則

発行所　　株式会社　サイエンス社

〒151-0051　東京都渋谷区千駄ヶ谷 1 丁目 3 番 25 号
営業　☎ (03)5474-8500（代）　振替 00170-7-2387
編集　☎ (03)5474-8600（代）
FAX　☎ (03)5474-8900

印刷・製本　（株）太洋社
《検印省略》

ISBN978-4-7819-1503-6

PRINTED IN JAPAN

サイエンス社のホームページのご案内
https://www.saiensu.co.jp
ご意見・ご要望は
rikei@saiensu.co.jp　まで.